U0186994

CorelDRAW 2019 中文版
基础与实例教程

牛奶盒包装设计

绘制盘套和光盘图形

半透明裁剪按钮设计

人物插画设计

绘制红色的西红柿效果

名片设计

绘制水晶昆虫

扇子效果

手提袋设计

冰淇淋广告图标

轮廓文字效果

海报设计

透视立体文字效果

请柬设计

立体半透明标志

光盘盘面设计

蝴蝶结效果

运动风格的标志

彩色点状字母标志

时尚卡通T恤衫设计1

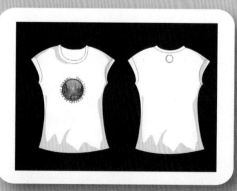

时尚卡通T恤衫设计2

浮雕效果

浮雕文字

饮料包装的平面展开图

饮料包装的立体展示效果图

倒角金属文字

单页广告版式设计

酒瓶包装盒设计

电脑艺术设计系列教材

CorelDRAW 2019 中文版
基础与实例教程

张　凡　编著

设计软件教师协会　审

机 械 工 业 出 版 社

本书属于实例教程类图书，特点是将艺术灵感和计算机技术相结合。全书分为基础入门、基础实例演练和综合实例演练 3 部分，共 9 章。内容包括 CorelDRAW 2019 基础概述、CorelDRAW 2019 相关操作、对象的创建与编辑、直线与曲线的使用、轮廓线与填充的使用、文本的使用、图形特殊效果的使用、位图颜色调整与滤镜效果的使用、综合实例，旨在帮助读者用较短的时间掌握 CorelDRAW 软件。本书系统、全面地介绍了 CorelDRAW 2019 的使用方法和技巧，书中实例突出了实用性的特点。

本书提供书中所有实例的相关素材及结果文件，以及教学课件（获取方式见封底）。

本书内容丰富、结构清晰、实例典型、讲解详尽、富于启发性，既可作为本科、专科院校艺术设计类、计算机类、数字媒体相关专业师生或社会培训班学员的教材，也可作为平面设计爱好者的自学用书。

本书配有授课电子课件，需要的教师可登录 www.cmpedu.com 免费注册，审核通过后下载，或联系编辑索取（微信：13146070618，电话：010-88379739）。

图书在版编目（CIP）数据

CorelDRAW 2019 中文版基础与实例教程 / 张凡编著. -- 北京：机械工业出版社，2023.10

电脑艺术设计系列教材

ISBN 978-7-111-73672-1

Ⅰ.①C⋯　Ⅱ.①张⋯　Ⅲ.①图形软件 - 高等学校 - 教材　Ⅳ.①TP391.41

中国国家版本馆 CIP 数据核字（2023）第 157180 号

机械工业出版社（北京市百万庄大街 22 号 邮政编码 100037）
策划编辑：郝建伟　　　　　责任编辑：郝建伟　解　芳
责任校对：贾海霞　张　薇　责任印制：张　博

河北鑫兆源印刷有限公司印刷

2023 年 11 月第 1 版 第 1 次印刷

184mm×260mm · 19 印张 · 2 插页 · 468 千字

标准书号：ISBN 978-7-111-73672-1

定价：79.00 元

电话服务　　　　　　　　　　网络服务

客服电话：010-88361066　　机　工　官　网：www.cmpbook.com
　　　　　010-88379833　　机　工　官　博：weibo.com/cmp1952
　　　　　010-68326294　　金　书　网：www.golden-book.com
封底无防伪标均为盗版　　机工教育服务网：www.cmpedu.com

前　言

　　CorelDRAW 是 Corel 公司推出的一款非常优秀的矢量图形设计软件。它以编辑方式简便实用、所支持的素材格式广泛等优势，受到众多图形绘制人员、平面设计人员和爱好者的青睐。CorelDRAW 2019 已被广泛应用于广告设计、服装设计、插画设计、包装设计及版式设计等与平面设计相关的各个领域。

　　与之前版本相比，本书实例与实际应用的结合更加紧密，除了保留手提纸袋设计、时尚卡通 T 恤衫设计等实例外，还添加了立体半透明标志、彩色点状字母标志、单页广告版式设计、饮料包装设计等多个实用性更强、视觉效果更好的设计实例。

　　本书属于实例教程类图书，全书分 3 部分共 9 章，其主要内容如下。

　　第 1 部分为基础入门，包括第 1、2 章：第 1 章对 CorelDRAW 2019 进行了基础概述；第 2 章介绍 CorelDRAW 2019 的相关操作。

　　第 2 部分为基础实例演练，包括第 3～8 章：第 3 章介绍基础对象的创建与编辑方法；第 4 章介绍直线与曲线的使用；第 5 章介绍轮廓线与填充在实际中的具体应用；第 6 章介绍 CorelDRAW 2019 中的文本在实际中的具体应用；第 7 章介绍 CorelDRAW 2019 中图形特殊效果的使用；第 8 章介绍位图颜色调整与滤镜效果的使用。

　　第 3 部分为综合实例演练，包括第 9 章：主要讲解如何综合利用前面各章的知识来实现目前流行的手提纸袋设计、时尚卡通 T 恤衫设计和饮料包装设计。

　　本书是"设计软件教师协会"推出的系列教材之一。本书内容丰富、结构清晰、实例典型、讲解详尽、富于启发性。全部实例都是由多所院校（中央美术学院、北京师范大学、清华大学美术学院、北京电影学院、中国传媒大学、天津美术学院、天津师范大学艺术学院、首都师范大学、北京工商大学传播与艺术学院、山东理工大学艺术学院）具有丰富教学经验的知名教师和一线优秀设计人员从长期教学和实际工作中总结出来的。

　　为了便于读者学习，本书提供全书所有实例的相关素材及结果文件，以及教学课件（获取方式见封底）。

　　本书既可作为本科、专科院校相关专业师生或社会培训班学员的教材，也可作为平面设计爱好者的自学参考用书。

　　由于作者水平有限，书中难免存在不妥之处，敬请读者批评指正。

编　者

目　　录

第 2 部分　基础实例演练

第 3 部分　综合实例演练

第1部分　基础入门

- 第 1 章　CorelDRAW 2019 基础概述
- 第 2 章　CorelDRAW 2019 相关操作

第1章　CorelDRAW 2019基础概述

本章将学习 CorelDRAW 2019 的工作界面、文件的基本操作以及页面的基本设置等内容，通过本章学习应掌握以下内容。

■ 掌握 CorelDRAW 2019 的工作界面的组成。

■ 掌握文件的基本操作和页面的基本设置。

1.1　CorelDRAW 2019的工作界面

CorelDRAW 2019 的工作界面由以下几个部分组成，如图 1-1 所示。

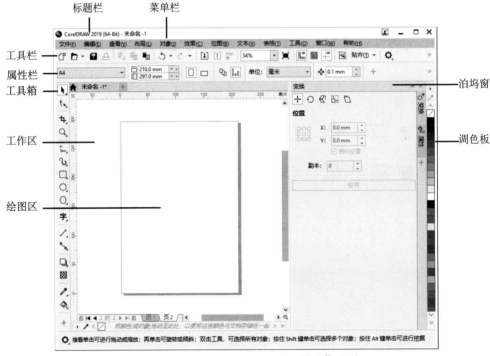

图1-1　CorelDRAW 2019的工作界面

1. 标题栏

"标题栏"位于工作界面的顶部，用于显示 CorelDRAW 2019 的应用程序名和当前编辑图形的文档名称。"标题栏"的左侧是应用程序图标，单击该按钮可以在弹出的如图 1-2 所示的快捷菜单中进行还原、移动、大小、最小化、最大化、关闭等操作。标题栏的右侧为 （登录验证产品）、 （最小化）、 （关闭）、 （向下还原）或 （最大化）图标按钮，单击它们可以登录网站验证产品，也可以对程序窗口进行最小化、关闭、向下还原或最大化操作。

图1-2　快捷菜单

2. 菜单栏

“菜单栏”包括 12 个菜单项，如图 1-3 所示。利用这些菜单可以进行图形编辑、视图管理、页面控制、对象管理、特效处理、位图编辑等操作。

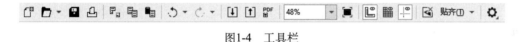

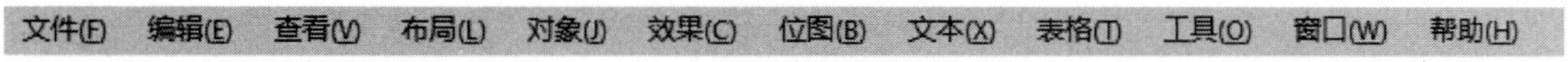
文件(F)
编辑(E)
查看(V)
布局(L)
对象(J)
效果(C)
位图(B)
文本(X)
表格(T)
工具(O)
窗口(W)
帮助(H)

图1-3 菜单栏

3. 工具栏

“工具栏”如图 1-4 所示。它包括 CorelDRAW 2019 中常用的（新建）、（打开）、（保存）、（打印）、（剪切）、（复制）、（粘贴）、（撤销）、（重做）、（导入）、（导出）、（发布为 PDF）、（缩放级别）、（全屏预览）、（显示标尺）、（显示网格）、（显示辅助线）、（贴齐关闭）、（贴齐）和（选项）按钮，利用它们可以快速完成相关操作。

48%
贴齐(T)

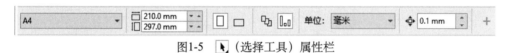

图1-4 工具栏

4. 属性栏

在 CorelDRAW 2019 工具箱中选取不同的工具，“属性栏”会随之改变。图 1-5 所示为选择工具箱中的（选择工具）后的属性栏。

A4
210.0 mm
297.0 mm
单位:
毫米
0.1 mm

图1-5 （选择工具）属性栏

5. 工具箱

“工具箱”默认位于工作界面的左侧，如图 1-6 所示。利用工具箱中的工具可以方便地绘制和编辑图形。此外单击工具箱下方的按钮，还可以自定义工具箱中的相关工具。

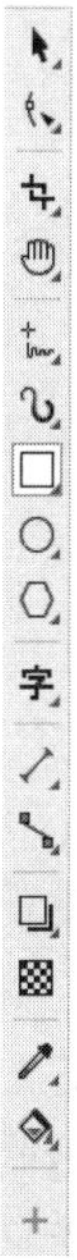

图 1-6 工具箱

6. 工作区

“工作区”是工作时可显示的空间，如图 1-7 所示。当显示内容较多或进行多窗口显示时，可以通过滚动条进行调节，从而达到最佳效果。

7. 绘图区

“绘图区”是工作的主要区域，同时也是可打印区域，如图 1-8 所示。当建立多页面时，可以通过导航器来翻页。

8. 泊坞窗

“泊坞窗”位于工作界面的右侧。执行菜单中的“窗口 | 泊坞窗”命令，可以显示出 CorelDRAW 2019 中所有泊坞窗的名称，如图 1-9 所示。选中相关泊坞窗，即可在工作区的右侧进行显示。

多个泊坞窗可以拼合在一起，如图 1-10 所示。单击相应的泊坞窗选项卡，即可在左侧显示与之相对应的“泊坞窗”；单击泊坞窗右上方的按钮，即可

关闭泊坞窗组；单击泊坞窗上方的 ◢ 或单击相关泊坞窗选项卡，可以隐藏相关泊坞窗浮动面板。再次单击相关泊坞窗选项卡，可以将相关泊坞窗切换为浮动面板，如图 1-11 所示。

图 1-7　工作区

图 1-8　绘图区

图 1-9　所有泊坞窗的名称

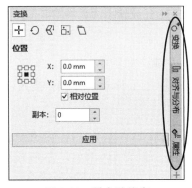

图 1-10　拼合泊坞窗

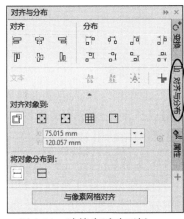

图 1-11　泊坞窗浮动面板

9. 调色板

"调色板"位于工作界面的最右侧。使用左键单击调色板中的颜色块，可以方便地为对象设置填充色；使用右键单击调色板中的颜色块，可以方便地为对象设置轮廓色。

默认状态下 CorelDRAW 2019 使用的是 CMYK 调色板，如图 1-12 所示。单击调色板上方的 ▶ 按钮，在弹出的如图 1-13 所示的快捷菜单中可以切换设置轮廓色或填充色等操作。单击调色板下方的 ≫ 按钮，可以展开调色板，效果如图 1-14 所示。在展开的调色板空白处单击鼠标，即可回到原状态。

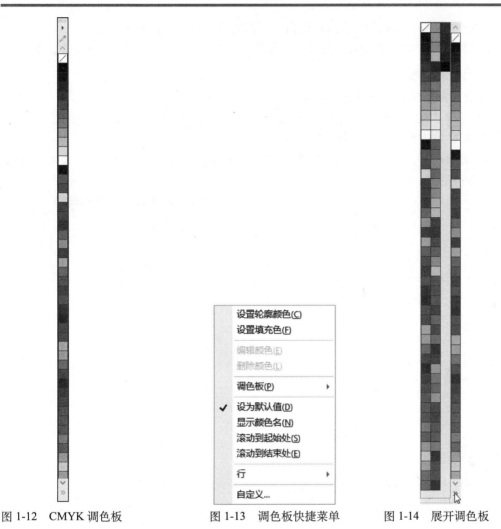

图 1-12　CMYK 调色板　　　　图 1-13　调色板快捷菜单　　　　图 1-14　展开调色板

1.2　文件的基本操作

CorelDRAW 2019 文件的基本操作包括新建、打开、导入、导出、保存、关闭图形文件，下面进行具体讲解。

1.2.1　新建和打开图形文件

在启动 CorelDRAW 2019 后，新建或打开图形文件是进行设计的第 1 步。下面讲解新建和打开图形文件的方法。

1.新建图形文件

新建图形文件的具体操作步骤如下。

1）执行菜单中的"文件 | 新建"（快捷键〈Ctrl+N〉）命令，或单击工具栏中的 （新建）按钮，即可在工作区中新建一张空白的绘图纸，如图 1-7 所示。

2）在图 1-5 所示的属性栏 A4 （页面尺寸）下拉列表中可以选择纸张的类型，也可以在 （纸张宽度和高度）数值框中自定义纸张的大小。

3）单击▢（横向）或▢（纵向）按钮，可以将页面设为横向或纵向。

4）在"单位"下拉列表中可以选择一种绘图时使用的单位，如毫米、厘米、点、像素等。

2. 打开已有的图形文件

打开已有的图形文件的具体操作步骤如下。

1）执行菜单中的"文件|打开"（快捷键〈Ctrl+O〉）命令，或单击工具栏中的📁（打开）按钮，弹出如图 1-15 所示的"打开绘图"对话框。

2）在 `所有文件格式 ▾` 下拉列表中可以选择 CDR、PAT、CLK、AI、PPT、PCT、SVG 等 30 多种格式，如图 1-16 所示。

图 1-15 "打开绘图"对话框　　　　图 1-16 选择要打开的文件格式

3）在左侧选择要打开的文件所在的文件夹，然后在右侧选择要打开的文件，如图 1-17 所示。

图 1-17 选择要打开的文件

4）单击"打开"按钮，即可打开选择的图形文件。

1.2.2　导入和导出图形文件

在用 CorelDRAW 2019 设计作品时，除了可以自己绘制图形外，还可以导入用其他绘图软件制作的图形图像文件，并可以将绘制好的文件导出到其他软件中进行处理。下面就来讲解导入和导出图形文件的方法。

1. 导入图形文件

导入图形文件就是将在 CorelDRAW 2019 中不能直接打开的图形或图像文件，通过"导入"命令导入到工作区中。导入文件的具体操作步骤如下。

1）执行菜单中的"文件 | 导入"（快捷键〈Ctrl+I〉）命令，或单击工具栏中的 ⬇ （导入）按钮，弹出如图 1-18 所示的"导入"对话框。

2）在 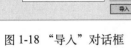 下拉列表框中选择要导入的文件类型，并选择要导入的图形或图像文件。

3）在"导入"对话框右侧选择要导入的文件名称。

4）单击"导入"按钮，回到绘图页面，此时鼠标变为 ┌ 形状。然后将鼠标移动到页面的适当位置单击，即可导入图像。

2. 导出图形文件

在 CorelDRAW 2019 中绘制好图形后，可以根据需要将其应用于其他的软件中进行处理。导出文件的具体操作步骤如下。

1）执行菜单中的"文件 | 导出"（快捷键〈Ctrl+E〉）命令，或单击工具栏中的 ⬆ （导出）按钮，弹出如图 1-19 所示的"导出"对话框。

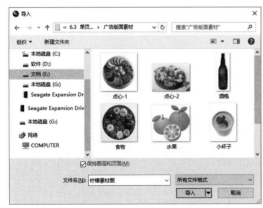

图 1-18　"导入"对话框

图 1-19　"导出"对话框

2）在左侧选择文件要存储的位置，然后在"文件名"文本框中输入所要保存的文件名称，接着在"保存类型"下拉列表中选择一种导出文件的类型，此时选择的是"TIF-TIFF 位图"。

3）单击"导出"按钮，在弹出的如图 1-20 所示的"转换为位图"对话框中设置导出文件的"图像大小""分辨率"和"颜色模式"等参数，设置完成后单击"确定"按钮，即可导出文件。

图1-20 "转换为位图"对话框

1.2.3 保存和关闭图形文件

为了以后能够打印和编辑作品，在设计好作品后一定要先保存再关闭图形文件。下面就来具体讲解保存和关闭图形文件的方法。

1. 保存图形文件

保存图形文件的具体操作步骤如下。

1）执行菜单中的"文件 | 保存"（快捷键〈Ctrl+S〉）命令，或单击工具栏中的 ■ （保存）按钮，弹出如图1-21所示的"保存绘图"对话框。

图1-21 "保存绘图"对话框

2）在"保存绘图"对话框左侧选择要保存的文件的位置，并在"文件名"文本框中输入要保存的文件名称。

3）在"保存类型"下拉列表中可以选择不同的文件存放类型，系统默认的是CDR，也可以选择其他文件类型。

4）在"版本"下拉列表中选择一种存储版本，单击"保存"按钮，即可保存当前工作区中的文件。

> 提示：这里需要注意的是，如果用"版本21.0（2019）"保存文件，则此版本之前的软件打不开该图形文件。也就是说，高版本的CorelDRAW软件可以打开低版本的图形文件，而低版本的Corel-DRAW软件则打不开高版本的图形文件。如果在高版本中制作的图形文件以后要使用低版本打开，就要在保存时选择一个低版本类型。

2. 另存为其他文件

"另存为"也是保存文件的一种方式，即在保存文件后，再将其以另一个文件名进行保存，从而起到备份作用。执行菜单中的"文件 | 另存为"命令，即可完成此操作。

3. 关闭图形文件

关闭图形文件分为关闭单个图形文件和关闭全部图形文件两种情况。单击×（关闭）按钮，即可关闭单个图形文件；执行菜单中的"文件 | 全部关闭"命令，可以将打开的图形文件全部关闭。

1.3　页面的基本设置

CorelDRAW 2019 页面的基本设置包括设置页面的方向和大小、设置页面背景、插入页面、重命名页面、删除页面。下面就来进行具体讲解。

1.3.1　设置页面的方向和大小

设置页面的方向和大小有两种方法，一种是通过"文档选项"对话框；另一种是通过"属性栏"。下面分别进行讲解。

1. 通过"文档选项"对话框设置页面的方向和大小

通过"文档选项"对话框设置页面的方向和大小的具体操作步骤如下。

1）执行菜单中的"布局 | 页面大小"命令，弹出"文档选项"对话框，此时在右侧会显示出页面大小的相关属性，如图 1-22 所示。

图1-22　页面大小的相关属性

2）单击▯（纵向）或▭（横向）单选项，可将页面方向设为纵向或横向。

3）在"大小"下拉列表中可以选择页面类型，在"宽度"和"高度"数值框中将显示出选择纸张的宽度和高度值。

4）勾选"只将大小应用到当前页面"复选框，页面设置只对本页有效；否则，将用于文档的所有页。

5）在"出血"数值框中设置页面出血的宽度。设置完成后单击"确定"按钮，即可按设定的页面大小调整页面。

> 提示：在平面设计中，绘制页面中靠边界的矩形或其他对象时，要留出3mm"出血位置"。所谓"出血"，是指在画面的周围预留出印刷完毕之后裁切的余地，以免露出白边。

2. 通过"属性栏"设置页面的方向和大小

通过"属性栏"设置页面的方向和大小的具体操作步骤如下。

1）在未选中任何对象的情况下，此时属性栏如图1-23所示。

2）单击 ▭ 下拉列表框，可以选择页面的纸张类型。

图1-23　未选中任何对象时的属性栏

3）在 ▭ 中输入相应数值可以改变纸张的宽度和高度值。

4）激活▯按钮，可以将页面方向设为纵向；激活▭按钮，可以将页面方向设为横向。

5）激活▯按钮，可以将当前页面方向和大小应用于所有页面；激活▯按钮，则作用于当前页面。

1.3.2　设置页面背景

通过页面背景的设置，可以得到不同的页面背景效果，如纯色、位图等。通过"文档选项"对话框设置页面背景的具体操作步骤如下。

1）执行菜单中的"布局 | 页面背景"命令，弹出"文档选项"对话框，此时在右侧会显示出背景的相关属性，如图1-24所示。

图1-24　背景的相关属性

2）如果单击"无背景"单选按钮，将取消页面背景；如果单击"纯色"单选按钮，可以为背景选择一种颜色；如果单击"位图"单选按钮，可以再通过单击其右侧的"浏览"按钮，选择一幅图片作为背景。

3）在选择一幅图片作为背景后，如果单击"链接"单选按钮，将以链接的方式导入图片，此时对源图片进行的修改可以在图形编辑区中实时进行更新；如果单击"嵌入"单选按钮，导入图片将被直接嵌入到文档中。

4）在"位图尺寸"选项组中，如果单击"默认尺寸"单选按钮，将使用位图来匹配页面的相同尺寸；如果单击"自定义尺寸"单选按钮，可以自定义图像的大小。

5）如果勾选"打印和导出背景"复选框，可以在导出或打印时包括背景图像。

6）设置完成后，单击"确定"按钮，即可看到设置后的背景效果。

1.3.3　插入页面

如果一个页面不够使用，可以通过"插入页"命令来增加一个或多个新页面。插入页面的具体操作步骤如下。

1）执行菜单中的"布局 | 插入页面"命令，弹出如图 1-25 所示的"插入页面"对话框。

2）在"页码数"数值框中输入要增加的页面数。

3）单击"之前"或"之后"单选按钮，从而确定新页面相对于当前页面的位置。

4）在"现存页面"数值框中输入新的页面编号，可以改变相对应的页面编号。另外，还可以利用其他选项改变页面的方向和大小。

5）单击"确定"按钮，即可插入页面。插入页面前后的导航器显示效果如图 1-26 所示。

提示：在页面计数器中单击 🗗 按钮，可以快速插入新页面。

图 1-25　"插入页面"对话框

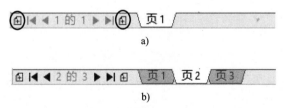

a)

b)

图 1-26　插入页面前后的导航器显示效果

a) 插入页面前　b) 插入页面后

1.3.4　重命名页面

重命名页面就是给页面重新定义一个名字。利用重命名后的页面可以更加轻松方便地找到所需的页面。重命名页面的具体操作步骤如下。

1）选择需要重命名的页面，执行菜单中的"布局 | 重命名页面"命令，然后在弹出的"重命名页面"对话框中输入页面名称，如图 1-27 所示。

2）单击"确定"按钮，即可重命名页面，如图 1-28 所示。

图 1-27　输入页面名称

图 1-28　重命名页面

1.3.5　删除页面

删除页面就是将一些不需要的页面从工作区中删除。删除页面的具体操作步骤如下。

1）执行菜单中的"布局 | 删除页面"命令，然后在弹出的"删除页面"对话框中输入要删除页面的页码，如图 1-29 所示。

2）单击"确定"按钮，即可删除该页面。删除页面前后的导航器显示效果如图 1-30 所示。

图 1-29　输入要删除页面的页码

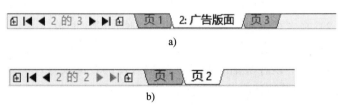

a)

b)

图 1-30　删除页面前后的导航器显示效果

a) 删除页面前　b) 删除页面后

1.4　课后练习

1. 简述 CorelDRAW 2019 的界面构成。
2. 简述插入和重命名页面的方法。

第2章 CorelDRAW 2019相关操作

本章将学习 CorelDRAW 2019 基本操作方面的相关知识，通过本章学习应掌握以下内容。
- 掌握标准图形对象的创建与操作方法。
- 掌握直线和曲线的绘制与编辑方法。
- 掌握轮廓线编辑与填充的方法。
- 掌握文本的创建与编辑方法。
- 掌握交互式工具的使用。
- 掌握位图颜色调整与滤镜效果的使用。

2.1 标准图形对象的创建与操作

在 CorelDRAW 2019 中，可以十分方便地创建出许多标准图形对象，并可以对其进行选择、复制、变换、锁定与解除锁定、组合和取消群组、合并与拆分、顺序、对齐与分布等操作。

2.1.1 创建标准图形对象

利用 CorelDRAW 2019 工具箱中的标准图形工具，如□（矩形工具）、○（椭圆工具）、○（多边形工具）、☆（星形工具）、✿（复杂星形工具）、▦（图纸工具）、◎（螺纹工具）等可以绘制出各种标准图形，还可以通过属性设置创造出多种变体，如圆角矩形、弧形、饼形等。下面就来具体讲解利用这些工具绘制标准图形的方法。

1. 绘制矩形

绘制矩形的具体操作步骤如下。

1）选择工具箱中的□（矩形工具）。

2）将鼠标移动到绘图页面中，按住鼠标不放，从而确定矩形的一个端点。

3）沿矩形对角线的方向拖动鼠标，直到在页面上获得所需大小的矩形，然后释放鼠标进行确定，效果如图 2-1 所示。

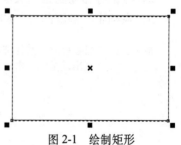

图 2-1　绘制矩形

提示：绘制矩形时，按住键盘上的〈Ctrl〉键，可以绘制出正方形；按住键盘上的〈Shift〉键，可以绘制出以鼠标单击点为中心的矩形。

2. 绘制圆角矩形

绘制圆角矩形有如下两种方法。

1）绘制矩形后，在矩形属性栏中设置相应的边角圆滑度参数，如图 2-2 所示，即可绘制出圆角矩形，如图 2-3 所示。

2）在绘制矩形后，利用工具箱中的丶（形状工具）拖动矩形 4 个角的控制点，也可创建圆角矩形，如图 2-4 所示。

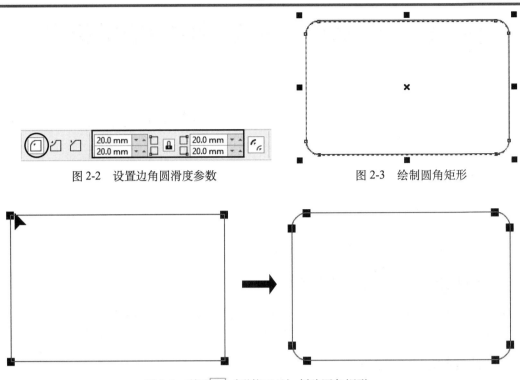

图 2-2　设置边角圆滑度参数　　　　　　　图 2-3　绘制圆角矩形

图 2-4　利用 （形状工具）创建圆角矩形

3. 绘制椭圆形

绘制椭圆形的具体操作步骤如下。

1) 选择工具箱中的 （椭圆工具）。

2) 将鼠标移动到绘图页面中，按住鼠标不放，从而确定一个起点，然后拖动鼠标。

3) 在确定了椭圆的大小和形状后，释放鼠标左键，即可创建出椭圆，如图 2-5 所示。

提示：绘制椭圆形时，按住键盘上的〈Ctrl〉键，可以绘制出正圆形；按住键盘上的〈Shift〉键，可以绘制出以鼠标单击点为中心的正圆形。

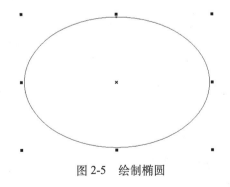

图 2-5　绘制椭圆

4. 绘制饼形和弧形

（1）绘制饼形

绘制饼形的具体操作步骤如下。

1）利用工具箱中的 (椭圆工具)，配合键盘上的〈Shift〉键，绘制一个填充为深灰色的正圆形，如图 2-6 所示。

2）利用工具箱中的 (选择工具) 选中正圆形，然后在属性栏中激活 (饼形) 按钮。接着设置饼形的起始和结束角度，效果如图 2-7 所示，设置如图 2-8 所示。

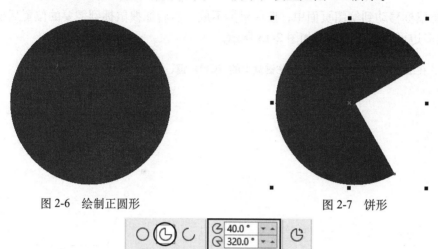

图 2-6　绘制正圆形　　　　　　　　　图 2-7　饼形

图 2-8　设置饼形的起始和结束角度

（2）绘制弧形

绘制弧形的具体操作步骤如下。

1）利用工具箱中的 (椭圆工具)，配合键盘上的〈Shift〉键，绘制一个轮廓色为深灰色的正圆形，如图 2-9 所示。

2）利用工具箱中的 (选择工具) 选中正圆形，然后在属性栏中激活 (弧形) 按钮。接着设置弧形的起始和结束角度，效果如图 2-10 所示，设置如图 2-11 所示。

提示：在绘图区右侧调色板中选择一种颜色，然后单击右键，即可将该颜色指定给当前图形。

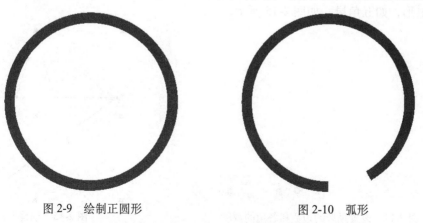

图 2-9　绘制正圆形　　　　　　　　　图 2-10　弧形

图 2-11　设置弧形的起始和结束角度

5. 绘制多边形

绘制多边形的具体操作步骤如下。

1）选择工具箱中的 <!-- -->（多边形工具），然后在其属性栏中设置多边形的边数，如图 2-12 所示。

2）将鼠标移动到绘图页面中，按住鼠标不放，然后拖拽鼠标到需要的位置后松开鼠标，即可创建多边形，如五边形，如图 2-13 所示。

提示：在绘制多边形的过程中，按住键盘上的〈Ctrl〉键，可以绘制正多边形。

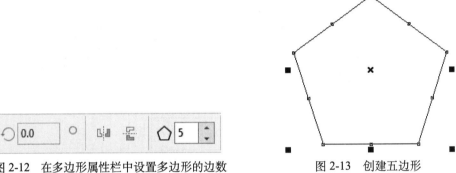

图 2-12　在多边形属性栏中设置多边形的边数　　　图 2-13　创建五边形

3）在绘制多边形后，还可以在属性栏中对多边形的边数、比例、旋转角度等参数进行再次设置。

6. 绘制星形

绘制星形的具体操作步骤如下。

1）单击工具箱中的 <!-- -->（多边形工具）按钮，在弹出的隐藏工具中选择 <!-- -->（星形工具）。

2）在其属性栏中设置星形的边数和各角的锐度，如图 2-14 所示。

3）将鼠标移动到绘图页面中按住鼠标不放，然后拖拽鼠标到需要的位置后松开鼠标，即可创建星形，如五角星，如图 2-15 所示。

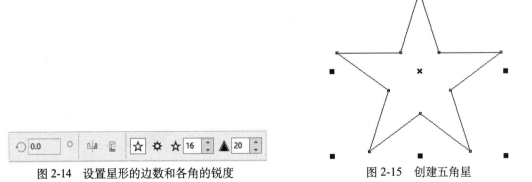

图 2-14　设置星形的边数和各角的锐度　　　图 2-15　创建五角星

4）在绘制星形后，还可以在其属性栏中对星形的边数、各角的锐度和旋转角度等参数进行再次修改。

提示：利用工具箱中的 对多边形的节点进行处理，也能产生星形效果，如图 2-16 所示。

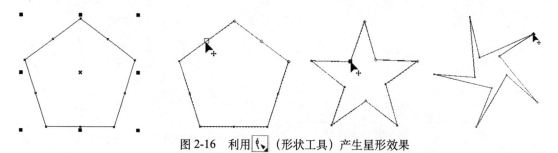

图 2-16 利用 产生星形效果

7. 绘制螺纹

CorelDRAW 2019 中有对称式和对数式两种类型的螺纹。对称式螺纹的每圈螺纹的间距固定不变；对数式螺纹的螺纹之间的间距随着螺纹向外渐进而增加。

（1）对称式螺纹

创建对称式螺纹的具体操作步骤如下。

1）单击工具箱中的 按钮，在弹出的隐藏工具中选择 。

2）在其属性栏中激活 按钮，设置 的数值为 4，如图 2-17 所示。

3）将鼠标移动到绘图页面中，按住鼠标不放，然后拖拽鼠标到需要的位置后松开鼠标，即可创建对称式螺纹，如图 2-18 所示。

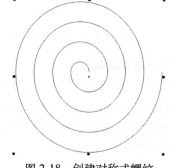

图 2-17 设置对称式螺纹参数　　　　图 2-18 创建对称式螺纹

（2）对数式螺纹

创建对数式螺纹的具体操作步骤如下。

1）单击工具箱中的 按钮，在弹出的隐藏工具中选择 。

2）在其属性栏中激活 按钮，设置 的数值为 4，如图 2-19 所示。

3）将鼠标移动到绘图页面中，按住鼠标不放，然后拖拽鼠标到需要的位置后松开鼠标，即可创建对数式螺纹，如图 2-20 所示。

提示：![100] 框用于设定螺纹的扩展参数，数值越小，螺纹向外扩展的幅度会逐渐变小，当数值为 1 时，绘制出的将是对称式螺纹。图 2-21 为不同螺纹扩展参数数值的效果比较。

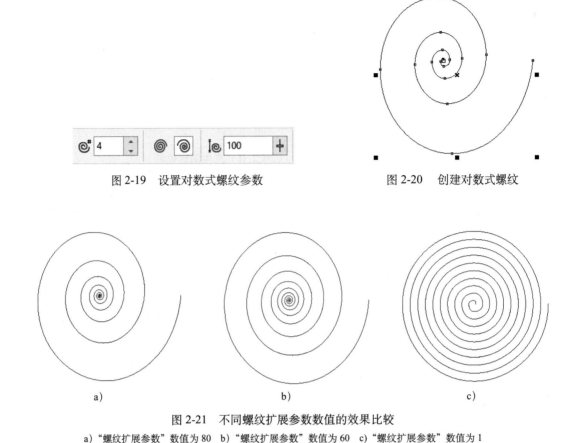

图 2-19　设置对数式螺纹参数　　　　图 2-20　创建对数式螺纹

图 2-21　不同螺纹扩展参数数值的效果比较

a)"螺纹扩展参数"数值为 80　b)"螺纹扩展参数"数值为 60　c)"螺纹扩展参数"数值为 1

8. 连线器工具

利用"连线器工具"可以快速在两个对象之间创建连接线，从而制作出流程图的效果。CorelDRAW 2019 中的"连接器工具"包括 ![icon]（直线连接器工具）、![icon]（直角连接器工具）、![icon]（圆直角连接器工具）和 ![icon]（编辑锚点工具）4 种。使用"连接器工具"创建连线的具体操作步骤如下。

1）利用工具箱中的 ![icon]（矩形工具）和 ![icon]（文本工具），制作如图 2-22 所示的示意图。

图 2-22　示意图

2）选择工具箱中的 ![icon]（直角连接器工具）。

3）将鼠标移动到绘图页面，此时光标变为 ✛ 形状。然后在第 1 个要连线的矩形框下部边缘单击，从而确定起始节点。接着拖动鼠标到第 2 个要连线的矩形框上部边缘单击，从而确定终止节点。此时两个节点之间会自动创建连接线，如图 2-23 所示。

图 2-23　自动创建连接线

4）选中创建的连接线，然后在其属性栏"终止箭头选择器"下拉列表中选择一种箭头类型，如图 2-24 所示，效果如图 2-25 所示。

5）根据需要在工具箱中选择不同的连接器工具，然后创建其他的连接线，效果如图 2-26 所示。

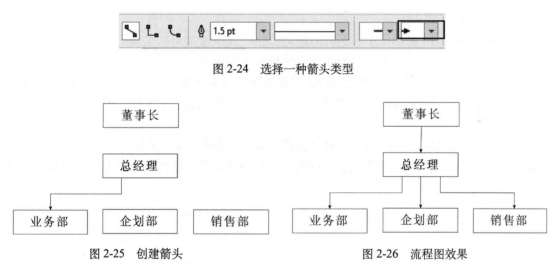

图 2-24　选择一种箭头类型

图 2-25　创建箭头　　　　　　　　　图 2-26　流程图效果

9. 度量工具

利用"度量工具"可以快速测量出某一线段的长度。CorelDRAW 2019 中的"度量工具"包括 ⟋（平行度量工具）、⌐（水平或垂直度量工具）、⌐（角度量工具）、⌐（线段度量工具）和 ⌐（3 点标注工具）。使用"度量工具"进行测量的具体操作步骤如下。

1）利用工具箱中的 ⬡（多边形工具）创建一个五边形，如图 2-27 所示。

2）选择工具箱中的 ⌐（水平或垂直度量工具），如图 2-28 所示，分别在要度量的水平的两个节点之间单击，从而度量出水平的两个节点之间的距离。

3）选择工具箱中的 ⟋（平行度量工具），然后分别在要度量的倾斜的两个节点之间单击，从而度量出倾斜的两个节点之间的距离，如图 2-29 所示。

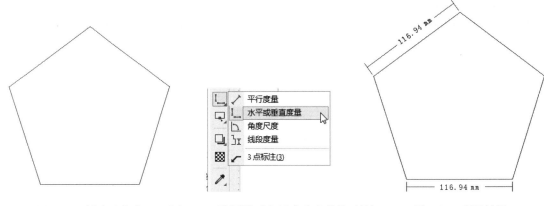

图 2-27　创建五边形　　　图 2-28　选择 ▯ （水平或垂直度量工具）　　　图 2-29　度量效果

2.1.2　对象的基本操作

在创建了图形对象后，通常要对其进行选择、复制、变换、锁定与解除锁定、组合和取消群组、合并与拆分、顺序、对齐与分布等操作。下面就来具体讲解对创建的对象进行相关操作的方法。

1. 选择对象

CorelDRAW 2019 提供了多种选择对象的方法，其中最常用的是使用 ▶ （选择工具）选择对象。利用 ▶ （选择工具）选择对象的具体操作步骤如下。

1）选择工具箱中的 ▶ （选择工具），在要选择的图形对象上单击，即可选择单个对象。此时被选中的对象周围会出现一个由 8 个控制点组成的圈选框，对象中心有一个 × 形的中心标记，如图 2-30 所示。

2）如果要选择多个对象，可以选择工具箱中的 ▶ （选择工具），然后按住键盘上的〈Shift〉键，再依次单击要选择的对象即可。此时被同时选择的多个图形对象会共有一个圈选框，如图 2-31 所示。

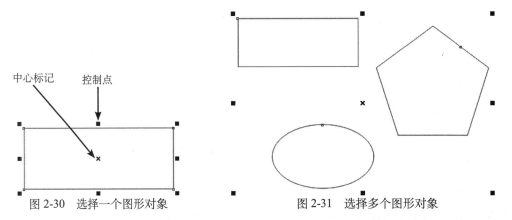

图 2-30　选择一个图形对象　　　　　　图 2-31　选择多个图形对象

3）此外利用工具箱中的 ▶ （选择工具），在要选择的图形对象外围单击并拖拽鼠标，此时会出现一个蓝色的虚线框，如图 2-32 所示。当圈选框完全圈选住对象后松开鼠标，即可选中圈选范围内的图形对象，如图 2-33 所示。

提示：如果要取消图形对象的选择状态，可以在绘图页面的其他位置单击或按键盘上的〈Esc〉键。

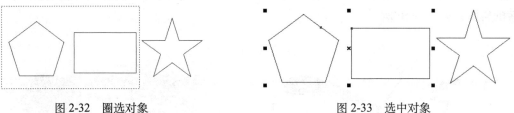

图 2-32 圈选对象   图 2-33 选中对象

2. 复制对象

CorelDRAW 2019 提供了多种复制对象的方法，其中最常用的是使用🔣（选择工具）复制对象。利用工具箱中的🔣（选择工具）复制对象的具体操作步骤如下。

1）利用🔣（选择工具）选取对象。

2）将其拖拽到适当位置后单击右键，此时光标变为🔣形状，松开鼠标即可复制对象。

提示：选中要复制的对象，按住键盘上的〈+〉键，可在原地复制一个对象。

3. 变换对象

变换对象包括移动、旋转、缩放、镜像、倾斜操作。

（1）移动对象

利用🔣（选择工具）移动对象的具体操作步骤如下。

1）利用工具箱中的🔣（选择工具）选中要移动的对象，此时光标变为✛形状，然后即可将对象移动到适当位置。

2）如果要精确定位对象的位置，可以利用工具箱中的🔣（选择工具）选中要移动的对象，然后在图 2-34a 所示的属性栏的 ⬚中输入选中图形的中心点坐标，即可将图形对象定位在指定位置。

提示：选择工具箱中的🔣（选择工具）后不选取任何对象，此时属性栏如图 2-34b 所示。然后在 ✛ 0.1 mm 框中设置每次微调移动的距离。接着选择要移动的对象，利用键盘上的方向键，可以按设置的微调值移动对象。

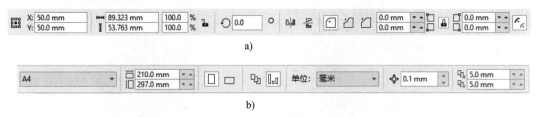

a)

b)

图 2-34 属性栏
a) 选择对象时的属性栏   b) 未选择对象时的属性栏

（2）旋转对象

利用🔣（选择工具）旋转对象的具体操作步骤如下。

1）在绘图页面中，利用工具箱中的🔣（选择工具）双击要旋转的对象，进入旋转状态，如图 2-35 所示。

2）移动 ⊙ 点可以改变旋转中心点的位置。将鼠标移动到要旋转对象的 4 个角的任意一个旋转控制点上，此时光标变为 ↻ 形状，即可旋转对象。此时将出现一个虚线框来指示旋转的角度，如图 2-36 所示。

中心点

图 2-35　进入旋转状态

图 2-36　出现一个虚线框来指示旋转的角度

3）旋转完毕后，松开鼠标左键，即可完成旋转，如图 2-37 所示。

　　提示：利用工具箱中的 ▶（选择工具）选择要旋转的对象。然后在属性栏 ⊙ 0.0 ° 框中输入要旋转的角度，再按键盘上的〈Enter〉键也可旋转对象。

（3）缩放对象

利用 ▶（选择工具）缩放对象的具体操作步骤如下。

1）在绘图页面中，利用工具箱中的 ▶（选择工具）选中要进行缩放的对象，如图 2-38 所示。

图 2-37　旋转后的效果

2）将鼠标移动到要缩放的对象的任意一个角的控制点上，此时光标变为双向箭头形状，然后拖动鼠标，即可等比例缩放对象。

3）缩放完毕后，松开鼠标左键，即可完成缩放，如图 2-39 所示。

　　提示：在缩放对象的同时，按住键盘上的〈Alt〉键，可非等比例缩放对象。

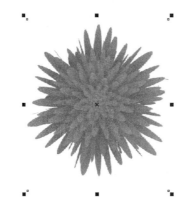

图 2-38　选中要进行缩放的对象

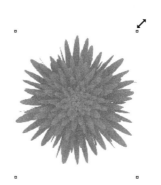

图 2-39　等比例缩放对象

（4）镜像对象

利用 ▶（选择工具）镜像对象的具体操作步骤如下。

1) 在绘图页面中,利用工具箱中的 ▶ (选择工具)选中要进行镜像的对象,如图 2-40 所示。

2) 按住键盘上的〈Ctrl〉键,利用鼠标直接拖拽左边或右边中间的控制点到相对的边,可以镜像出保持原对象比例的水平镜像对象,如图 2-41 所示。

3) 按住键盘上的〈Ctrl〉键,利用鼠标直接拖拽上边或下边中间的控制点到相对的边,可以镜像出保持原对象比例的垂直镜像对象,如图 2-42 所示。

图 2-40　选中要进行镜像的对象　　　　图 2-41　水平镜像效果　　　　图 2-42　垂直镜像效果

(5) 倾斜对象

利用 ▶ (选择工具)倾斜对象的具体操作步骤如下。

1) 在绘图页面中,利用工具箱中的 ▶ (选择工具)双击要倾斜的对象,此时对象 4 条边的中点会出现 ↕ 和 ↔ 控制点,如图 2-43 所示。

图 2-43　出现控制点

2) 将鼠标移动到要倾斜的对象的 ↕ 控制点上,此时光标变为 ‖ 形状,然后上下拖拽鼠标,即可沿垂直方向倾斜对象,如图 2-44 所示。

3) 将鼠标移动到要倾斜的对象的 ↔ 控制点上,此时光标变为 ⇌ 形状,然后左右拖拽鼠标,即可沿水平方向倾斜对象,如图 2-45 所示。

图 2-44　沿垂直方向倾斜对象　　　　　　图 2-45　沿水平方向倾斜对象

提示:利用图2-46中所示的"变换"泊坞窗,可以对对象进行变换的相关精确操作。

4. 锁定与解除锁定对象

在 CorelDRAW 2019 中绘图时,为了防止对某些对象的误操作,可以在绘图页面上锁定单个或多个对象。对象被锁定后，无法对其进行移动、缩放、复制、填充等操作。此外，还可以根据需要解除对象的锁定。

（1）锁定对象

锁定对象的具体操作步骤如下。

1）利用工具箱中的 ▶（选择工具）选择要锁定的对象，如图 2-47 所示。如果要锁定多个对象，可以按住键盘上的〈Shift〉键依次单击要锁定的对象。

2）执行菜单中的"对象|锁定|锁定"命令，即可锁定对象，此时被锁定的对象四周会出现 8 个 ⌂（锁定）标记，如图 2-48 所示。

图 2-46 "变换"泊坞窗

图 2-47 选择要锁定的对象

图 2-48 锁定后效果

（2）解除锁定对象

解除锁定对象的具体操作步骤如下。

1）利用工具箱中的 ▶（选择工具）选择要解除的对象。

2）执行菜单中的"对象|锁定|解锁"命令，即可解除所选择对象的锁定。如果要解除多个对象的锁定，可以执行菜单中的"对象|锁定|全部解锁"命令，即可解除全部对象的锁定。

5. 组合与取消群组对象

组合对象是指将多个复杂的对象组合为一个单一的对象，利用组合对象可以更加方便地对某一类对象进行操作。此外，组合后的对象也可以很容易地取消群组，回到初始状态。

（1）组合对象

组合对象的具体操作步骤如下。

1）利用工具箱中的 ▶（选择工具），配合键盘上的〈Shift〉键依次单击要组合的对象。

2）执行菜单中的"对象|组合|组合"命令，或单击属性栏中的 ⊕（组合对象）按钮，即可对选择的对象执行组合操作。

（2）取消群组对象

取消群组对象的具体操作步骤如下。

1）利用工具箱中的 ▶（选择工具），选择需要取消群组的对象。

2）执行菜单中的"对象|组合|取消群组"命令，或单击属性栏中的 ⊕（取消群组对象）

按钮，即可对选择的对象执行解除群组操作。

3）如果要取消嵌套群组（即包含群组的群组），可以执行菜单中的"对象|组合|全部取消组合"命令，或单击属性栏中的 🖱 （取消组合所有对象）按钮，即可对选择的对象执行解除群组操作。

6. 合并与拆分对象

在 CorelDRAW 2019 中提供了能够将多个对象组合成一个新的图形对象的命令，如"合并""焊接""修剪""相交""简化"等。这里主要讲解"合并"命令，对于其他命令请参见"2.2.6　重新整合图形"。利用"合并"命令可以将多个对象组合为一个整体。如果原始对象是彼此重叠的，则重叠区域将被移除，并以剪切洞的形式存在，其下面的对象将不被遮盖。此外，还可以根据需要将合并后的对象进行拆分。

（1）合并对象

合并对象是指将两个或两个以上的对象作为一个整体进行编辑，同时轮廓又保持相对的独立，合并后的对象以最后选择的对象的属性作为合并后对象的属性，对象相交部分会以反白进行显示。合并对象的具体操作步骤如下。

1）利用工具箱中的 🖱 （选择工具），选中需要合并的多个对象，如图 2-49 所示。

2）执行菜单中的"对象|合并"命令，或单击属性栏中的 🖱 （合并）按钮，即可对选择的对象执行合并操作，效果如图 2-50 所示。

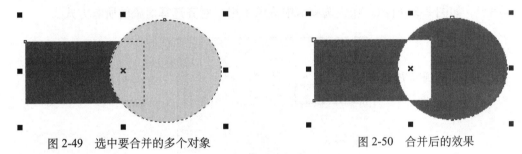

图 2-49　选中要合并的多个对象　　　　　　　图 2-50　合并后的效果

（2）拆分对象

利用"拆分"命令可以将一个已经合并的对象拆分成多个对象。拆分后的对象将保留合并对象的属性，但相交部分不再以反白显示。对合并对象进行拆分的具体操作步骤如下。

1）利用工具箱中的 🖱 （选择工具），选中需要拆分的对象，如图 2-49 所示。

2）执行菜单中的"对象|拆分曲线"命令，或单击属性栏中的 🖱 （拆分）按钮，即可对选择的对象执行拆分操作，效果如图 2-51 所示。

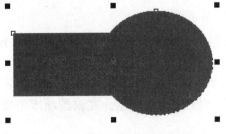

图 2-51　合并对象的拆分效果

7. 安排对象的顺序

在 CorelDRAW 2019 中，一个作品通常是由一系列互相堆叠的图形对象组成的，这些对象的排列顺序决定了图形的外观。默认情况下先绘制的对象位于下方，后绘制的对象位于上方。但可以根据需要，利用图 2-52 所示的"对象 | 顺序"菜单中的相关命令，在绘制后重新调整对象的排列顺序。

8. 对齐与分布对象

在实际绘图中，对于任何类型的图形绘制来说，对齐与分布都是非常重要的命令，因为在大多数情况下，使用手动移动对象很难达到对齐与分布对象的目的。

在 CorelDRAW 2019 中使用"对齐与分布"对话框，可以指定对象的多种对齐和分布方式。

（1）对齐对象

执行菜单中的"对象|对齐与分布|对齐与分布"命令，在弹出的"对齐与分布"对话框中选择"对齐"选项卡，如图 2-53 所示。在该选项卡中提供了用于对齐选择对象的所有方式。

图 2-52 "对象 | 顺序"菜单中的相关命令

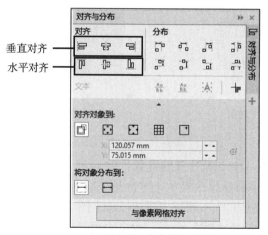

图 2-53 "对齐"选项卡

（2）分布对象

在绘图时，有时需要使绘图中的多个对象按某种方式匀称分布（如以等间距来放置对象），从而使绘图具有精美、专业的外观。

执行菜单中的"对象|对齐与分布|对齐与分布"命令，在弹出的"对齐与分布"对话框中选择"分布"选项卡，如图 2-54 所示。在该选项卡中提供了用于分布选择对象的所有方式。

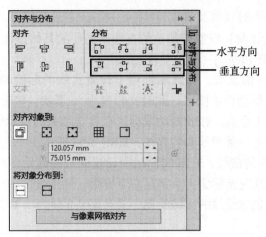

水平方向

垂直方向

图 2-54　"分布"选项卡

2.2　直线和曲线的绘制与编辑

在 CorelDRAW 2019 中可以绘制各种直线和曲线，并可以对其进行编辑。

2.2.1　直线和曲线的绘制

在 CorelDRAW 2019 中可以利用工具箱中的![手绘工具]（手绘工具）、![2点线工具]（2 点线工具）、![贝塞尔工具]（贝塞尔工具）、![艺术笔工具]（艺术笔工具）、![钢笔工具]（钢笔工具）、![B样条工具]（B 样条工具）、![3点曲线工具]（3 点曲线工具）和![折线工具]（折线工具）等多种工具绘制直线和曲线，下面就来具体讲解。

1. 使用手绘工具

使用工具箱中的![手绘工具]（手绘工具）可以非常方便地绘制出直线、简单的曲线以及直线和曲线的混合图形。

（1）绘制直线及曲线

使用![手绘工具]（手绘工具）绘制直线及曲线的具体操作步骤如下。

1）选择工具箱中的![手绘工具]（手绘工具）。

2）绘制直线。将鼠标移动到绘图区，此时光标变为十字且右下方带一段曲线的形状。然后在绘图页面的合适位置单击，从而确定直线的第 1 个点。接着拖动鼠标，在直线结束的位置单击，确定结束点。此时在起点和终点之间会产生一条直线，如图 2-55 所示。

3）绘制曲线。在绘图页面的合适位置单击鼠标，从而确定曲线的第 1 个点。然后按住鼠标左键并拖动到适当位置后释放鼠标，即可绘制出一条曲线，如图 2-56 所示。

提示：单击![手绘工具]（手绘工具）属性栏中的![闭合曲线]（闭合曲线）按钮，可以封闭开放的曲线。

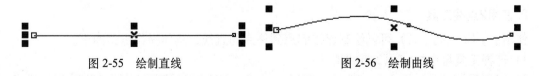

图 2-55　绘制直线　　　　　　　　　　　图 2-56　绘制曲线

（2）绘制带箭头的直线及曲线

使用 （手绘工具）绘制带箭头的直线及曲线的具体操作步骤如下。

1）选择工具箱中的 （手绘工具）。

2）绘制带箭头的直线。在其属性栏中设置直线的起始和终止箭头的样式，如图 2-57 所示。然后将鼠标移动到绘图区，此时光标变为 形状。接着在绘图页面的合适位置单击，从而确定直线的第 1 个点。接着拖动鼠标，在直线结束的位置单击，确定结束点。此时在起点和终点之间会产生一条带箭头的直线，如图 2-58 所示。

3）绘制带箭头的曲线。在其属性栏中设置曲线的起始和终止箭头的样式，然后将鼠标移动到绘图页面，此时光标变为十字且右下方带一短曲线的形状。接着按住鼠标左键不放并拖动鼠标，就会在鼠标经过的区域绘制一条带箭头的曲线，如图 2-59 所示。

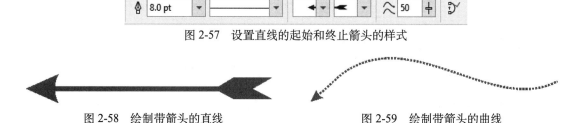

图 2-57　设置直线的起始和终止箭头的样式

图 2-58　绘制带箭头的直线　　　　　　　　　图 2-59　绘制带箭头的曲线

（3）设置手绘工具属性

在 CorelDRAW 2019 中可以根据不同的情况在"选项"对话框中设置手绘工具的属性，从而提高工作效率。执行菜单中的"工具 | 选项 | 工具"命令，调出"工具选项"对话框，然后在左侧选择"手绘 / 贝塞尔曲线"，即可在右侧设置手绘工具的相关属性，如图 2-60 所示。

图 2-60　"工具选项"对话框

2. 使用2点线工具

使用 （2 点线工具）可以绘制连接起点到终点的直线，具体操作步骤如下。

1）选择工具箱中的 （2 点线工具）。

2）将鼠标移动到绘图页面，然后单击确定起点，接着按住鼠标左键不放拖动到直线终点位置松开鼠标，即可绘制出连接起点到终点的直线。

3. 使用贝塞尔工具

使用 ✐ (贝塞尔工具) 可以绘制平滑、精确的曲线。可以通过确定节点和改变控制点的位置来控制曲线的弯曲度，从而绘制出精美的图形。

(1) 绘制直线

使用 ✐ (贝塞尔工具) 绘制连续的直线的具体操作步骤如下。

1) 单击工具箱中的 🖉 (手绘工具) 按钮，在弹出的隐藏工具中选择 ✐ (贝塞尔工具)。

2) 将鼠标移动到绘图页面，此时光标变为 ┼ 形状。然后在绘图页面的适当位置单击，从而确定第 1 个节点。接着将鼠标移动到下一个节点位置单击，即可在两个节点之间创建一条直线。

3) 重复上次操作，可以绘制出连续的直线，如图 2-61 所示。

4) 在绘制完成后，按键盘上的〈Space〉键，或单击工具箱中的其他工具，即可结束绘制。

(2) 绘制曲线

使用 ✐ (贝塞尔工具) 绘制连续的曲线的具体操作步骤如下。

1) 单击工具箱中的 🖉 (手绘工具) 按钮，在弹出的隐藏工具中选择 ✐ (贝塞尔工具)。

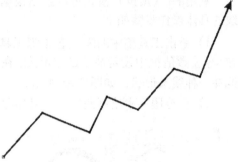

图 2-61　绘制连续的直线

2) 将鼠标移动到绘图页面，此时光标变为 ┼ 形状。然后在绘图页面的适当位置单击，从而确定第 1 个节点。接着将鼠标移动到下一个节点位置单击并拖动鼠标，此时会出现一条虚线显示的控制柄，如图 2-62 所示，当拉长控制柄或者向不同的方向拖动控制柄时，绘制的曲线的形状是不同的。松开鼠标，即会产生一条曲线，如图 2-63 所示。

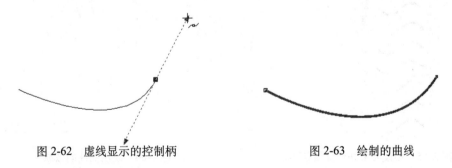

图 2-62　虚线显示的控制柄　　　　　图 2-63　绘制的曲线

3) 重复上述操作，可以绘制出连续的曲线，如图 2-64 所示。

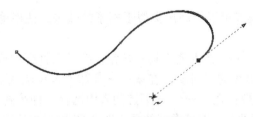

图 2-64　绘制连续的曲线

4）在绘制完成后，按键盘上的〈Space〉键，或单击工具箱中的其他工具，即可结束绘制。

4. 使用艺术笔工具

在 CorelDRAW 2019 中，使用 🖊 （艺术笔工具）可以模拟画笔的真实效果，绘制出多种精美的线条和图形，完成不同风格的设计作品。艺术笔工具属性栏中包括 ▶◀ （预设）、 🖌 （笔刷）、 ⬚ （喷罐）、 ✒ （书法）和 ✒ （表达式）5 种模式，下面就来具体讲解利用这 5 种模式绘制曲线的方法。

（1）预设模式

利用 ▶◀ （预设）模式可以绘制根据预设形状而改变曲线的粗细。使用预设模式绘制曲线的具体操作步骤如下。

1）单击工具箱中的 🖊 （艺术笔工具）按钮，在其属性栏中选择 ▶◀ （预设）模式，然后在 ⌃100➕ 数值框中设定曲线的平滑度；在 ◼10.0 mm✚ 数值框中输入宽度；在 ▢〰️▾ 下拉列表中选择一种线条形状，如图 2-65 所示。

2）在绘图区中绘制曲线，效果如图 2-66 所示。

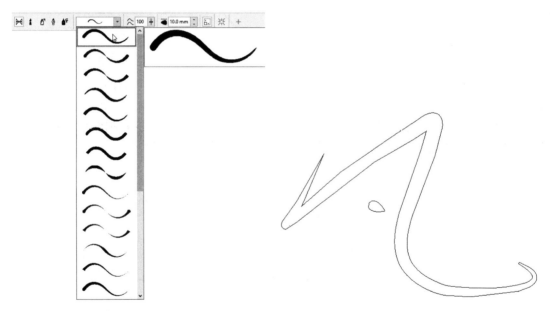

图 2-65　预设参数并选择线条形状　　　　图 2-66　绘制曲线的效果

（2）笔刷模式

利用 🖌 （笔刷）模式可以绘制出类似于刷子的效果。使用笔刷模式绘制曲线的具体操作步骤如下。

1）单击工具箱中的 🖊 （艺术笔工具）按钮，在其属性栏中选择 🖌 （笔刷）模式，然后在 ⌃100➕ 数值框中设定曲线的平滑度；在 ◼10.0 mm✚ 数值框中输入宽度；在 艺术▾ 下拉列表中选择一种笔刷类型；在 ▢┈┈┈▾ 下拉列表中选择一种笔刷样式，如图2-67所示。

2）在绘图区中绘制曲线，即可看到效果。图 2-68 所示为使用不同笔刷样式绘制的效果。

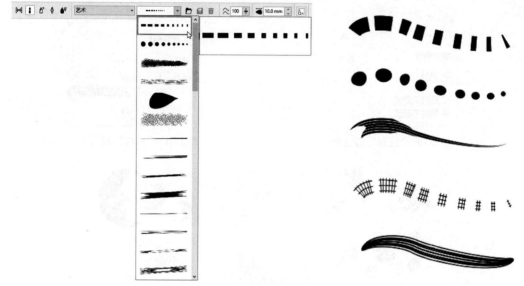

图 2-67　设置笔刷参数　　　　　　图 2-68　使用不同笔刷样式绘制的效果

（3）喷罐模式

利用 [▣]（喷罐）模式可以绘制出类似于刷子的效果。使用喷罐模式绘制曲线的具体操作步骤如下。

1）单击工具箱中的 [▯]（艺术笔工具）按钮，在其属性栏中选择 [▣]（喷罐）模式，然后在 `笔刷笔触` 下拉列表中选择一种笔刷类型；在 `[_____]` 下拉列表中选择一种喷罐样式，如图 2-69 所示。

图 2-69　喷罐模式属性栏

2）在 `顺序` 下拉列表中选择一种喷出图形的顺序。如果选择"顺序"，则喷出的图形将会按照一定顺序进行排列；如果选择"随机"，则喷出的图形将会随机分布；如果选择"按方向"，则喷出的图形将会随鼠标拖拽的路径分布。

3）在 `[▯]` 数值框中设置喷涂图形的间距。在上面的框中可以调整每个图形中的间距点的距离；在下面的框中可以调整各个对象之间的间距。

4）单击 [▱]（旋转）按钮，在弹出的如图2-70所示的设置框中可以设置喷涂图形的旋转角度。如果选择"相对于路径"单选按钮，则喷涂图形将相对于鼠标拖拽的方向旋转；如果选择"相对于页面"单选按钮，则喷涂图形将相对于绘图页面为基准旋转。

5）单击 [▱]（偏移）按钮，在弹出的如图2-71所示的设置框中可以设置喷涂图形的偏移角度。如果勾选"使用偏移"复选框，喷涂图形将以路径为基准进行偏移；如果未勾选"使用偏移"复选框，喷涂图形将沿路径分布，而不发生偏移。

6）设置完毕后，在绘图区中绘制曲线，即可看到效果。图 2-72 所示为使用不同喷罐样式绘制的效果。

图 2-70 "旋转"设置框   图 2-71 "偏移"设置框

图 2-72 使用不同喷罐样式绘制的效果

（4）书法模式

利用 ✒ （书法）模式可以绘制出类似书法笔的效果。使用书法模式绘制曲线的具体操作步骤如下。

1）单击工具箱中的 ✏ （艺术笔工具）按钮，在其属性栏中选择 ✒ （书法）模式，如图2-73所示。然后在 ✧ 100 ＋ 数值框中设定曲线的平滑度；在 ⬛ 10.0 mm 数值框中输入宽度；在 ∠ 45.0 °数值框中输入书法笔尖的角度。

图 2-73 书法模式属性栏

2）在绘图区中绘制曲线，即可看到效果。图 2-74 所示为使用不同书法笔尖的角度绘制的效果。

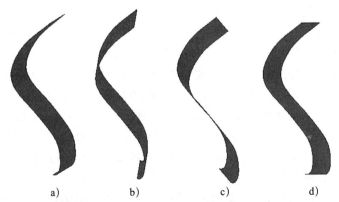

a)   b)   c)   d)

图 2-74 使用不同书法笔尖的角度绘制的效果

a)"书法笔尖角度"为 30° b)"书法笔尖角度"为 80° c)"书法笔尖角度"为 130° d)"书法笔尖角度"为 180°

（5）表达式模式

利用 （表达式）模式可以通过压力感应笔或键盘输入的方式改变线条的粗细。其属性栏如图 2-75 所示。

图 2-75　表达式模式属性栏

5. 使用钢笔工具

 （钢笔工具）就像人们平时使用的钢笔一样，利用它可以绘制出不同的直线、曲线等图形。钢笔工具的操作类似于手绘工具，使用 （钢笔工具）绘制图形的具体操作步骤如下。

1）单击工具箱中的 （手绘工具）按钮，在弹出的隐藏工具中选择 （钢笔工具）。

2）将鼠标移动到绘图页面，此时光标变为 形状。然后在绘图页面的适当位置单击，从而确定第 1 个节点。接着将鼠标移动到下一个节点位置单击，即可在两个节点之间创建一条直线。重复上次操作，可以绘制出连续的直线，如图 2-76 所示。

3）单击并拖拽鼠标可绘制曲线，并可调节曲线的方向和曲率，如图 2-77 所示。

图 2-76　利用 （钢笔工具）绘制直线　　　图 2-77　利用 （钢笔工具）绘制曲线

4）在其属性栏中激活 （预览模式）按钮，如图 2-78 所示，将实时显示要绘制的曲线的形状和位置。

图 2-78　激活 （预览模式）按钮

5）在其属性栏中激活 （自动添加／删除节点）按钮，此时将鼠标移动到节点上，光标变为 形状，单击可删除节点；将鼠标移动到路径上，光标变为 形状，单击可添加节点；将鼠标移动到起始节点处，光标变为 形状，单击可闭合路径。

6）在绘制过程中，按下键盘上的〈Alt〉键，可以进行转换、移动和调整节点等操作，释放〈Alt〉键仍可继续绘制曲线。

7）绘制完成后，按〈Esc〉键或双击鼠标左键即可退出绘制状态。

6. 使用B样条工具

利用 （B 样条工具）可以通过节点来改变曲线形状，从而绘制出不同形状的圆滑曲线。使用 （B 样条工具）绘制 B 样条曲线的具体操作步骤如下。

1）单击工具箱中的 （手绘工具）按钮，在弹出的隐藏工具中选择 （B 样条工具）。

2）将鼠标移动到绘图页面，此时光标变为 形状。然后在绘图页面的适当位置单击，从而确定第 1 个节点。再在第 2 个位置单击确定第 2 个节点，接着在第 3 个位置单击鼠标，此时软件会根据这 3 个节点产生一条圆滑曲线，如图 2-79 所示。

3）在绘制完成后，双击鼠标左键，即可结束 B 样条曲线的绘制，效果如图 2-80 所示。

图 2-79　在 3 个节点之间产生一条圆滑曲线　　　图 2-80　结束 B 样条曲线的绘制

7. 使用3点曲线工具

使用 🖉（3 点曲线工具）可以绘制多种弧线或近似圆弧的曲线。使用 🖉（3 点曲线工具）绘制曲线的具体操作步骤如下。

1）单击工具箱中的 🖉（手绘工具）按钮，在弹出的隐藏工具中选择 🖉（3 点曲线工具）。

2）将鼠标移动到绘图页面，此时光标变为 ⚲ 形状。然后在绘图页面的适当位置单击，从而确定圆弧的起始点。接着拖拽出任意方向直线确定圆弧的终点后松开鼠标。再拖动鼠标确定圆弧曲度的大小，如图 2-81 所示。

3）绘制完成后，单击鼠标左键确认。

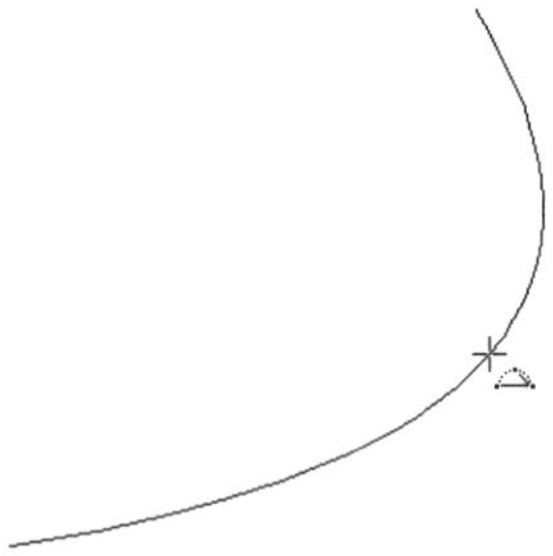

图 2-81　拖动鼠标确定圆弧曲度的大小

提示：利用 🖉（3 点曲线工具）绘制弧线后，单击属性栏中的 🖉（闭合曲线）按钮，如图 2-82 所示，可闭合当前弧线。

图 2-82　单击属性栏中的 🖉（闭合曲线）按钮

8. 使用折线工具

利用 🖉（折线工具）可以绘制出不同形状的多点折线或多点曲线。使用 🖉（折线工具）绘制折线和曲线的具体操作步骤如下。

1）单击工具箱中的 🖉（手绘工具）按钮，在弹出的隐藏工具中选择 🖉（折线工具）。

2）绘制多点折线。方法：将鼠标移动到绘图页面，此时光标变为 ⚲ 形状。然后在绘图页面的适当位置单击，从而确定第1个节点。接着逐步单击，即可绘制出多点折线。绘制完成后，双击鼠标左键确认。

3）绘制多点曲线。方法：将鼠标移动到绘图页面，此时光标变为 ⚲ 形状。然后在绘图页面的适当位置单击，从而确定第1个节点。接着按住鼠标不放并拖动，即可绘制出多点曲线。绘制完成后，双击鼠标左键确认。

2.2.2　编辑曲线

对绘制好的曲线可以进行添加和删除节点、更改节点属性等操作，从而得到所需效果。下面就来具体讲解编辑曲线的方法。

1. 添加和删除节点

添加和删除节点可以使绘制的曲线或图形更简洁、更准确、更完美。

（1）添加节点

在曲线上添加节点的方法有以下两种。

1）利用工具箱中的 █ （形状工具）选择要添加节点的曲线，然后在曲线上要添加节点的位置双击，即可添加一个节点。

2）利用工具箱中的 █ （形状工具）选择要添加节点的曲线，然后将鼠标放在曲线上要添加节点的位置上并单击，接着在图 2-83 所示的属性栏中单击 █ （添加节点）按钮，即可添加一个节点。

（2）删除节点

在曲线上删除节点的方法有以下两种。

图 2-83 █ （形状工具）的属性栏

1）利用工具箱中的 █ （形状工具）在曲线上要删除节点的位置双击，即可删除该节点。

2）利用工具箱中的 █ （形状工具）在曲线上要删除节点的位置上单击，然后在属性栏中单击 █ （删除节点）按钮，即可删除一个节点。

2. 更改节点的属性

CorelDRAW 2019 提供了尖突节点、平滑节点和对称节点 3 种类型的节点。不同类型的节点决定了节点控制点的不同属性。

（1）尖突节点 █

尖突节点的控制点是独立的，当移动一个控制点时，另外一个控制点并不移动，从而使得通过尖突节点的曲线以较为尖突的锐角尖突，此类节点如图 2-84 所示。

（2）平滑节点 █

平滑节点的控制点之间是相关联的，当移动其中一个控制点时，相关联的另外一个控制点也会随之移动。使用平滑节点能够使穿过该节点的曲线的不同部分产生平滑的过渡，此类节点如图 2-85 所示。

（3）对称节点 █

对称节点的控制点不仅是相关的，而且控制点和控制线的长度是相等的。对称节点能够使穿过该节点的曲线对象在节点的两边产生相同的曲率，此类节点如图 2-86 所示。

图 2-84 尖突节点 █

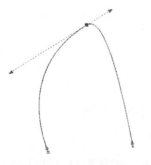

图 2-85 平滑节点 █

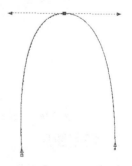

图 2-86 对称节点 █

3. 闭合和断开曲线

在 CorelDRAW 2019 中是不能对非封闭路径应用任何一种填充的，如果想要对一个开放路径应用不同类型的填充，就必须对其进行封闭操作。在 CorelDRAW 2019 中使用 (形状工具) 可以方便地闭合和断开曲线。

（1）闭合曲线

闭合曲线的具体操作步骤如下。

1）利用工具箱中的 (形状工具)，配合键盘上的〈Shift〉键，选择要连接的曲线的起始节点和终止节点，如图 2-87 所示。

2）单击属性栏中的 (连接两个节点) 按钮，即可将选择的起始节点和终止节点合并为一个节点，开放路径变为封闭路径，如图 2-88 所示。

（2）断开曲线

断开曲线的具体操作步骤如下。

1）利用工具箱中的 (形状工具) 选择曲线上要断开的节点，如图 2-88 所示。

2）单击属性栏中的 (断开曲线) 按钮，即可将该节点断开为两个节点，如图 2-89 所示。

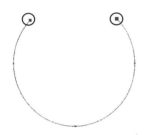  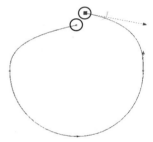

图 2-87　选择要连接的节点　　　　图 2-88　闭合曲线　　　　图 2-89　断开曲线

4. 自动闭合曲线

自动闭合曲线的具体操作步骤如下。

1）利用工具箱中的 (形状工具) 选择要进行自动闭合的曲线，如图 2-90 所示。

2）单击属性栏中的 (闭合曲线) 按钮，此时开放的曲线的起始节点和终止节点会以一条直线连接起来，从而闭合曲线，如图 2-91 所示。

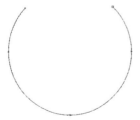 

图 2-90　选择要进行自动闭合的曲线　　　　图 2-91　自动闭合效果

2.2.3　切割图形

利用 (刻刀工具) 可以对单一的图形对象进行裁切，使一个图形被裁切成两个图形。切割图形的具体操作步骤如下。

1）利用工具箱中的 ☆ （星形工具）绘制一个五角星。

2）单击工具箱中的 🔧 （裁剪工具）按钮，在弹出的隐藏工具中选择 ✎ （刻刀工具），然后在属性栏中设置参数，如图 2-92 所示。

图 2-92　设置参数

3）将鼠标放置在要切割的五角星的轮廓上，在要开始切割的位置上单击鼠标，如图 2-93 所示。然后将鼠标移动到需切割的终止位置再次单击鼠标，如图 2-94 所示，即可完成切割。

4）切割完成后，利用工具箱中的 ▷ （选择工具）拖动切割后的图形，可以看到切割后的图形被分成了两部分，如图 2-95 所示。

图 2-93　确定切割起始位置　　　图 2-94　确定切割终止位置　　　图 2-95　图形被分成了两部分

5）如果在确认切割起始位置后，单击并拖拽鼠标到终点的位置，如图 2-96 所示，可以以曲线的形状切割图形，效果如图 2-97 所示。

图 2-96　以曲线形状切割图形　　　　　图 2-97　以曲线形状切割图形效果

2.2.4　擦除图形

利用 ▨ （橡皮擦工具）可以擦除部分图形或全部图形，并可以将擦除后的图形的剩余部分自动闭合，擦除工具只能对单一的图形对象进行擦除。擦除图形的具体操作步骤如下。

1）利用工具箱中的 ☆ （星形工具）绘制一个五角星，如图 2-98 所示。

2）选择工具箱中的 ▨ （橡皮擦工具），然后在属性栏中设置参数，如图 2-99 所示。接着利用 ▨ （橡皮擦工具）在五角星上单击，从而对其进行选取。

图 2-98　绘制一个五角星　　　　　　　　　　　图 2-99　设置参数

3）在星形外单击确定擦除的起点，如图 2-100 所示。然后将鼠标移动到擦除的终点位置，此时擦除起点和终点之间会出现虚线，如图 2-101 所示，再单击鼠标确认，擦除后的效果如图 2-102 所示。

图 2-100　确定擦除的起点　　　图 2-101　确定擦除的终点　　　图 2-102　擦除后的效果 1

4）如果在擦除工具属性栏中单击◯（圆形笔尖）按钮，将擦除笔头切换为▢（矩形笔尖），然后在确认擦除起点后，单击并拖拽鼠标到擦除终点的位置，如图 2-103 所示，即可以矩形作为擦除笔头并以曲线的形状擦除图形，效果如图 2-104 所示。

图 2-103　以矩形作为笔头进行擦除　　　　　图 2-104　擦除后的效果 2

2.2.5　修饰图形

在 CorelDRAW 2019 中用于修饰图形的工具包括 ▨（涂抹笔刷）、 ✗（粗糙笔刷）、 ✛（自由变换工具）和 ▰（虚拟段删除），利用这些工具可以修饰已绘制的矢量图形。

1. 涂抹笔刷

使用 ▨（涂抹笔刷）工具可以对对象轮廓线进行随意的涂抹，从而产生一种类似于增加节点并调整节点后的效果，具体操作步骤如下。

1）绘制一个狗的图形对象，如图 2-105 所示。

2）利用工具箱中的 （选择工具）选择狗的图形对象，然后单击工具箱中的 （形状工具）按钮，在弹出的隐藏工具中选择 （涂抹笔刷）工具。

3）在属性栏中设置笔尖大小，添加水分浓度、角度等参数，如图 2-106 所示。然后在要涂抹的位置上单击并拖动鼠标，效果如图 2-107 所示。

图 2-105　绘制图形对象　　图 2-106　 （涂抹笔刷）工具的　　图 2-107　利用 （涂抹笔刷）
　　　　　　　　　　　　　　　　　　属性栏　　　　　　　　　　　工具处理后的效果

2. 粗糙笔刷

使用 （粗糙笔刷）工具可以使对象轮廓变得更加粗糙，从而产生一种锯齿的特殊效果，具体操作步骤如下。

1）利用工具箱中的 （矩形工具）绘制一个矩形，如图 2-108 所示。

2）利用工具箱中的 （选择工具）选择需要粗糙的矩形，然后单击工具箱中的 （形状工具）按钮，在弹出的隐藏工具中选择 （粗糙笔刷）工具。

3）在属性栏中设置笔尖大小，设置尖突频率的值、角度等参数，如图 2-109 所示。然后将鼠标移动到矩形边缘单击并进行拖动，效果如图 2-110 所示。

图 2-108　绘制矩形　　　　　　图 2-109　 （粗糙笔刷）工具的属性栏

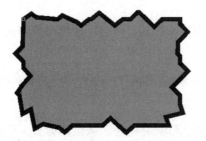

图 2-110　 （粗糙笔刷）工具处理后的效果

3. 自由变换工具

使用 ⬚ (自由变换工具) 可以对对象进行任意角度的变换, 从而使图形产生一种在角度上变化的效果, 具体操作步骤如下。

1) 利用工具箱中的 ⬚ (手绘工具) 绘制或导入一幅图形对象。

2) 单击工具箱中的 ⬚ (选择工具) 按钮, 在弹出的隐藏工具中选择 ⬚ (自由变换工具)。然后将鼠标移动到图形对象上, 单击并拖动鼠标, 即可以任意角度变换图形对象。

4. 虚拟段删除

使用 ⬚ (虚拟段删除) 工具可以删除部分图形或线段, 具体操作步骤如下。

1) 绘制图形对象, 如图 2-111 所示。

2) 单击工具箱中的 ⬚ (裁剪工具) 按钮, 在弹出的隐藏工具中选择 ⬚ (虚拟段删除) 工具, 此时光标将变为 ⬚ 形状。

3) 拖拽出包含要删除的图形或线段的虚线矩形框, 如图 2-112 所示, 此时在虚线矩形框中包含的图形或线段将被全部删除, 如图 2-113 所示。

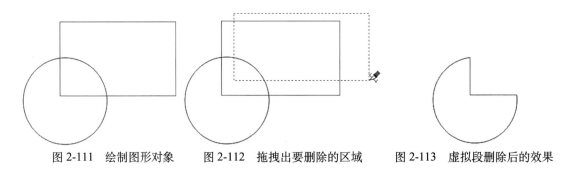

图 2-111　绘制图形对象　　　图 2-112　拖拽出要删除的区域　　　图 2-113　虚拟段删除后的效果

2.2.6　重新整合图形

在 CorelDRAW 2019 中提供了能够将多个对象组合成一个新的图形对象的功能, 如 "焊接" "修剪" "相交" "简化" 等, 下面就来进行具体讲解。

1. 焊接和修剪

(1) 焊接

"焊接" 命令可以将不同对象的重叠部分进行处理, 从而使这些对象结合起来创造一个新的对象。焊接多个对象的具体操作步骤如下。

1) 绘制 3 个要进行焊接的图形, 然后利用工具箱中的 ⬚ (选择工具) 选择要进行焊接的图形, 如图 2-114 所示。

2) 在属性栏中单击 ⬚ (焊接) 按钮, 即可将所选对象焊接成一个新的对象, 如图 2-115 所示。

提示: 在焊接时选择不同的源对象和不同的目标对象, 可以得到不同的焊接效果。

(2) 修剪

"修剪" 命令是将选择的多个对象的重叠区域全部剪去, 从而创建出一些不规则的形状。修剪多个对象的具体操作步骤如下。

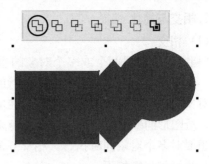

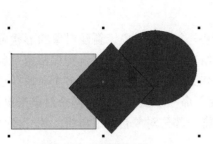

图 2-114　选取图形 1　　　　　　　　　　　图 2-115　焊接后的效果

1）绘制两个要进行修剪的图形，然后利用工具箱中的 ⬚（选择工具）选取要进行修剪的图形，如图 2-116 所示。

2）执行菜单中的"窗口 | 泊坞窗 | 形状"命令，调出"形状"泊坞窗，然后在顶部的下拉列表中选择"修剪"选项，如图 2-117 所示。

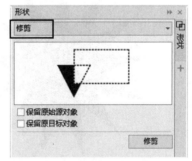

图 2-116　选取图形 2　　　　　　　　　　图 2-117　选择"修剪"选项

3）单击"修剪"按钮，此时光标变为 形状，然后将鼠标移动到圆形上单击（即用星形修剪圆形），效果如图 2-118 所示。

提示：如果单击"修剪"按钮后，在星形上单击鼠标（即用圆形修剪星形），效果如图2-119所示。

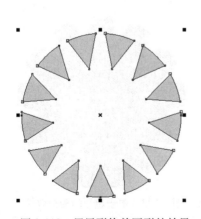

图 2-118　用星形修剪圆形的效果　　　　　图 2-119　用圆形修剪星形的效果

2. 相交与简化

（1）相交

"相交"能够用两个或多个对象的重叠区域来创建一个新的对象。新建对象的形状可以简单，也可以复杂，这取决于交叉形状的类型。在"相交"命令中，可以选择保留源对象和目标对象，也可以选择不保留它们，在屏幕上只显示交叉后产生的新图形。多个对象经过处理后，新图形的颜色由目标对象的颜色来决定。"相交"命令一次只能选择两个对象来执行，如果想要对多个对象同时执行"相交"命令，可以先将一部分对象合并或群组。相交多个对象的具体操作步骤如下。

1）绘制两个要进行相交的图形，然后利用工具箱中的 ▐▖（选择工具）选取要进行相交的图形，如图 2-120 所示。

2）执行菜单中的"窗口|泊坞窗|形状"命令，调出"形状"泊坞窗，然后在顶部的下拉列表中选择"相交"选项，如图 2-121 所示。

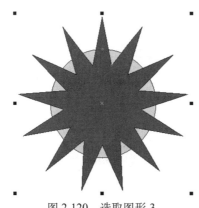

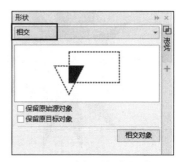

图 2-120　选取图形 3　　　　　　　图 2-121　选择"相交"选项

3）单击"相交"按钮，此时光标变为 ▚□ 形状，然后将鼠标移动到圆形上单击，效果如图 2-122 所示。

提示：如果单击"相交"按钮后，在星形上单击鼠标，效果如图2-123所示。

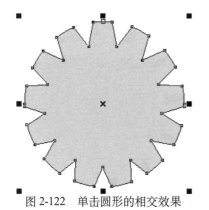

图 2-122　单击圆形的相交效果　　　　图 2-123　单击星形的相交效果

（2）简化

"简化"命令是减去后面图形和前面图形的重叠部分，并保留前面图形和后面图形的形态。简化图形的具体操作步骤如下。

1）绘制两个图形，然后利用工具箱中的 (选择工具)选取它们，如图 2-124 所示。

2）在属性栏中单击 (简化)按钮，然后利用工具箱中的 (选择工具)移动图形即可看到效果，效果如图 2-125 所示。

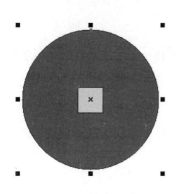

图 2-124 选取图形 4

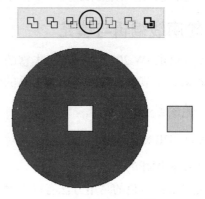

图 2-125 "简化"的效果

3. 移除后面对象、移除前面对象

（1）移除后面对象

"移除后面对象"命令是减去后面图形及前后图形的重叠部分，保留前面图形的剩余部分。移除后面对象的具体操作步骤如下。

1）利用工具箱中的 (选择工具)选取要进行"移除后面对象"操作的对象，如图 2-126 所示。

2）在属性栏中单击 (移除后面对象)按钮，效果如图 2-127 所示。

图 2-126 选取要进行"移除后面对象"操作的对象

图 2-127 "移除后面对象"的效果

（2）移除前面对象

"移除前面对象"命令是减去前面图形及前后图形的重叠部分，保留后面图形的剩余部分。移除前面对象的具体操作步骤如下。

1）利用工具箱中的 (选择工具)选取要进行"移除前面对象"操作的对象，如图 2-128 所示。

2）在属性栏中单击 (移除前面对象)按钮，效果如图 2-129 所示。

图 2-128　选取要进行"移除前面对象"操作的对象　　　图 2-129　"移除前面对象"的效果

2.3　轮廓线编辑与填充

在 CorelDRAW 2019 中提供了丰富的轮廓线和填充工具，利用这些工具可以制作出绚丽的图形效果。本节将具体讲解这些工具的使用。

2.3.1　轮廓线编辑

在 CorelDRAW 2019 中可以对创建对象的轮廓线的颜色、形状等进行处理。

1. 改变轮廓线的颜色

改变轮廓线颜色的常用方法有以下两种。

1）利用工具箱中的 ▐ （选择工具）选择对象，然后右键单击调色板中的任何一种颜色，即可将该颜色设为对象的轮廓线颜色。

2）在没有任何选择的情况下，从调色板中选择一种颜色，然后用鼠标左键拖动到对象边缘，此时光标变为 ▯ 形状，松开鼠标即可将其应用为轮廓线颜色。

2. 改变轮廓线的形状

在绘制对象时，其轮廓线都具有一定宽度。用户可以根据需要改变其宽度及样式。

（1）设置轮廓线宽度

设置轮廓线宽度的具体操作步骤如下。

1）利用工具箱中的 ▐ （选择工具），选择需要改变轮廓线宽度的图形对象。

2）在状态栏中双击 ▟ （轮廓）图标，然后在弹出的如图 2-130 所示的"轮廓笔"对话框中设置轮廓线宽度，设置完成后，单击"确定"按钮。

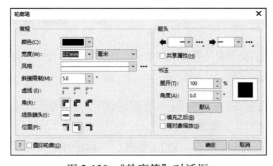

图 2-130　"轮廓笔"对话框

提示：还可以利用"属性"泊坞窗和属性栏设置图形对象的轮廓线宽度；另外按键盘上的〈F12〉键，可以直接弹出"轮廓笔"对话框。

（2）设置轮廓线样式

CorelDRAW 2019 提供了 20 多种预设的轮廓线样式，设置轮廓线样式的具体操作步骤如下。

1）利用工具箱中的 ▶（选择工具），选择需要改变轮廓线样式的图形对象。

2）在状态栏中双击 ✿（轮廓）图标，然后在弹出的"轮廓笔"对话框中的"风格"下拉列表中选择一种轮廓线样式，如图 2-131 所示，单击"确定"按钮。

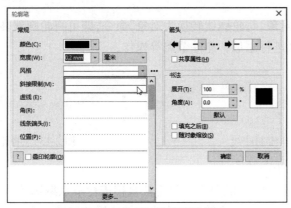

图 2-131 选择一种轮廓线样式

（3）设置对象角的形状

设置对象角的形状可极大地影响直线和曲线的外观，对于特别小的对象或轮廓线很粗的对象更是如此。设置对象角的形状的具体操作步骤如下。

1）利用工具箱中的 ▶（选择工具），选择需要改变角的形状的图形对象。

2）在状态栏中双击 ✿（轮廓）图标，然后在弹出的"轮廓笔"对话框中的"角"选项组中选择一种角的形状，单击"确定"按钮即可。图 2-132 所示为选择不同角的形状的效果比较。

图 2-132 选择不同角的形状的效果比较

3.消除轮廓线

消除轮廓线的常用方法有以下两种。

1）利用工具箱中的 ▶（选择工具）选中要删除填充及填充图样的对象，然后在右侧调色板中右键单击 ⊠ 即可。

2）利用工具箱中的 ▶（选择工具）选中要删除轮廓线的对象，然后在工作界面下方的状态栏的左侧右键单击 ⊠ 即可。

4.转换轮廓线

在 CorelDRAW 2019 中可以根据需要将轮廓线转换为对象或曲线。

（1）将轮廓线转换为对象

轮廓线是一种不可编辑的曲线，它只能改变颜色、大小和样式，如果要对其进行编辑，必须先将其转换为图形对象。将轮廓线转换为对象的具体操作步骤如下。

1）利用工具箱中的 ✐（贝塞尔工具）绘制一条曲线，并利用 ▶（选择工具）选中该曲线，如图 2-133 所示。

2）执行菜单中的"对象|将轮廓线转换为对象"命令，即可将轮廓线转换为对象，如图 2-134 所示。转换后可以对其进行添加、删除节点等操作。

图 2-133　绘制曲线　　　　　　　　图 2-134　将轮廓线转换为对象

（2）将轮廓线转换为曲线

用户绘制的矩形、圆形等标准图形，是无法直接进行节点编辑的，如果要进行节点编辑，必须先将其转换为曲线。将轮廓线转换为曲线的具体操作步骤如下。

1）利用工具箱中的 ▢（矩形工具）绘制一个矩形，如图 2-135 所示。

2）执行菜单中的"对象 | 转换为曲线"命令（或在属性栏中单击 ↻（转换为曲线）按钮），将轮廓线转换为曲线。然后利用工具箱中的 ⬚（形状工具）选中相应节点移动其位置，如图 2-136 所示。

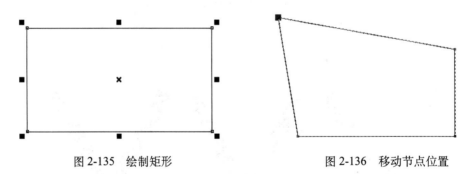

图 2-135　绘制矩形　　　　　　　　图 2-136　移动节点位置

2.3.2　交互式填充

CorelDRAW 2019 的颜色填充包括对图形对象的轮廓和内部的填充。图形对象的轮廓只能填充单色，而在图形对象的内部则可以进行单色、渐变、图案等多种方式的填充。

1.匀称填充

匀称填充用于对图形对象内部进行颜色填充，进行匀称填充的具体操作步骤如下。

1）利用工具箱中的 ☆（星形工具）绘制一个星形，如图 2-137 所示。

2）利用工具箱中的 ◈（交互式填充工具）单击星形，然后在属性栏中单击 ▪（匀称填充），再单击■▪，从弹出的如图 2-138 所示的拾色器中选择相应的颜色后，单击"确定"按钮，效果如图 2-139 所示。

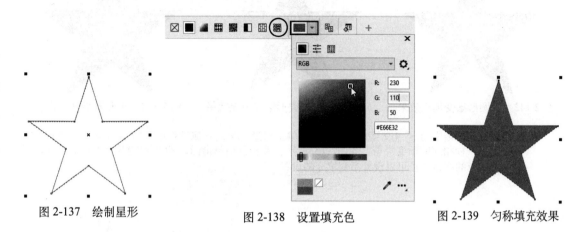

图 2-137 绘制星形　　　　　　　　图 2-138 设置填充色　　　　　　　　图 2-139 匀称填充效果

2. 渐变填充

渐变填充包括线性、椭圆形、圆锥形和矩形 4 种色彩渐变类型。进行渐变填充的具体操作步骤如下。

1）利用工具箱中的 ◈ （交互式填充工具）单击星形，然后按快捷键〈F11〉，调出"编辑填充"对话框。

2）在"编辑填充"对话框中单击 ◢ （渐变填充），然后在"类型"中选择 ▦ （线性渐变填充），如图 2-140 所示，单击"确定"按钮，效果如图 2-141 所示；如果在"编辑填充"对话框的"类型"中选择 ▦ （椭圆形渐变填充），单击"确定"按钮，效果如图 2-142 所示；如果在"编辑填充"对话框的"类型"中选择 ▦ （圆锥形渐变填充），单击"确定"按钮，效果如图 2-143 所示；如果在"编辑填充"对话框的"类型"中选择 ▦ （矩形渐变填充），单击"确定"按钮，效果如图 2-144 所示。

图 2-140 "编辑填充"对话框

图 2-141 线性渐变填充效果

图 2-142　椭圆形渐变填充效果

图 2-143　圆锥形渐变填充效果

图 2-144　矩形渐变填充效果

提示：利用工具箱中的（交互式填充工具）单击星形，然后在属性栏中单击（渐变填充），再选择一种相应的渐变类型，如图2-145所示。接着分别单击图2-146所示的两个方形颜色块，设置相应的颜色，也可以设置渐变填充的设置。

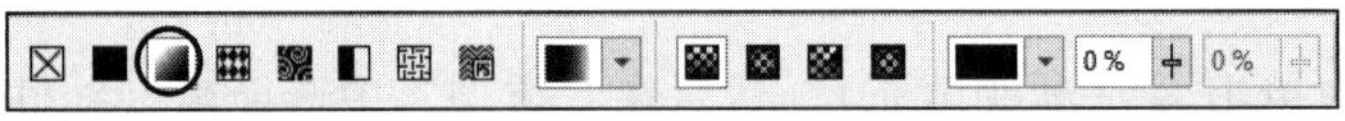

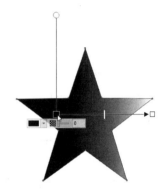

图 2-146　设置渐变色

图 2-145　绘制星形

3. 向量图样填充

利用（交互式填充工具）对图形进行向量图样填充的具体操作步骤如下。

1）在绘图区中绘制一个正圆形，如图 2-147 所示。

2）单击工具箱中的（交互式填充工具）按钮,然后在属性栏中单击（向量图样填充）按钮后再单击右侧的（填充挑选器）按钮，接着从弹出的列表框中选择一种向量图样，如图 2-148 所示。

3）此时绘图区中的正圆形即可填充上被选择的向量图样，效果如图 2-149 所示。

提示：在"属性"泊坞窗中单击（填充）选项卡下的（向量图样填充）按钮，也可以进行向量图样填充。

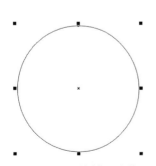

图 2-147　绘制正圆形

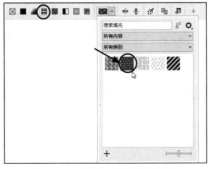

图 2-148　选择一种向量图样

图 2-149　向量图样填充效果

4）移动正圆形向量图样调整框右侧的□滑块，即可调整填充的向量图样的水平宽度，如图 2-150 所示。

5）移动正圆形向量图样调整框上方的□滑块，即可调整填充的向量图样的垂直高度，如图 2-151 所示。

6）移动正圆形向量图样调整框中央的◇滑块，即可调整填充的向量图样的中心位置，如图 2-152 所示。

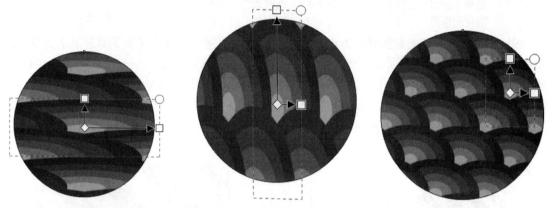

图 2-150　调整向量图样的水平宽度　图 2-151　调整向量图样的垂直高度　图 2-152　调整向量图样的中心位置

7）移动正圆形向量图样调整框右上角的○滑块，可以等比例缩放向量图样的大小和调整旋转角度，如图 2-153 所示。

图 2-153　等比例缩放向量图样的大小和调整旋转角度

8）将当前向量图样赋予其余图形。方法：利用工具箱中的 ◈（交互式填充工具）单击已填充向量图样的矩形，如图 2-154 所示。然后在属性栏中单击 ▣（复制填充）按钮后将鼠标放置到要吸取向量图样的圆形上，此时光标变为 ▶ 形状，如图 2-155 所示。接着单击鼠标，此时矩形就被赋予了与圆形相同的向量图样，如图 2-156 所示。

提示：利用 ▣（复制填充）按钮不仅可以在同类型图样（比如向量图样）之间进行复制填充，还可以在不同类型图样（比如向量图样和位图图样）之间进行复制。

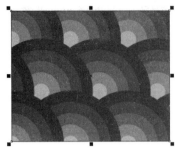

图 2-154　选择一种已填充向量
图样的矩形

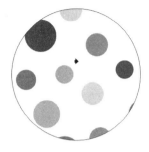

图 2-155　此时光标变为 ➡
形状

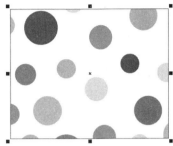

图 2-156　矩形被赋予了与圆形
相同的向量图样

9）更改图形中的向量图样。方法：利用工具箱中的 ▨（交互式填充工具）单击已填充向量图样的矩形，如图2-156所示。然后在属性栏中单击 ▨（编辑填充）按钮，接着在弹出的"编辑填充"对话框中单击右侧的向量图样，从弹出的下拉列表中重新选择一种向量图样，如图2-157所示，单击"确定"按钮。此时矩形就被填充上了重新选择的向量图样，如图2-158所示。

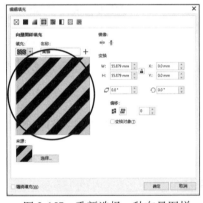

图 2-157　重新选择一种向量图样

图 2-158　矩形被填充上了重新选择的向量图样

10）水平镜像和垂直镜像图形中的向量图样。方法：利用工具箱中的 ▨（交互式填充工具）单击已填充向量图样的矩形，如图 2-158 所示。然后在属性栏中单击 ▥（水平镜像平铺）按钮，即可水平镜像矩形中的向量图样，如图 2-159 所示。接着在属性栏中单击 ▤（垂直镜像平铺）按钮，即可在水平镜像的基础上垂直镜像矩形中的向量图样，如图 2-160 所示。

图 2-159　水平镜像矩形中的向量图样

图 2-160　在水平镜像的基础上垂直镜像矩形中的向量图样

4. 位图图样填充

利用 ◈（交互式填充工具）对图形进行位图图样填充的具体操作步骤如下。

1）在绘图区中绘制一个矩形，如图 2-161 所示。

2）单击工具箱中的 ◈（交互式填充工具）按钮，然后在属性栏中单击 ▦（位图图样填充）按钮后再单击右侧的 ▦▾（填充挑选器）按钮，接着从弹出的列表框中选择一种位图图样，如图 2-162 所示。

3）此时绘图区中的矩形就被填充上被选择的位图图样，效果如图 2-163 所示。

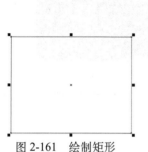  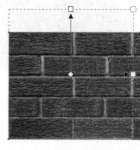

　图 2-161　绘制矩形　　　　图 2-162　选择一种位图图样　　　图 2-163　位图图样填充效果

提示：在"属性"泊坞窗中单击 ◈（填充）选项卡下的 ▦（位图图样填充）按钮，也可以进行位图图样填充。

4）移动矩形位图图样调整框右侧的 □ 滑块，即可调整填充的位图图样的水平宽度，如图 2-164 所示。

5）移动矩形位图图样调整框上方的 □ 滑块，即可调整填充的位图图样的垂直高度，如图 2-165 所示。

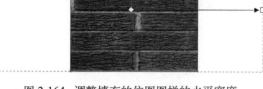 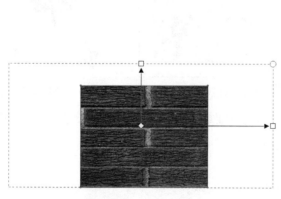

　图 2-164　调整填充的位图图样的水平宽度　　　图 2-165　调整填充的位图图样的垂直高度

6）移动矩形位图图样调整框中央的 ◇ 滑块，即可调整填充的位图图样的中心位置，如图 2-166 所示。

7）移动矩形位图图样调整框右上角的○滑块，可以等比例缩放位图图样的大小和调整旋转角度，如图2-167所示。

图2-166　调整位图图样的中心位置

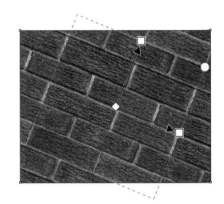

图2-167　等比例缩放位图图样的大小和调整旋转角度

5. 双色图样填充

1）在绘图区中绘制一个五边形，如图2-168所示。

2）单击工具箱中的◈（交互式填充工具）按钮，然后在属性栏中单击▊（双色图样填充）按钮后再单击右侧的▚▾（填充挑选器）按钮，接着从弹出的列表框中选择一种双色图样，如图2-169所示。

3）此时绘图区中的五边形就被填充上被选择的双色图样，效果如图2-170所示。

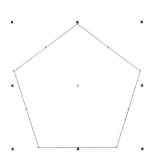

图2-168　绘制五边形1

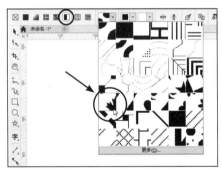

图2-169　选择一种双色图样

图2-170　双色图样填充效果

4）对于填充后图形中的双色图样可以进行缩放和旋转等操作，方法与前面向量图样填充和位图图样填充相同，这里就不赘述了。

6. 底纹填充

1）在绘图区中绘制一个五边形，如图2-171所示。

2）单击工具箱中的◈（交互式填充工具）按钮，然后在属性栏中选择▦（底纹填充），如图2-172所示。再单击右侧的 样品 ▾（底纹库）按钮，从弹出的下拉列表中选择一种底纹库类型，如图2-173所示。接着单击右侧的▊▾（填充挑选器）按钮，从弹出的列表框中选择一种底纹，如图2-174所示。

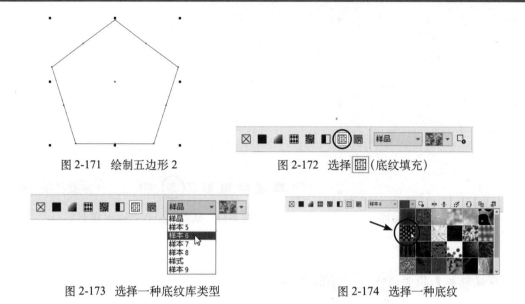

图 2-171　绘制五边形 2　　　　　图 2-172　选择 ▦（底纹填充）

图 2-173　选择一种底纹库类型　　　　　图 2-174　选择一种底纹

3）此时绘图区中的矩形就被填充上被选择的底纹图样，效果如图 2-175 所示。

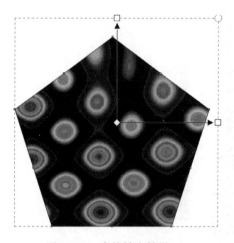

图 2-175　底纹填充效果

4）对于填充后图形中的底纹图样可以进行缩放和旋转等操作，方法与前面向量图样填充和位图图样填充相同，这里就不赘述了。

7. PostScript 填充

1）在绘图区中绘制一个星形，如图 2-176 所示。

2）单击工具箱中的 ◈（交互式填充工具）按钮，然后在属性栏中选择 ▦（PostScript 填充），如图 2-177 所示。再单击右侧的 昆虫 ▼（PostScript 底纹填充）按钮，从弹出的下拉列表中选择一种 PostScript 填充底纹类型（此时选择的是 "泡泡"），如图 2-178 所示。

3）此时绘图区中的星形就被填充上了被选择的泡泡图样，效果如图 2-179 所示。

图 2-176 绘制星形

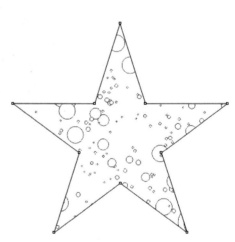

图 2-177 选择 █ (PostScript 填充)

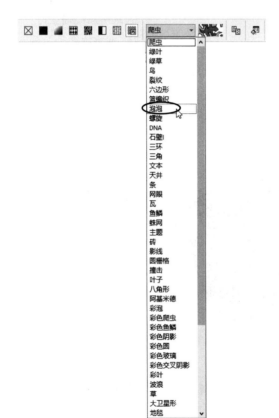

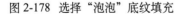

图 2-178 选择"泡泡"底纹填充

图 2-179 "泡泡"底纹填充效果

4）如果要修改填充后的"泡泡"底纹参数，可以单击属性栏中的 █ (编辑填充) 按钮，从弹出的"编辑填充"对话框中进行相应设置，如图 2-180 所示，此时星形中"泡泡"底纹填充效果会随之改变，如图 2-181 所示。设置完毕后，单击"确定"按钮，确认操作。

5）对于填充后图形中的 PostScript 图样可以进行缩放和旋转等操作，方法与前面向量图样填充和位图图样填充相同，这里就不赘述了。

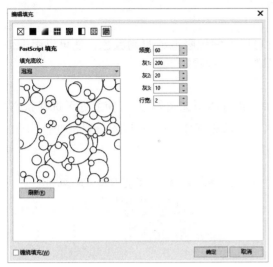

图 2-180　修改"泡泡"底纹填充参数　　　　图 2-181　修改"泡泡"底纹填充参数后的效果

2.3.3　网状填充

使用工具箱中的 （网状填充工具）及其属性栏可以方便地为选取对象进行交互式网格填充，从而创建多种颜色填充，而无须使用轮廓、渐变或调和等属性。利用该工具可以在任何方向转换颜色，处理复杂形状图形中的细微颜色变化，从而制作出花瓣、树叶等复杂形状的色彩过渡。使用网状填充工具的具体操作步骤如下。

1）在绘图区中绘制一个圆形，然后利用 （选择工具）选取该对象。

2）选择工具箱中的 （网状填充工具），然后在属性栏中设置网格数量，效果如图 2-182 所示。

3）改变节点颜色。方法：在绘图区中用鼠标拖动选中网格线节点，然后在调色板中选择一种颜色，即可改变选中节点的颜色，如图2-183所示。

4）改变形状。方法：用鼠标拖动对象的边框节点，则对象的外观随节点的移动而改变，如图2-184所示。

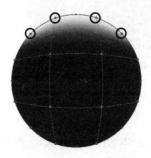

图2-182　网格填充效果　　　　图 2-183　改变节点的颜色　　　　图 2-184　调整节点的形状

2.3.4 属性滴管工具

使用工具箱中的 不仅可以方便地吸取或复制颜色，还可以吸取或复制对象的变换和效果。使用属性滴管工具的具体操作步骤如下。

1）绘制一个正方体，如图 2-185 所示。

2）利用工具箱中的 单击正方体顶部倾斜矩形，使之处于选择状态。然后在属性栏中单击激活 和 按钮，接着设置渐变色为红-白，效果如图 2-186 所示。

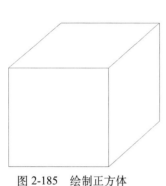

图 2-185　绘制正方体　　　　　　　　图 2-186　渐变填充矩形

3）利用工具箱中的 吸取倾斜矩形中的渐变颜色，此时 属性栏中的工具会从 状态自动切换成 状态。然后将鼠标分别放置到组成立方体的其余两个四边形上，此时光标变为 ![img] 状态，接着单击鼠标即可对其进行填充，效果如图 2-187 所示。

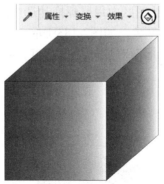

图 2-187　利用 填充其余两个四边形

2.4　文本的创建与编辑

CorelDRAW 2019 具有强大的文本输入和编辑处理功能，本节将具体讲解在 Corel-DRAW 2019 中处理文本的基本操作。

2.4.1　输入文本

CorelDRAW 2019 的文本分为美术字文本和段落文本两种类型。

1. 美术字文本

美术字文本适合制作由少量文本组成的文本对象，如书籍、产品名称等。由于美术字是作为一个单独的图形对象来使用的，因此可以使用各种处理图形的方法对其进行编辑处理，如添加立体化、透镜等图形效果。美术字文本不受文本框的限制，其换行也与段落文本不同，必须在行尾按一下〈Enter〉键，其后的文本才能够转到下一行。输入美术字文本的具体操作步骤如下。

1）选择工具箱中的 **字**（文本工具）（快捷键〈F8〉），然后将鼠标移至工作区，此时光标变为 +ₐ 形状。

2）在工作区中要输入美术字文本的位置单击鼠标左键，该位置会出现一个闪烁光标"I"符号。

3）在图 2-188 所示的文本工具属性栏中设置字体、字号等属性后，输入文本。然后利用工具箱中的 ↖（选择工具）在文本区外单击左键，即可结束美术字文本的输入，如图 2-189 所示。

提示：如果使用拼音输入法输入文本，在输入完毕后，必须先按键盘上的〈Enter〉键确认。

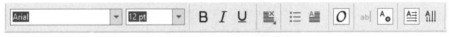

图 2-188　文本工具属性栏

设计软件教师协会

图 2-189　添加美术字文本

2. 段落文本

段落文本用于对格式要求更高的较大篇幅的文本中，通常为一整段的内容，如文章、新闻、期刊等。段落文本是建立在美术字模式的基础上的大块区域文本。对段落文本可以使用 CorelDRAW 2019 所具备的编辑排版功能来进行处理，段落文本可应用格式编排选项，如添加项目符号、缩进以及分栏等。输入段落文本的具体操作步骤如下。

1）选择工具箱中的 **字**（文本工具）（快捷键〈F8〉），然后将鼠标移至工作区，此时光标变为 +字 形状。

2）在工作区中要输入段落文本的位置单击并拖动出虚线矩形段落文本框，此时文本框左上方将出现插入文字光标"I"。然后在文本工具属性栏中设置字体、字体大小等属性，如图 2-188 所示，即可输入文本。

3）输入完毕，利用工具箱中的 ↖（选择工具）在文本区外单击左键，即可结束段落文本的输入，效果如图 2-190 所示。

提示：如果添加的文本超出了文本框所能容纳的文本量，则超出文本框右下方的文本会被隐藏。此时
文本框的颜色会变为红色，且在选择文本框时，文本框下方居中位置会显示▣图标，提示用户
存在溢流文本，如图2-191所示。对于溢流文本，可以通过增加文本框大小、调整文本大小、
调整列宽，或者将文本框链接到其他文本框的方式进行手动修正。

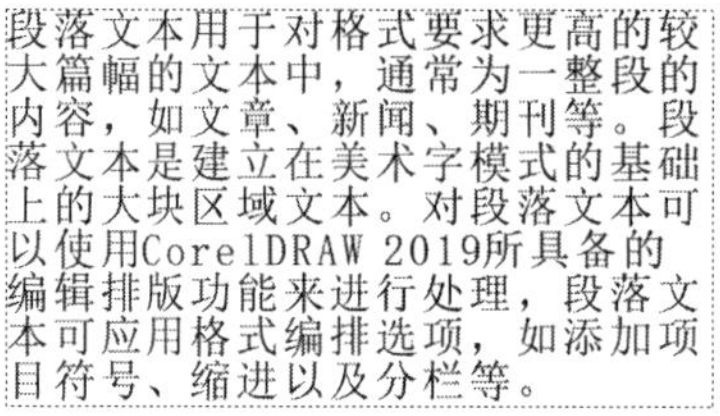

图 2-190　输入段落文本 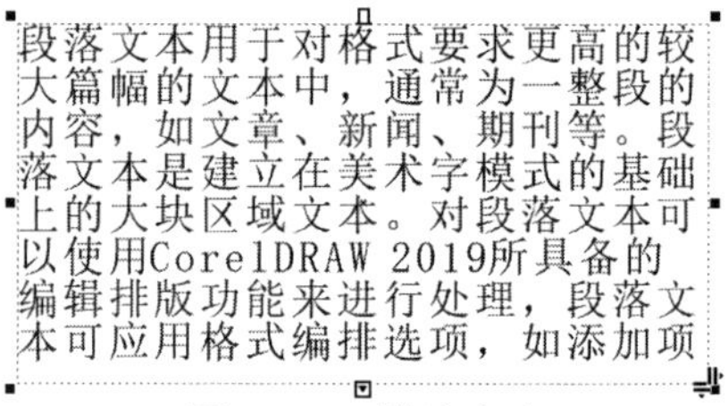　　　　　图 2-191　溢流文本

2.4.2　编辑文本

选择工具箱中的 **字** （文本工具），然后在工作区中单击鼠标插入文本光标，接着按住鼠
标左键不放并拖拽鼠标，即可选中需要的段落文本，如图 2-192 所示。

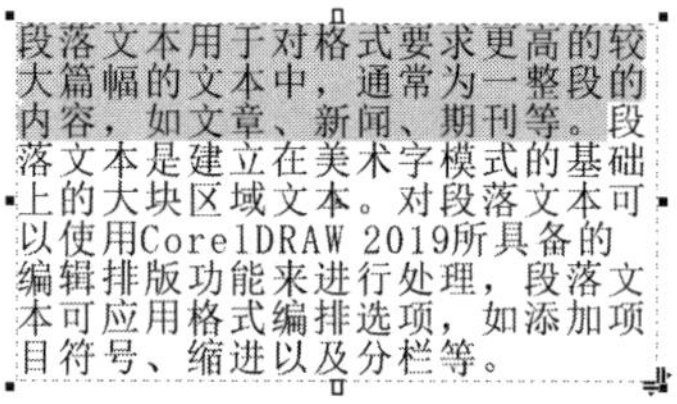

图 2-192　选中需要的段落文本

在文本属性栏中重新选择字体、字号，如图 2-193 所示。此时被选中的文本的字体将会
随之发生变化，如图 2-194 所示。

图 2-193　重新选择字体、字号

图 2-194　改变段落文本属性的效果

选中需要改变颜色的文本，然后在右侧调色板中单击相应的颜色，即可将该颜色应用
到选中的段落文本中，如图 2-195 所示。

按住键盘上的〈Alt〉键拖拽文本框的 4 个边角控制点中的任意一个，可以按文本框的

大小改变段落文本的字体大小，如图 2-196 所示。

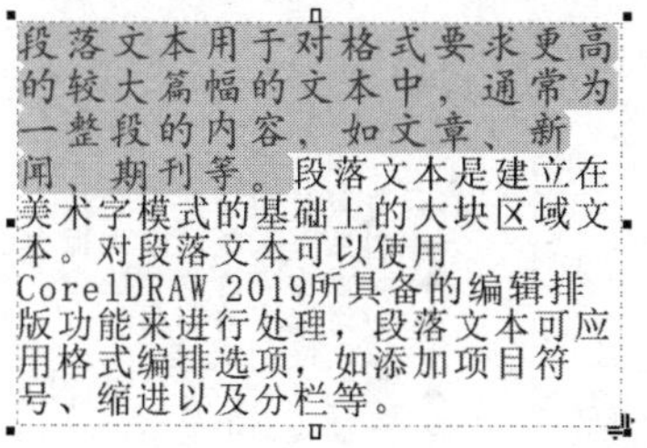

段落文本用于对格式要求更高的较大篇幅的文本中，通常为一整段的内容，如文章、新闻、期刊等。段落文本是建立在美术字模式的基础上的大块区域文本。对段落文本可以使用 CorelDRAW 2019所具备的编辑排版功能来进行处理，段落文本可应用格式编排选项，如添加项目符号、缩进以及分栏等。

图 2-195　改变段落文本颜色的效果

段落文本用于对格式要求更高的较大篇幅的文本中，通常为一整段的内容，如文章、新闻、期刊等。段落文本是建立在美术字模式的基础上的大块区域文本。对段落文本可以使用 CorelDRAW 2019所具备的编辑排版功能来进行处理，段落文本可应用格式编排选项，如添加项目符号、缩进以及分栏等。

图 2-196　缩放文本框的效果

2.4.3　文本效果

在创建文本对象后，还可以对其进行对齐、设置项目符号、首字下沉、设置缩进、添加制表位、设置分栏等操作。

1. 对齐文本

设置文本对齐的具体操作步骤如下。

1）利用工具箱中的 字 （文本工具），在工作区中输入一段段落文本。

2）利用工具箱中的 ▶ （选择工具），选择输入的段落文本对象。然后单击文本属性栏中的 ▤ 按钮，从弹出的如图 2-197 所示的按钮中选择一种对齐方式。图 2-198 所示为居中、全部调整和强制调整的效果比较。

本章将从技术角度出发，通过一些典型实例来讲解Flash逐帧动画、形状补间动画、运动补间动画的制作方法以及遮罩层和引导层在Flash动画片中的应用。

a)

| 无 |
| 左 |
| 中 |
| 右 |
| 全部调整 |
| 强制调整 |

本章将从技术角度出发，通过一些典型实例来讲解Flash逐帧动画、形状补间动画、运动补间动画的制作方法以及遮罩层和引导层在Flash动画片中的应用。

b)

本章将从技术角度出发，通过一些典型实例来讲解Flash逐帧动画、形状补间动画、运动补间动画的制作方法以及遮罩层和引导层在Flash动画片中的应用。

c)

图 2-197　文本对齐按钮

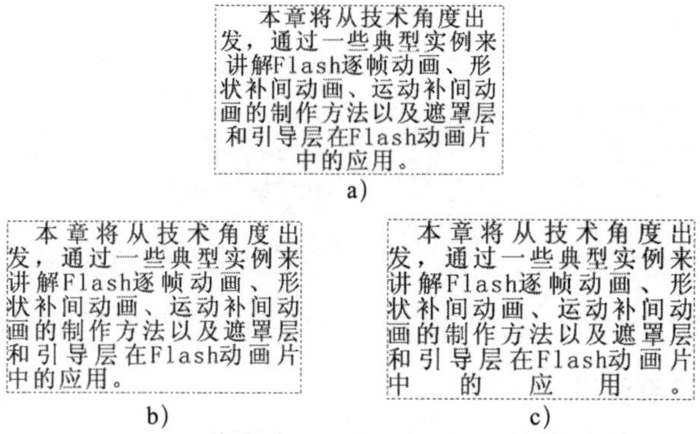

图 2-198　不同对齐方式的效果比较
a) 居中　b) 全部调整　c) 强制调整

2. 设置项目符号

设置项目符号的具体操作步骤如下。

1）利用工具箱中的 字 （文本工具）输入段落文本对象。然后利用工具箱中的 ▶ （选择工具）选择输入的段落文本对象，如图 2-199 所示。

2）执行菜单中的"文本|项目符号"命令，然后在弹出的"项目符号"对话框中设置相应参数，如图 2-200 所示，单击"确定"按钮，效果如图 2-201 所示。

夏末秋初食梨正当时
南瓜玉米或可阻止视力退化
吃零食需讲究方法
如何选购葡萄酒
秋天燥 少吃姜
喝汤五大误区危害健康
低糖食物不能当饭吃
法国人吃午餐有秘诀
九种食物助你整夜享美梦
葡萄酒的真假鉴别

◆ 夏末秋初食梨正当时
◆ 南瓜玉米或可阻止视力退化
◆ 吃零食需讲究方法
◆ 如何选购葡萄酒
◆ 秋天燥 少吃姜
◆ 喝汤五大误区危害健康
◆ 低糖食物不能当饭吃
◆ 法国人吃午餐有秘诀
◆ 九种食物助你整夜享美梦
◆ 葡萄酒的真假鉴别

图 2-199　选择段落文本对象 1　　图 2-200　设置项目符号参数　　图 2-201　设置项目符号效果

3. 首字下沉

在段落中使用首字下沉可以放大首字母或首字，设置首字下沉的具体操作步骤如下。

1）利用工具箱中的 **字**（文本工具）输入段落文本对象。然后利用工具箱中的 （选择工具）选择输入的段落文本对象，如图 2-202 所示。

2）执行菜单中的"文本 | 首字下沉"命令，然后在弹出的"首字下沉"对话框中设置相应参数，如图 2-203 所示，单击"确定"按钮，效果如图 2-204 所示。

图 2-202　选择段落文本对象 2　　图 2-203　设置首字下沉参数　　图 2-204　首字下沉效果

4. 设置缩进

对于创建的段落文本可以进行首行缩进、左缩进、右缩进等缩进操作，设置缩进的具体操作步骤如下。

1）利用工具箱中的 **字**（文本工具）输入段落文本对象。然后利用工具箱中的 （选择工具）选择输入的段落文本对象。

2）执行菜单中的"文本 | 文本"命令，打开"文本"泊坞窗，如图 2-205 所示。然后在"段落"选项中设置相应的缩进参数即可。

5. 添加制表位

利用添加制表位的功能也可以为段落文本设置缩进量。添加制表位的具体操作步骤如下。

1）利用工具箱中的 **字**（文本工具）输入段落文本对象。然后利用工具箱中的 （选择工具）选择输入的段落文本对象。

2）执行菜单中的"文本 | 制表位"命令，打开"制表位设置"对话框，如图 2-206 所示。然后设置相应参数，单击"确定"按钮即可。

图 2-205　"文本"泊坞窗

图 2-206　"制表位设置"对话框

6. 设置分栏

利用分栏功能可以为段落文本创建宽度和间距相等的栏，也可以创建不等宽的栏。设置分栏的具体操作步骤如下。

1）利用工具箱中的 **字**（文本工具）输入段落文本对象。然后利用工具箱中的 ▸（选择工具）选择输入的段落文本对象，如图 2-207 所示。

2）执行菜单中的"文本 | 栏"命令，在弹出的"栏设置"对话框中设置相应参数，如图 2-208 所示，单击"确定"按钮，效果如图 2-209 所示。

提示：对于分栏后的段落文本，还可以使用 **字** 工具在绘图区中调整栏与栏之间的宽度，如图2-210 所示。

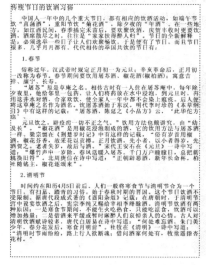

图 2-207　选择段落文本对象 3

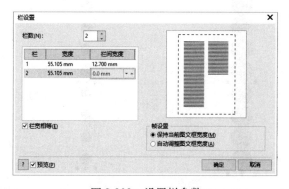

图 2-208　设置栏参数

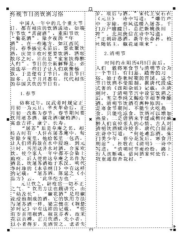

图 2-209　两栏效果

图 2-210　设置栏参数效果

2.5　图形的特殊效果

在 CorelDRAW 2019 中图形的特殊效果包括调和效果、轮廓图效果、变形效果、封套效果、立体化效果、阴影效果、透明度效果、透视效果和置于图文框效果 9 种。

2.5.1　调和效果

利用 （调和工具）可以在两个或多个对象之间创建形状混合渐变的效果。通过应用这一效果，可在选择的对象之间创建一系列的过渡效果，这些过渡对象的各种属性都将介于两个源对象之间。

1. 创建调和效果

调和是 CorelDRAW 2019 中的一项重要功能，可以在矢量图形之间产生颜色、轮廓和形状上的变化。创建调和效果的具体操作步骤如下。

1）利用工具箱中的 （椭圆形工具）绘制两组图形对象，如图 2-211 所示。

2）选择工具箱中的 （调和工具），然后将鼠标放在图形上，此时光标变为 形状，如图 2-212 所示。

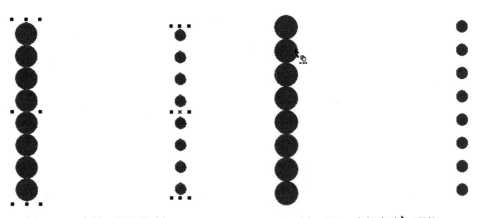

图 2-211　绘制两组图形对象　　　　　　　图 2-212　光标变为 形状

3）在左侧一组图形上单击并按住鼠标左键不放，然后拖动鼠标到右侧一组图形上释放鼠标，效果如图 2-213 所示。

4）在"调和工具"属性栏"预设列表"中选择一种预设调和样式，如图 2-214 所示，效果如图 2-215 所示。

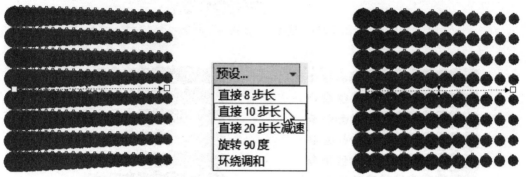

图 2-213　默认调和效果　　图 2-214　选择一种预设调和样式　　图 2-215　调整后的调和效果

提示：单击"调和工具"属性栏中的╋按钮，如图 2-216 所示，可以将调整好的调和效果添加到预设
　　　列表中。

图 2-216　单击╋按钮

2. 控制调和效果

对于制作了调和效果的图形对象，还可以进行改变调和对象中起点及终点的图形颜色、移动、旋转、缩放调和对象，改变调和速度等一系列调整操作。这些操作可以在"调和"泊坞窗中完成，也可以在 ⚮（调和工具）属性栏中完成。下面将讲解利用 ⚮（调和工具）属性栏来控制调和效果的方法。

（1）改变起点和终点图形颜色

改变起点和终点图形颜色的具体操作步骤如下。

1）利用工具箱中的 ▸（选择工具）选中调和对象。

2）单击"交互式调和工具"属性栏中的 ⁚⁚（起始和结束属性）按钮，然后从弹出的菜单中选择"显示起点"或"显示终点"命令（此时选择的是"显示终点"命令），如图 2-217 所示，效果如图 2-218 所示。

提示：利用工具箱中的 ▸（选择工具）单击调和对象中的"显示起点"或"显示终点"也可选中相关图形。

3）在绘图区右侧调色板中单击白色色块，从而将调和对象中的终点图形的颜色设为白色，效果如图 2-219 所示。

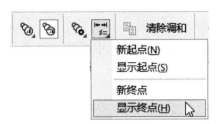

图 2-217　选择"显示终点"命令

图 2-218　选择"显示终点"图形效果

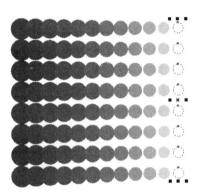

图 2-219　改变终点颜色的效果

（2）移动调和对象中的图形

移动调和对象中图形的具体操作步骤如下。

1）利用工具箱中的 （选择工具）选中调和对象中起始或终止图形（此时选择的是起始图形），如图 2-220 所示。

2）将起始图形移动到相应位置，然后松开鼠标，此时与之相应的调和产生的一系列对象也随之发生有序的移动，如图 2-221 所示。

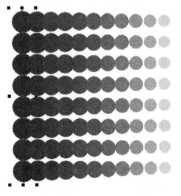

图 2-220　选中起始图形

图 2-221　移动起始图形的效果

（3）旋转及倾斜调和对象

旋转及倾斜调和对象的具体操作步骤如下。

1）利用工具箱中的 （选择工具）双击调和对象，进入旋转状态，如图 2-222 所示。

2）旋转调和对象。方法：将鼠标放在调和对象的4个角中的任意一个角上，当光标变为 ↻ 形状时，即可旋转对象，如图2-223所示。

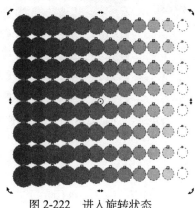

图 2-222　进入旋转状态

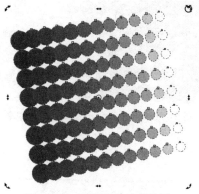

图 2-223　旋转调和对象效果

3）倾斜调和对象。方法：将鼠标放置在水平边的中点标志上，当光标变为 ⇌ 形状时，即可沿水平方向倾斜对象，如图2-224所示；将鼠标放置在垂直边的中点标志上，当光标变为 ↕ 形状时，即可沿垂直方向倾斜对象，如图2-225所示。

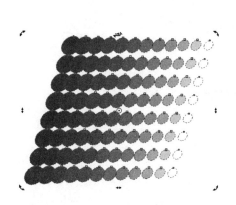

图 2-224　水平方向倾斜调和对象

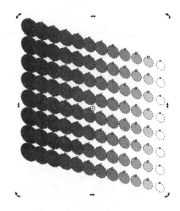

图 2-225　垂直方向倾斜调和对象

（4）改变调和速度

改变调和速度的方法有以下两种。

1）用鼠标调节调和控制虚线中间的两个三角形滑块，如图 2-226 所示。

2）单击"调和工具"属性栏中的 （对象和颜色加速）按钮，然后从弹出的菜单中调整"对象"滑块，如图 2-227 所示，效果如图 2-228 所示。

（5）添加调和断点

添加调和断点的具体操作步骤如下。

1）利用工具箱中的 （调和工具）选中调和对象，如图 2-229 所示。

2）在调和所产生的控制虚线上双击，即可添加断点，如图 2-230 所示。

3）选中断点，然后移动其位置，此时调和对象的形状随之改变，如图 2-231 所示。

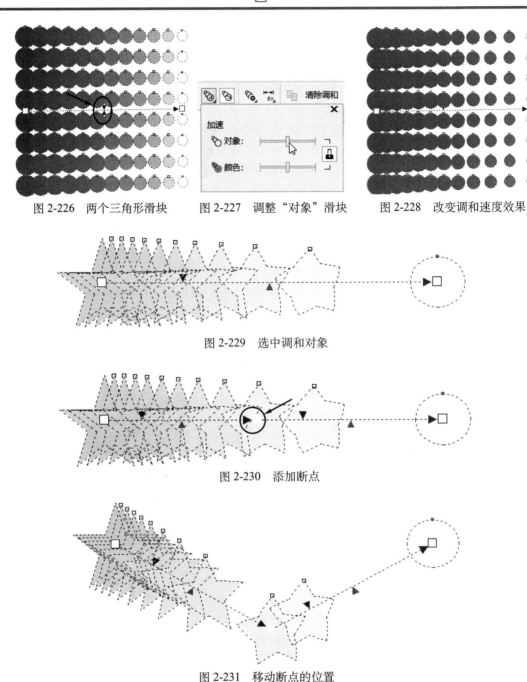

图 2-226　两个三角形滑块　　　　图 2-227　调整"对象"滑块　　　　图 2-228　改变调和速度效果

图 2-229　选中调和对象

图 2-230　添加断点

图 2-231　移动断点的位置

3. 沿路径调和

沿路径调和可以将一个或多个对象沿着一条或多条路径进行调和。沿路径调和的具体操作步骤如下。

1）利用工具箱中的 ☆（星形工具）创建一大一小两个五角星，如图 2-232 所示。然后利用工具箱中的 ⬟（调和工具）制作调和效果，如图 2-233 所示。

图 2-232　创建一大一小两个五角星　　　　　图 2-233　调和效果

2）利用工具箱中的 （贝塞尔工具）绘制如图 2-234 所示的路径。

3）右键单击调和图形控制虚线中间的三角形滑块，从弹出的快捷菜单中选择"新路径"命令，如图 2-235 所示（或单击属性栏中的 （路径属性）按钮，从弹出的下拉菜单中选择"新路径"命令）。然后将鼠标移动到路径上，此时光标变为 形状，如图 2-236 所示。接着单击鼠标，即可沿路径调和，效果如图 2-237 所示。

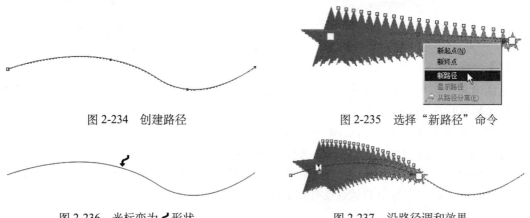

图 2-234　创建路径　　　　　　　　　　图 2-235　选择"新路径"命令

图 2-236　光标变为 形状　　　　　　图 2-237　沿路径调和效果

4）此时图形的起点和终点并没有与路径的起点和终点重合，下面就来解决这个问题。方法：利用工具箱中的 （选择工具）分别选中起点和终点的五角星，然后将它们分别移动到路径的起点和终点即可，效果如图2-238所示。

图 2-238　调整起点和终点的位置

5）此时图形数量过多，下面适当减少图形的数量。方法：在 （调和工具）属性栏中将 （调和对象）的数值设为5，如图2-239所示，效果如图2-240所示。

图 2-239　设置参数　　　　　　　　图 2-240　减少图形数量效果

6）此时图形只是沿路径调和，而没有沿路径旋转，下面就来解决这个问题。方法：利用工具箱中的选中调和对象，然后单击属性栏中的按钮，在弹出的下拉菜单中选中"旋转全部对象"命令，如图2-241所示，效果如图2-242所示。

图 2-241 选中"旋转全部对象"复选框   图 2-242 沿路径旋转调和对象效果

4.复合调和

复合调和是指在已有的调和对象的基础上再次进行调和操作，从而得到特殊的调和效果。复合调和的具体操作步骤如下。

1）在已有的调和对象中再绘制一个椭圆，如图 2-243 所示。

2）在未选择任何对象的情况下，选择工具箱中的，然后在属性栏中设置的数值为3，接着将鼠标放在椭圆上，此时光标变为![]形状，再单击并拖动鼠标到已创建的调和对象的起点或终点上即可复合调和，效果如图 2-244 所示。

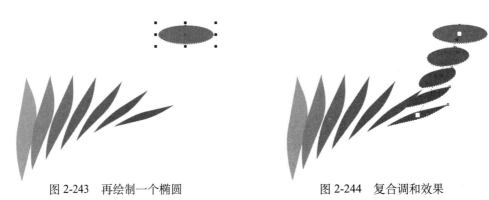

图 2-243 再绘制一个椭圆   图 2-244 复合调和效果

5.拆分调和对象

拆分调和对象是指将已创建的调和对象进行拆分，从而得到一组调和形成的图形对象。拆分调和对象的具体操作步骤如下。

1）利用工具箱中的选中要拆分的调和对象，如图 2-245 所示。

2）选择工具箱中的，然后单击属性栏中的按钮，在弹出的下拉菜单中选择，如图 2-246 所示。接着将鼠标放在要拆分的图形上，此时光标会变为![]形状，如图 2-247 所示。最后单击鼠标即可将其拆分出来，如图 2-248 所示。

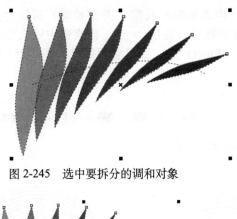

图 2-245　选中要拆分的调和对象

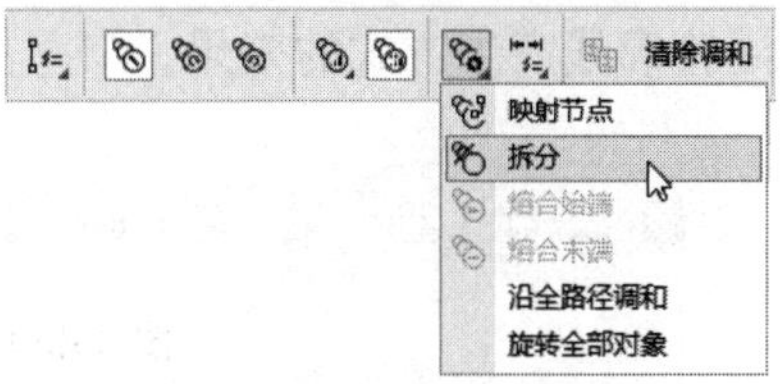

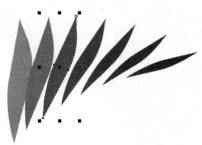

图 2-246　选择 🔗（拆分）

图 2-247　光标会变为 ↲ 形状

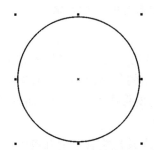

图 2-248　拆分调和对象效果

3）拆分后的对象并没有彻底拆分出来，还不能进行单独移动等操作。如果要进行彻底拆分，必须执行菜单中的"对象|拆分路径群组上的混合"命令，才能将拆分对象分离为独立对象。

2.5.2　轮廓图效果

利用 [回]（轮廓图工具）可以在对象本身的轮廓内部或外部创建一系列与其自身形状相同，但颜色或大小有所区别的轮廓图的效果。

1. 创建轮廓图

创建轮廓图的具体操作步骤如下。

1）利用工具箱中的 [▶]（选择工具）选中需要创建轮廓图的对象（此时选择的是一个圆形），如图 2-249 所示。

图 2-249　选择要创建轮廓图的对象

2）单击工具箱中的 [🔗]（调和工具）按钮，在弹出的隐藏工具中选择 [回]（轮廓图工具），然后在其属性栏中单击 ⊞（到中心）、 ◙（内部轮廓）或 ◙（外部轮廓）按钮选择轮廓线产生的方式，在 ┘4 数值框中输入轮廓线的数量，在 ⊡ 5.0 mm 数值框中输入相邻轮廓之间的距离，如图 2-250 所示。设置完成后按〈Enter〉键，即可看到效果。图 2-251 所示为选择不同轮廓线产生方式的效果。

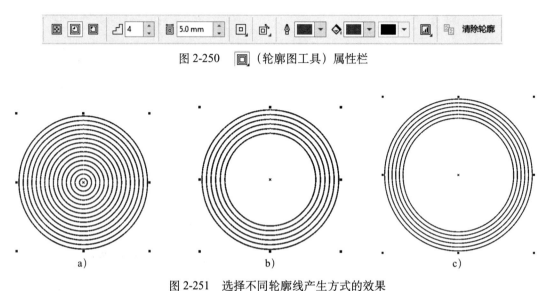

图 2-250　◙（轮廓图工具）属性栏

图 2-251　选择不同轮廓线产生方式的效果

a）单击 ⊞（到中心）效果　b）单击 ◙（内部轮廓）效果　c）单击 ◙（外部轮廓）效果

2. 分离轮廓图

对于创建了轮廓图的对象，可以对其进行分离，使之成为相互独立的对象。分离轮廓图的具体操作步骤如下。

1）利用工具箱中的 ▶（选择工具）选中需要分离轮廓图的对象。

2）执行菜单中的"对象 | 拆分轮廓图"命令，然后执行菜单中的"对象 | 组合 | 全部取消组合"命令，即可将轮廓图对象分离为相互独立的对象。

2.5.3　变形效果

利用工具箱中的 ◌（变形工具）可以对图形或美术字对象进行推拉、拉链或扭曲等变形操作，从而改变对象的外观，创造出奇异的变形效果。

1. 推拉变形效果

"推拉变形"是通过工具箱中的 ◌（变形工具）实现的一种对象的变形效果。具体效果分为"推"（即将需要变形的对象中的节点全部推离对象的变形中心）和"拉"（即将需要变形的对象中的节点全部拉向对象的变形中心）两种，而且对象的变形中心还可以进行手动调节。推拉变形的具体操作步骤如下。

1）利用工具箱中的 ◌（多边形工具）绘制一个五边形，如图2-252所示。

2）单击工具箱中的 ◌（调和工具）按钮，在弹出的隐藏工具中选择 ◌（变形工具），然后在其属性栏中单击 ⊕（推拉变形）按钮，如图 2-253 所示。

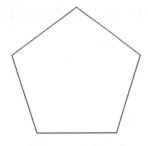

图 2-252　绘制五边形

图 2-253　（变形工具）属性栏

3）利用鼠标单击五边形，然后向左拖动鼠标，效果如图 2-254 所示；如果向右拖动鼠标，效果如图 2-255 所示。

4）在推拉效果完成后，还可以通过移动□滑块的位置来调整推拉效果。

提示：也可以在属性栏中单击"预设"下拉列表框，从弹出的下拉列表中可以选择一种推拉样式，如图 2-256 所示。

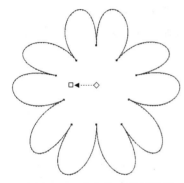

图 2-254　向左拖动鼠标效果

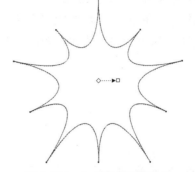

图 2-255　向右拖动鼠标效果

图 2-256　预设效果

2. 拉链变形效果

"拉链变形"是通过工具箱中的（变形工具）实现的另一种对象的变形效果。经过"拉链变形"后，对象的边缘将呈现锯齿状的效果。拉链变形的具体操作步骤如下。

1）利用工具箱中的□（矩形工具）绘制一个矩形，如图 2-257 所示。

2）单击工具箱中的（调和工具）按钮，在弹出的隐藏工具中选择（变形工具），然后在其属性栏中单击（拉链变形）按钮，如图 2-258 所示。

图 2-257　绘制矩形

图 2-258　单击（拉链变形）按钮

3）在（拉链振幅）数值框中调整变形的幅度，此时设定为 160。然后在（拉链频率）数值框中调整其失真的频率，此时设定为 3。接着单击（随机变形）、（平滑变形）或 ![icon]（局部变形）按钮，即可产生拉链变形效果，图 2-259 所示为单击不同按钮后的效果比较。

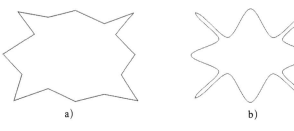
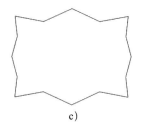

图 2-259　不同拉链变形效果

a) ![icon]（随机变形）效果　b) ![icon]（平滑变形）效果　c) ![icon]（局部变形）效果

3. 扭曲变形效果

利用 ![icon]（变形工具）实现的最后一种变形就是"扭曲变形"，经过"扭曲变形"后，对象的边缘将呈现出类似于"旋风"的效果。扭曲变形的具体操作步骤如下。

1）利用工具箱中的 ![icon]（星形工具）绘制一个五角星，如图 2-260 所示。

2）单击工具箱中的 ![icon]（调和工具）按钮，在弹出的隐藏工具中选择 ![icon]（变形工具），然后在其属性栏中单击 ![icon]（扭曲变形）按钮，如图 2-261 所示。

图 2-260　绘制一个五角星

图 2-261　单击 ![icon]（扭曲变形）按钮

3）利用鼠标单击五角星，然后单击 ![icon]（顺时针旋转）按钮，在 ![icon]（完全旋转）数值框中输入扭曲变形的圈数，此时设为 0。接着在 ![icon]（附加度数）数值框中输入旋转的角度，此时设为 90，效果如图 2-262 所示。

4）单击属性栏中的 ![icon]（逆时针旋转）按钮，可改变扭曲变形的方向，效果如图 2-263 所示。

图 2-262　顺时针扭曲变形效果　　　　　　图 2-263　逆时针扭曲变形效果

2.5.4　封套效果

使用工具箱中的 ◫（封套工具）可以快速建立对象的封套效果，从而使图形、美术字或段落文字产生丰富的变形效果。

1. 创建封套效果

创建封套效果的具体操作步骤如下。

1）绘制出要进行封套的图形。

2）单击工具箱中的 ◐（调和工具）按钮，在弹出的隐藏工具中选择 ◫（封套工具）。然后单击要封套的对象，此时对象出现封套虚线控制框的封套和节点，如图 2-264 所示。接着选取节点并拖拽出所需的封套效果，如图 2-265 所示。

图 2-264　封套虚线控制框的封套和节点　　　　图 2-265　拖拽节点后的封套效果

2. 编辑封套效果

在创建了封套后，还可以在图 2-266 所示的 ◫（封套工具）属性栏中对其进行再次编辑。编辑封套的具体操作步骤如下。

图 2-266　◫（封套工具）属性栏

1）单击"预设"，在弹出的下拉列表中可以选择一种系统预设的封套效果，图 2-267 所示为选择不同预设封套的效果比较。

2）如果激活 ▱（直线模式），然后调整节点，可以产生直线的封套，如图 2-268 所示；如果激活 ◿（单弧模式），然后调整节点，可以产生单弧线的封套，如图 2-269 所示；如果激活 ▱（双弧模式），然后调整节点，可以产生双弧线的封套，如图 2-270 所示；如果激活 ✐（非强制模式），然后调整节点，可以产生任意方向的封套，如图 2-271 所示。

3）单击 ◲（添加新封套）按钮，可以在现有封套效果的基础上添加一个新的封套。

4）单击 ◫（保留线条）按钮，将保留封套中线条类型，可以避免在应用封套时将对象的直线或曲线进行转换。

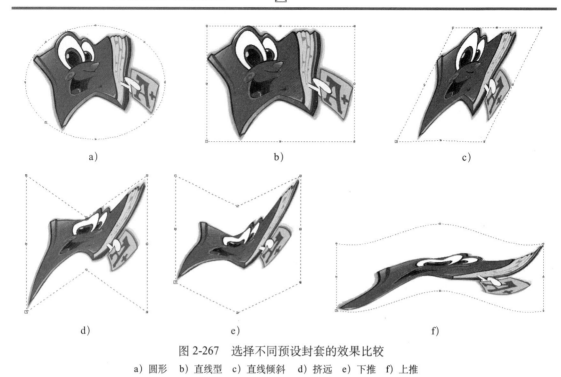

图 2-267　选择不同预设封套的效果比较

a）圆形　b）直线型　c）直线倾斜　d）挤远　e）下推　f）上推

图 2-268　封套的直线模式

图 2-269　封套的单弧模式

图 2-270　封套的双弧模式

图 2-271　封套的非强制模式

5）单击（复制封套属性）按钮,光标将变为◆形状,在要复制封套属性的对象上单击,将复制该封套属性。

6）单击（创建封套自）按钮,光标将变为◆形状,然后在要作为封套对象的图形上单击,将从该图形对象创建封套。

2.5.5　立体化效果

利用（立体化工具）可以在三维空间内使被操作的矢量图形具有三维立体的效果。而且还能够为其添加光源照射效果,从而使立体对象具有明暗变化。

1. 添加立体化效果

使用工具箱中的（立体化工具）可以为矢量对象添加立体化效果。添加立体化效果的具体操作步骤如下。

1）利用工具箱中的（星形工具）绘制一个轮廓色为黑色、填充为红色的五角星,如图 2-272 所示。

2）选择五角星,然后单击工具箱中的（调和工具）按钮,在弹出的隐藏工具中选择（立体化工具）。

3）在五角星对象中心按住鼠标左键,然后向右上角拖动,此时对象上出现如图 2-273 所示的立体化效果的透视模拟框。接着拖动虚线到适当位置后释放鼠标,即可为对象添加立体化效果,如图 2-274 所示。

图 2-272　绘制五角星

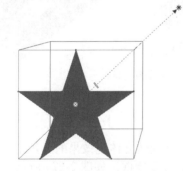

图 2-273　立体化效果的透视模拟框

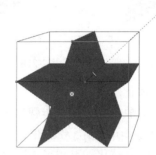

图 2-274　立体化效果

2. 调整立体化效果

对创建的立体化效果还可以进行调整立体化类型、旋转立体化对象、为立体化对象设置颜色、为立体化对象添加光源和为立体化对象设置修饰效果等调整操作。下面就来进行具体讲解。

（1）调整立体化类型

调整立体化类型的具体操作步骤如下。

1）利用工具箱中的（立体化工具）选择要调整立体化效果的五角星。

2）在其属性面板中单击"预设",然后从弹出的下拉列表中选择一种系统预设的立体化效果,此时选择的是"立体右下",如图 2-275 所示,效果如图 2-276 所示。

3）单击 [图标] 按钮，从弹出的如图 2-277 所示的下拉列表中选择一种立体化样式。图 2-278 所示为选择不同立体化样式的效果。

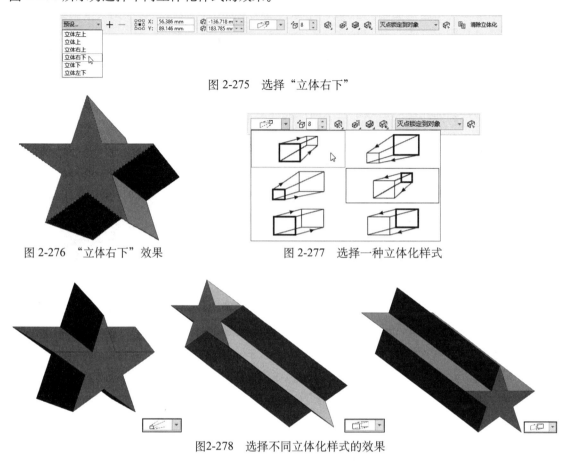

图 2-275　选择"立体右下"

图 2-276　"立体右下"效果

图 2-277　选择一种立体化样式

图2-278　选择不同立体化样式的效果

（2）旋转立体化对象

旋转立体化对象的具体操作步骤如下。

1）利用工具箱中的 [图标]（立体化工具）选择要进行旋转立体化效果的五角星，然后再次单击五角星，此时立体化的五角星周围出现圆形的旋转设置框，如图 2-279 所示。

2）将鼠标放在圆形旋转设置框外，此时光标变为 ↻ 形状，然后可以将立体化五角星沿 Z 轴进行旋转，效果如图 2-280 所示。

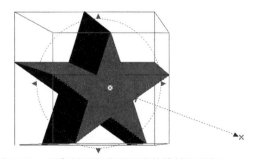

图 2-279　五角星周围出现圆形的旋转设置框

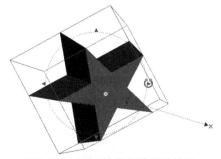

图 2-280　沿 Z 轴进行旋转的效果

3）将鼠标放在圆形旋转设置框内，此时光标变为 ⊕ 形状，然后上下拖动鼠标，可以将立体化五角星沿 Y 轴进行旋转，效果如图 2-281 所示；若左右拖动鼠标，可以使立体化五角星沿 X 轴进行旋转，效果如图 2-282 所示。

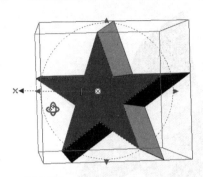

图 2-281　沿 Y 轴进行旋转的效果

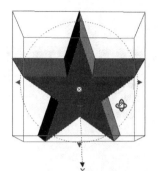

图 2-282　沿 X 轴进行旋转的效果

提示：执行菜单中的"窗口 | 泊坞窗 | 效果 | 立体化"命令，在弹出的"立体化"泊坞窗中激活 ❀（立体化旋转）按钮，如图 2-283 所示，在该窗口中也可以旋转立体化对象。

（3）为立体化对象设置颜色

为立体化对象设置颜色的具体操作步骤如下。

1）利用工具箱中的 ❀（立体化工具）选择要设置颜色的立体化效果的五角星，如图 2-284 所示。

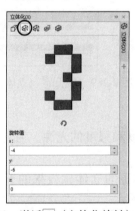

图 2-283　激活 ❀（立体化旋转）按钮

图 2-284　选择立体化效果的五角星 1

2）使用纯色进行设置。方法：在其属性栏中单击 ❀（立体化颜色）按钮，然后在弹出的面板中单击 ❀（使用纯色）按钮，接着在"使用"下侧的颜色框中设置一种颜色，如图2-285所示，效果如图2-286所示。

3）使用渐变色进行设置。方法：在其属性栏中单击 ❀（立体化颜色）按钮，然后在弹出的面板中单击 ❀（使用递减的颜色）按钮，接着分别在"从"和"到"下侧的颜色框中设置相应的颜色，如图 2-287 所示，效果如图 2-288 所示。

提示：执行菜单中的"窗口|泊坞窗|效果|立体化"命令，在弹出的"立体化"泊坞窗中激活 ⚙ （立体化颜色）按钮，如图 2-289 所示，然后在该窗口中也可以改变立体化对象的颜色。

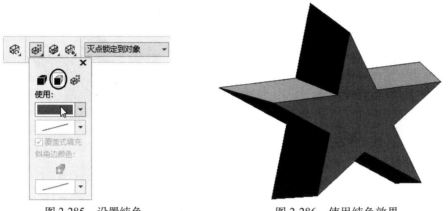

图 2-285　设置纯色　　　　　　　　　　图 2-286　使用纯色效果

图 2-287　设置渐变色　　　图 2-288　使用渐变色效果　　　图 2-289　激活 ⚙ （立体化颜色）按钮

（4）为立体化对象添加光源

使用 ⚙ （立体化工具）可以给立体化图形添加不同角度和强度的光源。为立体化对象添加光源的具体操作步骤如下。

1）利用工具箱中的 ⚙ （立体化工具）选择要添加光源的立体化效果的五角星，如图 2-290 所示。

2）在其属性栏中单击 ⚙ （立体化照明）按钮，然后在弹出的面板中勾选"1"复选框，从而添加"光源 1"，接着拖动下侧"强度"滑块设置光源的强度，此时设为 100，如图 2-291 所示，效果如图 2-292 所示。

3）同理，勾选"2"和"3"复选框，从而添加"光源 2"和"光源 3"，如图 2-293 所示，并将它们的"强度"设为 50，效果如图 2-294 所示。

提示：执行菜单中的"窗口|泊坞窗|效果|立体化"命令，在弹出的"立体化"泊坞窗中激活 ⚙ （立体化光源）按钮，如图 2-295 所示，在该窗口中也可以设置立体化对象的光源。

图 2-290　选择立体化的五角星 2　　　　图 2-291　添加"光源 1"　　　　图 2-292　添加"光源 1"的效果

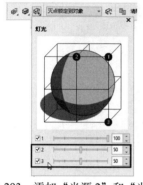

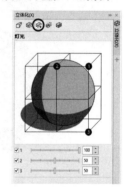

图 2-293　添加"光源 2"和"光源 3"　　图 2-294　设置"光源 2"和"光源 3"　图 2-295　单击 （立体化光
强度的效果　　　　　　　　源）按钮

（5）为立体化对象设置修饰效果

使用 （立体化工具）可以在立体化图形正面创建斜角效果，还可以设置斜角的角度和深度。为立体化对象设置修饰效果的具体操作步骤如下。

1）利用工具箱中的 （立体化工具）选择要设置修饰效果的五角星，如图 2-296 所示。

2）在其属性栏中单击 （立体化倾斜）按钮，然后在弹出的面板中选择"使用斜角"复选框，接着在 右侧数值框中输入要设置斜角的深度，此时输入 0.254mm；在 右侧数值框中输入要设置斜角的高度，此时输入 45.0°，如图 2-297 所示，效果如图 2-298 所示。

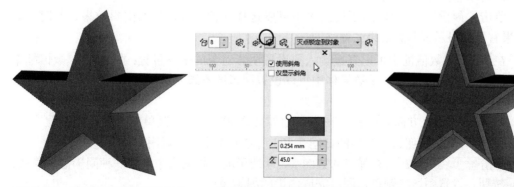

图 2-296　选择立体化的五角星 3　　图 2-297　设置修饰效果参数　　图 2-298　修饰效果

2.5.6 阴影效果

使用 （阴影工具）可以为图形或文字运用阴影立体效果。在 CorelDRAW 2019 中，可以设置阴影羽化方向和边缘，还可以在立体化或透明效果对象上应用阴影效果。

1. 创建阴影

创建阴影的具体操作步骤如下。

1）选择要创建阴影的对象，如图 2-299 所示。

2）单击工具箱中的 （调和工具）按钮，在弹出的隐藏工具中选择 （阴影工具）。然后单击圆形并按住鼠标向阴影投射方向拖拽，在拖拽过程中可以看到对象阴影和虚线框，当松开鼠标后即可产生阴影效果，如图 2-300 所示。

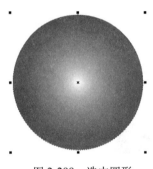

图 2-299　选中圆形

图 2-300　阴影效果

2. 编辑阴影

在创建了阴影后，还可以在属性栏中对其进行再次编辑，如图 2-301 所示。

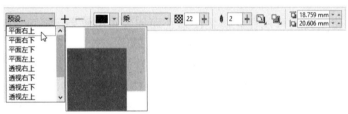

图 2-301　（阴影工具）属性栏

编辑阴影的具体操作步骤如下。

1）单击"预设"，在弹出的下拉列表中可以选择一种系统预设的阴影效果，此时在该投影效果右侧会显示该阴影效果的缩略图。

2）在 数值框中可以直接输入要设置阴影对象的偏移位置；在 340 数值框中可以设置阴影的角度；在 22 数值框中可以设置阴影的不透明度；在 2 数值框中可以设置阴影的羽化值。

3）单击 （羽化方向）按钮，在弹出的如图 2-302 所示的菜单中设置阴影羽化方向；单击 （羽化边缘）按钮，在弹出的如图 2-303 所示的菜单中设置阴影羽化边缘。

4）单击 乘 按钮，在弹出的如图 2-304 所示的下拉列表中选择一种阴影混合模式；单击 按钮，设置阴影的颜色，即可完成阴影的编辑操作。

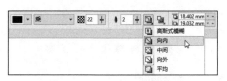

图 2-302　设置阴影羽化方向

图 2-303　设置阴影羽化边缘

图 2-304　选择阴影混合模式

2.5.7　透明度效果

利用 （透明度工具）可以通过改变对象填充色的透明程度来创建独特的视觉效果。透明度效果分为"匀称""渐变""图样"和"底纹" 4 种。

1. 匀称透明效果

添加匀称透明效果的具体操作步骤如下。

1）选择工具箱中的 ◯（椭圆形工具），配合〈Ctrl〉键，绘制一个填充为深蓝色的正圆形作为背景。

2）利用工具箱中的 ◯（多边形工具）绘制一个轮廓色为浅黄色、填充为红色的五边形作为要进行透明处理的对象，如图 2-305 所示。

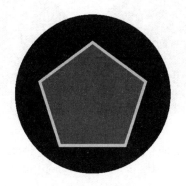

图 2-305　绘制图形 1

3）选择五边形，然后单击工具箱中的 （透明度工具）。接着在属性栏单击 （匀称透明度），如图 2-306 所示。

4）在"合并模式"下拉列表中选择一种样式，此时选择的是"常规"。

5）在 中设置对象的透明度，此时设为 50。

6）透明度目标类型中有 ■（全部）、■（填充）和 ■（轮廓）3 种类型可供选择。图 2-307 所示为选择不同透明度目标类型的效果比较。

图 2-306　单击 ■（匀称透明度）

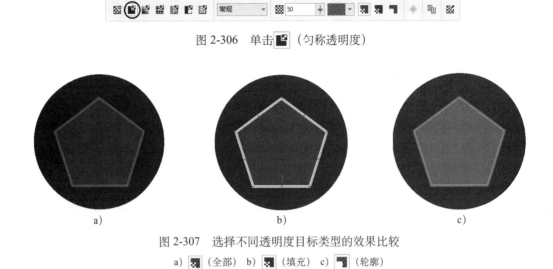

a)　　　　　　　　　　b)　　　　　　　　　　c)

图 2-307　选择不同透明度目标类型的效果比较

a) ■（全部）　b) ■（填充）　c) ■（轮廓）

2. 渐变透明效果

渐变透明效果分为"线性""椭圆形""锥形"和"矩形"4 种类型，如图 2-308 所示。具体设置方法与"匀称透明"相似。图 2-309 所示为选择不同渐变透明类型的效果比较。

图 2-308　渐变透明效果属性栏

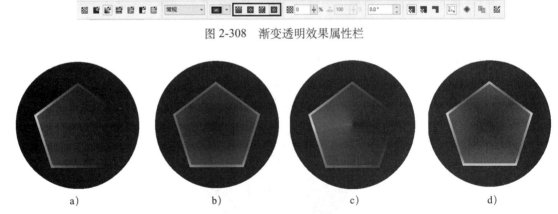

a)　　　　　　　b)　　　　　　　c)　　　　　　　d)

图 2-309　选择不同渐变透明类型的效果比较

a) 线性　b) 椭圆形　c) 锥形　d) 矩形

3. 图样透明效果

图样透明效果分为 ■（向量图样透明度）、■（位图图样透明度）和 ■（双色图样透明度）3 种类型，如图 2-310 所示。这 3 种图样类型的设置方法相似，下面以"双色图样"为例讲解添加图样透明效果的方法，具体操作步骤如下。

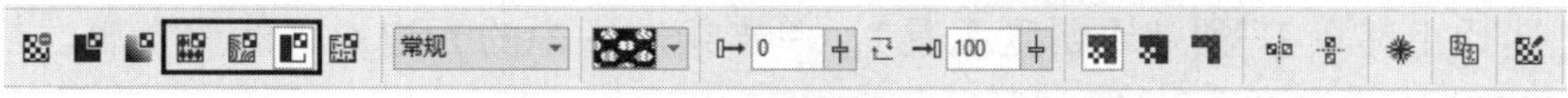

图 2-310　3 种图样透明效果属性栏

1）选择工具箱中的 ◯（椭圆形工具），配合〈Ctrl〉键，绘制一个填充色为深蓝色的正圆形作为背景。然后利用工具箱中的 ◯（多边形工具）绘制一个轮廓色为浅黄色、填充色为红色的五边形作为要进行透明处理的对象，如图 2-311 所示。

2）选择工具箱中 ▦（透明度工具），单击绘图区中的五边形，然后在属性栏中单击 ▨（双色图样透明度），如图 2-310 所示。

3）在 常规 ▾ 下拉列表中选择一种样式，此时选择的是"常规"样式。

4）在 ↦100 ⊹ 中设置对象的起始透明度，此时设为 30。

5）在 →0 ⊹ 中设置对象的结束透明度，此时设为 80。

6）单击 ▨（全部）按钮，同时设置五边形的填充和轮廓透明度，效果如图 2-312 所示。

图 2-311　绘制图形 2

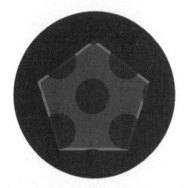

图 2-312　选择"全部"效果

4. 底纹透明效果

使用底纹透明效果可以为对象添加各种非常精彩的透明效果，添加底纹透明效果的具体操作步骤如下。

1）选择工具箱中的 ◯（椭圆形工具），配合〈Ctrl〉键，绘制一个填充色为深蓝色的正圆形作为背景。然后利用工具箱中的 ◯（多边形工具）绘制一个轮廓色为浅黄色、填充色为红色的五边形作为要进行透明处理的对象，如图 2-313 所示。

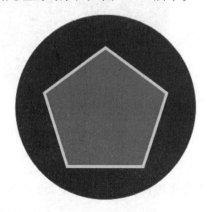

图 2-313　绘制图形 3

2）选择工具箱中 ▦ （透明度工具），单击绘图区中的五边形。然后在属性栏中单击 ▦ （底纹透明度），如图 2-314 所示。

图 2-314 单击 ▦ （底纹透明度）

3）在 常规 ▾ 下拉列表中选择一种样式，此时选择的是"常规"样式。

4）在 样品 ▾ 下拉列表中选择一种样式，系统共提供了 7 种样式以供选择，此时选择的是"样本 5"，如图 2-315 所示。

5）单击 ▦ ▾ ，从弹出的列表中选择一种底纹，如图 2-316 所示。

图 2-315 选择"样本 5"

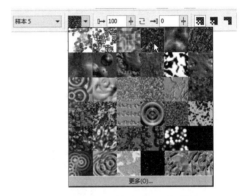

图 2-316 选择"样本 5"的底纹

6）在 ▸ 100 中设置对象的起始透明度，此时设为 0。

7）在 ▸ 0 中设置对象的结束透明度，此时设为 100。

8）单击 ▦ （全部）按钮，同时设置五边形的填充和轮廓透明度，效果如图 2-317 所示。

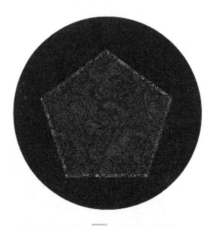

图 2-317 单击 ▦ （全部）按钮

2.5.8 透视效果

在 CorelDRAW 2019 中使用透视效果可以使平面图形对象产生三维空间的透视效果。

1. 创建透视效果

创建透视效果的具体操作步骤如下。

1）利用工具箱中的 ▶（选择工具）选中要创建透视效果的图形，如图 2-318 所示。

图 2-318 选中图形

2）执行菜单中的"对象 | 添加透视"命令，此时选取对象将产生网格，如图 2-319 所示，页面上将出现一个或两个 × 透视点标志。然后拖动网格框四角控制点即可产生透视效果，如图 2-320 所示。

图 2-319 透视网格效果

图 2-320 调整透视效果

2. 编辑透视效果

编辑透视效果的具体操作步骤如下。

1）利用工具箱中的 ◣（形状工具）选取透视对象，此时选取对象中将产生网格，同时在绘图页面中会出现 × 透视点标志。

2）拖拽 × 透视点标志或者拖拽网格四角控制点，即可改变透视效果。

3. 复制或移除透视效果

复制或移除透视效果的具体操作步骤如下。

1）复制透视效果。方法是选中要产生透视效果的对象，然后执行菜单中的"对象 | 复制效果 | 建立透视点自"命令，此时光标变为 ▶ 形状，接着单击产生已经有透视效果的对象，即可将该透视效果应用到要产生透视效果的对象上。

2）移除透视效果。方法是选中要移除透视效果的对象，然后执行菜单中的"对象 | 清除透视点"命令，即可移除该对象的透视效果。

2.5.9 置于图文框效果

在 CorelDRAW 2019 中，使用"置于图文框效果"命令可将一个对象作为内容内置于另外一个容器对象中。内置的对象可以是任意的，但容器对象必须是创建的封闭路径。

1. 创建精确剪裁对象

创建精确剪裁对象的具体操作步骤如下。

1）创建作为容器和内容的对象，如图 2-321 所示。

2）利用工具箱中的 (选择工具) 选中作为内容的对象（即图片），然后执行菜单中的"对象 |PowerClip| 置于图文框内部"命令，此时光标变为 形状，接着单击作为容器的图形（即椭圆形），即可创建精确剪裁对象，效果如图 2-322 所示。

图 2-321　创建作为容器和内容的对象　　　图 2-322　创建精确剪裁对象

2. 编辑精确剪裁对象

编辑精确剪裁对象的具体操作步骤如下。

1）利用工具箱中的 (选择工具) 选中需要编辑的精确剪裁对象。

2）执行菜单中的"对象 |PowerClip| 编辑 PowerClip"命令（或单击左上方的 编辑），将作为内容和容器的对象暂时分离。对内容对象进行编辑和修改后，执行菜单中的"对象 |PowerClip| 完成编辑 PowerClip"命令（或单击左上方的 完成），即可将作为内容的对象重新放置到容器中。

3. 移除精确剪裁对象

将精确剪裁对象移除内容（即将作为容器和内容的对象正式分开）的具体操作步骤如下。

1）利用工具箱中的 (选择工具) 选中需要移除的精确剪裁对象。

2）执行菜单中的"对象 |PowerClip| 提取内容"命令，即可将作为容器和内容的对象正式分开。

2.6　位图颜色调整与透镜效果

CorelDRAW 2019 中的位图图像是作为一个独特的对象类型来处理的，用户可以调整位图的色调，并可以对其添加滤镜效果。

2.6.1　位图的基本操作

位图的基本操作包括导入位图、裁剪位图、重新取样图像和将矢量图形转换为位图等操作。

1. 导入位图

如果要在 CorelDRAW 2019 中使用位图，首先要导入一幅或者多幅位图。导入位图的具体操作步骤如下。

1）执行菜单中的"文件 | 导入"命令（或者单击工具栏中的 ⬇ （导入）按钮），弹出如图 2-323 所示的"导入"对话框。

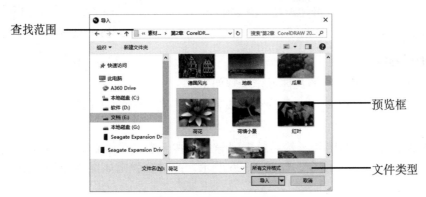

图 2-323 "导入"对话框

2）在"查找范围"下拉列表框中选择要导入的位图文件所在位置。

3）在"文件类型"下拉列表框中选择要导入的位图扩展名，如".BMP"。

4）在"预览框"可以预览选择的位图。

5）单击"导入"按钮，或者双击要导入的位图文件图标，返回到 CorelDRAW 工作窗口，此时光标变为┌状态，然后将鼠标放在要导入位图的位置单击，即可导入位图。

2. 裁剪位图

导入位图时进行裁剪的具体操作步骤如下。

1）执行菜单中的"文件 | 导入"命令（或者单击工具栏中的 ⬇ （导入）按钮），弹出"导入"对话框。

2）选择要导入的位图图片，然后单击"导入"按钮右侧的 ▾ 按钮，从弹出的下拉菜单中选择"裁剪并装入"命令，如图 2-324 所示，此时会弹出如图 2-325 所示的"裁剪图像"对话框。

3）在该对话框中拖动裁剪框上的控制手柄，调整裁剪框的大小，然后拖动裁剪框到适当位置即可。如果要进行更精确的裁剪，可在"选择要裁剪的区域"栏中输入相应的数值。

4）单击"确定"按钮，返回到 CorelDRAW 工作窗口，此时光标变为┌状态，然后将鼠标放在要放置裁剪后位图的位置单击，即可将裁剪后的位图导入到绘图页面。

图 2-324　选择"裁剪并装入"命令　　　　　　图 2-325　"裁剪图像"对话框

3. 重新取样图像

导入位图时进行重新取样的具体操作步骤如下。

1）执行菜单中的"文件 | 导入"命令（或者单击工具栏中的 ⬇（导入）按钮），弹出"导入"对话框。

2）选择要导入的位图图片，然后单击"导入"按钮右侧的 ▾ 按钮，从弹出的下拉菜单中选择"重新取样并装入"命令，如图 2-326 所示，此时会弹出如图 2-327 所示的"重新取样图像"对话框。

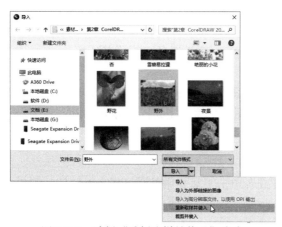

图 2-326　选择"重新取样并装入"命令　　　　图 2-327　"重新取样图像"对话框

3）在该对话框中输入所需位图的宽度和高度的数值，单击"确定"按钮，返回到 CorelDRAW 工作窗口，此时光标变为 ⌐ 状态，然后将鼠标放在要重新取样位图的位置单击，即可将重新取样图像导入到绘图页面。

4. 将矢量图形转换为位图

CorelDRAW 2019 允许直接将矢量图形转换为位图图像，从而对转换为位图的矢量图形应用一些特殊效果。转换为位图对象后，一般文件的大小会增加，但是图形的复杂程度会大大降低。

将矢量图形转换为位图的具体操作步骤如下。

1）利用工具箱中的 （钢笔工具）绘制一个图形对象或导入的矢量图形对象。

2）利用工具箱中的 （选择工具）选择绘制或导入的矢量图形对象。

3）执行菜单中的"位图 | 转换为位图"命令，此时会弹出如图 2-328 所示的对话框。

图 2-328　"转换为位图"对话框

4）在该对话框的"颜色模式"下拉列表中选择一种颜色模式。

5）在该对话框的"分辨率"下拉列表中选择适当的分辨率，分辨率越高，图像越清晰。还可以在该对话框中选择"光滑处理""透明背景"等选项，使转换后的位图得到不同的对比效果。

6）设置完成后，单击"确定"按钮，即可将矢量图形转换为位图对象。

2.6.2　转换位图的颜色模式

在 CorelDRAW 2019 中可以根据需要，利用菜单中的"位图 | 模式"命令，将位图中的图像转换为黑白、双色、RGB、Lab 和 CMYK 等不同的颜色模式。

2.6.3　调整位图的色调

在 CorelDRAW 2019 中的色调包括暗调、中间调和高光，以及颜色的亮度、强度和深度，所有这些要素都可以在 CorelDRAW 2019 中进行调整，以提高位图颜色的质量。下面就来具体讲解在 CorelDRAW 2019 中调整位图色调的方法。

1. 局部平衡

使用"局部平衡"命令，可以提高边缘颜色的对比度，从而显示明亮区域和暗色区域中的细节。使用"局部平衡"命令来调整颜色的具体操作步骤如下。

1）执行菜单中的"文件 | 导入"命令（或者单击工具栏中的 （导入）按钮），导入网盘中的"素材及结果 \ 第 2 章 CorelDRAW 2019 相关操作 \ 宁静的水乡 .jpg"图片，如图 2-329所示。

图 2-329　宁静的水乡 .jpg

2）利用工具箱中的 选择导入的位图对象。然后执行菜单中的"效果 |
调整 | 局部平衡"命令，在弹出的"局部平衡"对话框中拖动"宽度"和"高度"中的滑块
可以调整对比度区域的范围，如果单击两个滑块之间的![]按钮，可以解除锁定，从而使高度
和宽度的变化不受比例的限制。此时将"宽度"和"高度"值均设为 200，如图 2-330 所示。

3）勾选"预览"复选框，即可看到应用图像前后的效果对比。如果要撤销当前设置，
可以单击"重置"按钮。

4）设置完毕，单击"确定"按钮，即可将设置应用到当前的位图图像上，效果如图 2-331
所示。

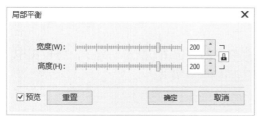

图 2-330　设置"局部平衡"参数

图 2-331　调整参数后的效果 1

2. 取样/目标平衡

使用"取样 / 目标平衡"命令，可以根据从图像中选取的色样来调整位图中的颜色值。
可以从图像中的黑色、中间色调以及浅色部分选取色样，并将目标颜色应用于每个色样。使
用"取样 / 目标平衡"命令来调整颜色的具体操作步骤如下。

1）执行菜单中的"文件 | 导入"命令（或者单击工具栏中的按钮），导入网
盘中的"素材及结果 \ 第 2 章　CorelDRAW 2019 相关操作 \ 兰花 .jpg"图片，如图 2-332 所示。

2）利用工具箱中的 选择导入的位图对象。然后执行菜单中的"效果 |
调整 | 取样 / 目标平衡"命令，在弹出的"取样 / 目标平衡"对话框中勾选"低范围"复选框，

然后利用 工具在图像中吸取相应的颜色作为暗调颜色。接着在"目标"后的颜色框中设置一种颜色作为目标色。同理，分别勾选"中间范围"和"高度范围"复选框，再进行相应的设置，如图 2-333 所示。

3）设置完毕后，单击"确定"按钮，即可将设置应用到当前位图图像上，效果如图 2-334所示。

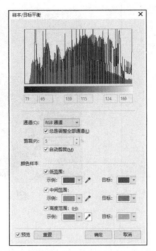

图 2-332　兰花 .jpg　　　图 2-333　调整"取样 / 目标平衡"参数　　　图 2-334　调整参数后的效果 2

3. 调合曲线

使用"调合曲线"命令，可以通过控制单个像素值来精确地调整图像中阴影、中间调和高光的颜色。使用"调合曲线"命令来调整颜色的具体操作步骤如下。

1）执行菜单中的"文件 | 导入"命令（或者单击工具栏中的 （导入）按钮），导入网盘中的"素材及结果 \ 第 2 章 CorelDRAW 2019 相关操作 \ 纳木错 .jpg"图片，如图 2-335所示。

图 2-335　纳木错 .jpg

2）利用工具箱中的 （选择工具）选择导入的位图对象。然后执行菜单中的"效果 |调整 | 调合曲线"命令，在弹出的"调合曲线"对话框中"曲线选项"的"样式"下拉列表中，可以选择"曲线""线性""手绘"和"伽玛值"中的一种，即可在左侧通过拖动曲线得

到不同的调合效果，此时选择的是"手绘"，再绘制曲线样式，如图 2-336 所示。接着单击 平滑(M) 按钮，对设置的曲线进行改正，使明暗对比始终保持平衡。

3）设置完毕后，单击"确定"按钮，即可将设置应用到当前位图图像上，效果如图 2-337 所示。

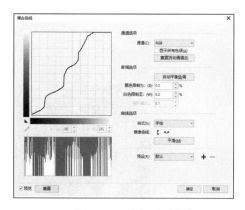

图 2-336　选择"手绘"

图 2-337　调整参数后的效果 3

4. 亮度/对比度/强度

使用"亮度/对比度/强度"命令，可以调整所有颜色的亮度以及明亮区域与暗色区域之间的差异。使用"亮度/对比度/强度"命令调整颜色的具体操作步骤如下。

1）执行菜单中的"文件 | 导入"命令（或者单击工具栏中的[⬇]（导入）按钮），导入网盘中的"素材及结果 \ 第 2 章 CorelDRAW 2019 相关操作 \ 新疆 .jpg"图片，如图 2-338 所示。

图 2-338　新疆 .jpg

2）利用工具箱中的[▶]（选择工具）选择导入的位图对象。然后执行菜单中的"效果 | 调整亮度 / 对比度 / 强度"命令，在弹出的"亮度 / 对比度 / 强度"对话框中，拖动"亮度"滑块可以调整图像的明度程度，取值范围为 -100 ～ 100；拖动"对比度"滑块可以调整图像的对比度，取值范围为 -100 ～ 100；拖动"强度"滑块可以调整图像的色彩强度，取值范围为 -100 ～ 100。此时将"亮度"设为 -30，"对比度"设为 35，"强度"设为 15，如图 2-339 所示。

3）设置完毕后，单击"确定"按钮，即可将设置应用到当前位图图像，效果如图 2-340 所示。

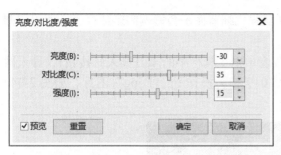

图 2-339　调整"亮度 / 对比度 / 强度"参数

图 2-340　调整参数后的效果 4

5.颜色平衡

使用"颜色平衡"命令，可以对主色（RGB）和辅助色（DMY）的互补色的阴影、中间色调等颜色段进行调整，从而获得图像的颜色平衡效果。使用"颜色平衡"命令来调整颜色的具体操作步骤如下。

1）执行菜单中的"文件 | 导入"命令（或者单击工具栏中的 ![]（导入）按钮），导入网盘中的"素材及结果 \ 第 2 章 CorelDRAW 2019 相关操作 \ 乡村 .jpg"图片，如图 2-341 所示。

2）利用工具箱中的 ![]（选择工具）选择导入的位图对象。然后执行菜单中的"效果 | 调整 | 颜色平衡"命令，在弹出的"颜色平衡"对话框中调整参数，如图 2-342 所示。

图 2-341　乡村 .jpg

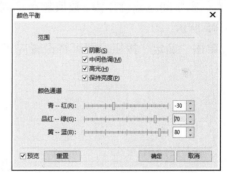

图 2-342　调整"颜色平衡"参数

3）设置完毕，单击"确定"按钮，即可将设置应用到当前的位图图像上，效果如图 2-343 所示。

图 2-343　调整参数后的效果 5

6. 伽玛值

使用"伽玛值"命令可以在较低对比度区域强化细节而不会影响阴影或高光。使用"伽玛值"来调整颜色的具体操作步骤如下。

1）执行菜单中的"文件|导入"命令（或者单击工具栏中的 ⬇ （导入）按钮），导入网盘中的"素材及结果\第 2 章 CorelDRAW 2019 相关操作\红叶.jpg"图片，如图 2-344 所示。

图 2-344 红叶.jpg

2）利用工具箱中的 ▶ （选择工具）选择导入的位图对象。然后执行菜单中的"效果|调整|伽玛值"命令，在弹出的"伽玛值"对话框中可以通过拖动"伽玛值"滑块调整伽玛值，数值越大，则中间色调就越浅；数值越小，则中间色调就越深。此时将"伽玛值"设为 2.0，如图 2-345 所示。

3）单击"确定"按钮，即可将设置应用到当前位图图像上，效果如图 2-346 所示。

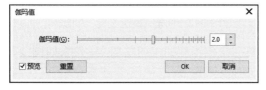

图 2-345 调整"伽玛值"参数

图 2-346 调整参数后的效果 6

7. 色度/饱和度/亮度

使用"色度/饱和度/亮度"命令，可以调整位图中的色频通道，并更改色谱中颜色的位置，从而更改颜色及其浓度。使用"色度/饱和度/亮度"命令来调整颜色的具体操作步骤如下。

1）执行菜单中的"文件|导入"命令（或者单击工具栏中的 ⬇ （导入）按钮），导入网盘中的"素材及结果\第 2 章 CorelDRAW 2019 相关操作\蝴蝶兰.jpg"图片，如图 2-347 所示。

2）利用工具箱中的 ▶ （选择工具）选择导入的位图对象。然后执行菜单中的"效果|调整|色度/饱和度/亮度"命令，在弹出的"色度/饱和度/亮度"对话框的色频"通道"

选项组中选择"主对象""红""黄""绿""青""兰" ⊖ "品红""灰度"，可分别对相关通道进行单独调整。通过拖动"色度""饱和度"和"亮度"滑块，可以得到不同的图像效果。此时选择"主对象"，将"色度"设为 –100，将"饱和度"和"亮度"设为 0，如图 2-348 所示。

3）单击"确定"按钮，即可将设置应用到当前的位图图像上，效果如图 2-349 所示。

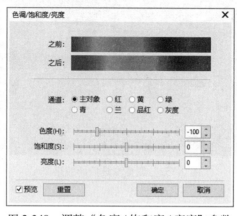

图 2-347　蝴蝶兰.jpg　　　图 2-348　调整"色度/饱和度/亮度"参数　　图 2-349　调整参数后的效果 7

8. 所选颜色

使用"所选颜色"命令，可以通过在色谱范围中改变（CMYK）颜色百分比来获得位图的颜色效果。使用"所选颜色"命令来调整颜色的具体操作步骤如下。

1）执行菜单中的"文件 | 导入"命令（或者单击工具栏中的 ↓（导入）按钮），导入网盘中的"素材及结果 \ 第 2 章 CorelDRAW 2019 相关操作 \ 室外效果.jpg"图片，如图 2-350 所示。

2）利用工具箱中的 ↖（选择工具）选择导入的位图对象。然后执行菜单中的"效果 | 调整 | 所选颜色"命令，在弹出的"所选颜色"对话框"色谱"选项组中选择要调整的颜色。此时选择"红"。接着在"调整"选项组通过拖动"青""品红""黄"和"黑"中的滑块，调整这些颜色的数值，如图 2-351 所示。

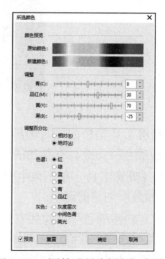

图 2-350　室外效果.jpg　　　　　　　图 2-351　调整"所选颜色"参数

⊖此处"兰"实为"蓝"，因软件汉化原因，此处存在错误。

3）设置完成后，单击"确定"按钮，即可将设置应用到当前位图图像上，效果如图2-352所示。

图2-352　调整参数后的效果8

9. 替换颜色

使用"替换颜色"命令，可以在图像中选择一种颜色并创建一个颜色遮罩，然后用新的颜色替换图像中的颜色。使用"替换颜色"命令来调整颜色的具体操作步骤如下。

1）执行菜单中的"文件 | 导入"命令（或者单击工具栏中的 ⊞（导入）按钮），导入网盘中的"素材及结果 \ 第 2 章 CorelDRAW 2019 相关操作 \ 向日葵.jpg"图片，如图 2-353 所示。

图 2-353　向日葵 .jpg

2）利用工具箱中的 ↖（选择工具）选择导入的位图对象。然后执行菜单中的"效果 | 调整 | 替换颜色"命令，在弹出的"替换颜色"对话框"原颜色"下拉列表中选择一种颜色或使用 ✐（吸管工具）在图像中吸取一种颜色，此时选择的是黄色。这时在预览窗口中可以看到该颜色所创建的遮罩。

3）在"新建颜色"下拉列表中选择一种颜色或使用 ✐（吸管工具）在图像中吸取一种新颜色，此时选择的是红色，如图 2-354 所示。

4）设置完成后，单击"确定"按钮，即可将设置应用到当前位图图像上，效果如图 2-355 所示。

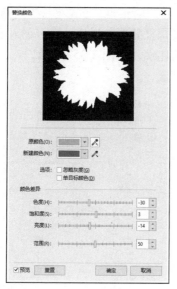

图 2-354　调整"替换颜色"参数

图 2-355　调整参数后的效果 9

10. 取消饱和

使用"取消饱和"命令，可以将位图中每种颜色的饱和度降为 0，移除色度组件，并将每种颜色转换为与其相对应的灰度。这样会创建灰度黑白效果，而不会更改颜色模型。使用"取消饱和"命令来调整颜色的具体操作步骤如下。

1）执行菜单中的"文件 | 导入"命令（或者单击工具栏中的■（导入）按钮），导入网盘中的"素材及结果 \ 第 2 章　CorelDRAW 2019 相关操作 \ 莲蓬 .jpg"图片，如图 2-356 所示。

2）利用工具箱中的■（选择工具）选择导入的位图对象。然后执行菜单中的"效果 | 调整 | 取消饱和"命令，即可完成此操作，效果如图 2-357 所示。

图2-356　莲蓬.jpg

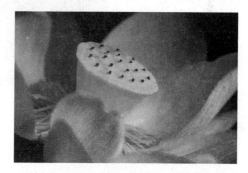

图2-357　调整参数后的效果10

11. 通道混合器

使用"通道混合器"命令，可以通过混合色频通道来平衡位图的颜色。使用"通道混合器"命令来调整颜色的具体操作步骤如下。

1）执行菜单中的"文件 | 导入"命令（或者单击工具栏中的■（导入）按钮），导入网盘中的"素材及结果 \ 第 2 章　CorelDRAW 2019 相关操作 \ 地貌 .jpg"图片，如图 2-358 所示。

2）利用工具箱中的■（选择工具）选择导入的位图对象。然后执行菜单中的"效果 |

调整|通道混合器"命令，在弹出的"通道混合器"对话框"色彩模型"下拉列表中选择一种颜色模式，在"输出通道"下拉列表中选择要调整的颜色通道，在"输入通道"选项组中拖动滑块调整"青""洋红色""黄"和"黑"的比例，如图 2-359 所示。

图 2-358　地貌 .jpg

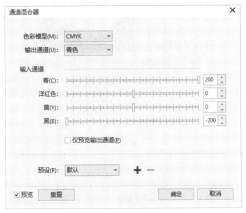

图 2-359　调整"通道混合器"参数

3）调整参数后，单击"预览"按钮，即可看到应用图像前后的效果对比。如果要撤销当前设置，可以单击"重置"按钮。

4）设置完成后，单击"确定"按钮，即可将设置应用到当前位图图像，效果如图 2-360 所示。

图 2-360　调整参数后的效果 11

2.6.4　位图滤镜效果

在 CorelDRAW 2019 中可以对位图添加多类位图处理滤镜，而每一类滤镜又包含多个滤镜效果，通过这些滤镜可以使图像产生多种特殊变化。下面就来具体讲解一些主要滤镜的使用方法。

1. 三维效果

"三维效果"类滤镜有 6 种，如图 2-361 所示，用于创建逼真的三维纵深感的效果。下面以"三维旋转""浮雕""卷页""挤远 / 挤近"和"球面"5 种滤镜为例，介绍"三维效果"类滤镜的使用。

图 2-361 "三维效果"类滤镜

（1）三维旋转

使用"三维旋转"滤镜可以改变所选位图的视角，在水平和垂直方向上旋转位图。设置"三维旋转"滤镜效果的具体操作步骤如下：

1）执行菜单中的"文件 | 导入"命令（或者单击工具栏中的 （导入）按钮），导入网盘中的"素材及结果 \ 第 2 章　CorelDRAW 2019 相关操作 \ 栀子花.jpg"图片，如图 2-362 所示。

2）利用工具箱中的 （选择工具）选择导入的位图对象。然后执行菜单中的"效果 | 三维效果 | 三维旋转"命令，在弹出的"三维旋转"对话框中设置参数，如图 2-363 所示。

提示：也可以在左侧三维框中拖动鼠标来直观地设置三维旋转效果。

3）调整参数后勾选"预览"复选框，即可看到应用图像前后的效果对比。如果要撤销当前设置，可以单击"重置"按钮。

4）设置完毕后，单击"确定"按钮，即可将设置应用到当前位图图像上，效果如图 2-364 所示。

图 2-362　栀子花 .jpg

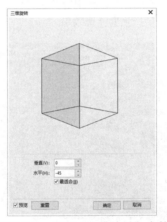

图 2-363　设置"三维旋转"参数

图 2-364　三维旋转效果

（2）浮雕

使用"浮雕"滤镜可以使位图产生一种被雕刻的效果。设置浮雕效果的具体操作步骤如下。

1）执行菜单中的"文件 | 导入"命令（或者单击工具栏中的 （导入）按钮），导入网盘中的"素材及结果 \ 第 2 章　CorelDRAW 2019 相关操作 \ 乌镇.jpg"图片，如图 2-365 所示。

图 2-365　乌镇 .jpg

2）利用工具箱中的 ▶ （选择工具）选择导入的位图对象。然后执行菜单中的"效果 | 三维效果 | 浮雕"命令，在弹出的"浮雕"对话框中设置参数，如图 2-366 所示，单击"确定"按钮，效果如图 2-367 所示。

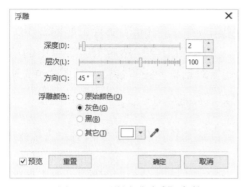

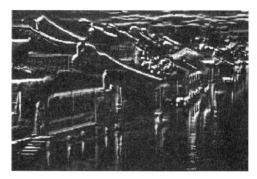

图 2-366　设置"浮雕"参数　　　　　　　　　图 2-367　黑色浮雕效果

提示：如果在"浮雕颜色"选项组中选择别的颜色，则可以根据选择的浮雕颜色产生浮雕效果。图 2-368 为选择"灰色"产生的浮雕效果。

图 2-368　灰色浮雕效果

（3）卷页

用"卷页"滤镜可以使位图产生一种翻页效果。设置"卷页"滤镜效果的具体操作步骤如下。

1）执行菜单中的"文件 | 导入"命令（或者单击工具栏中的 ⬇ （导入）按钮），导入网盘中的"素材及结果 \ 第 2 章　CorelDRAW 2019 相关操作 \ 丛林美景.jpg"图片，如图 2-369 所示。

2）利用工具箱中的 ▶ （选择工具）选择导入的位图对象。然后执行菜单中的"效果 | 三维效果 | 卷页"命令，在弹出的"卷页"对话框上方有 4 个用来选择页面卷角的按钮，单击一种按钮，即可确定一种卷角方式；在"方向"选项组中可以选择页面卷曲的方向；在"纸"选项组中可以选

图2-369　丛林美景.jpg

择纸张卷角的"不透明"或"透明的"单选按钮；在"卷曲度"右侧可以设置"卷曲"的颜色；在"背景颜色"右侧可以设置"背景"颜色；拖动"宽度"和"高度"右侧的滑块，可以设置卷页的卷曲位置。此时参数设置如图 2-370 所示，单击"确定"按钮，效果如图 2-371 所示。

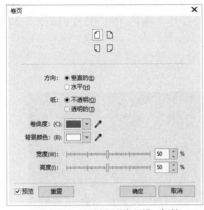
图 2-370　设置"卷页"参数

图 2-371　卷页效果

（4）挤远 / 挤近

使用"挤远 / 挤近"滤镜可以从中心弯曲位图。设置"挤远 / 挤近"滤镜效果的具体操作步骤如下。

1）执行菜单中的"文件 | 导入"命令（或者单击工具栏中的 ⬇ （导入）按钮），导入网盘中的"素材及结果 \ 第 2 章　CorelDRAW 2019 相关操作 \ 柿子椒 .jpg"图片，如图 2-372 所示。

2）利用工具箱中的 ▶ （选择工具）选择导入的位图对象。然后执行菜单中的"效果 | 三维效果 | 挤远 / 挤近"命令，在弹出的"挤远 / 挤近"对话框中将数值设为 100，如图 2-373 所示，单击"确定"按钮，效果如图 2-374 所示。

图 2-372　柿子椒 .jpg

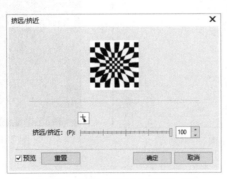
图 2-373　设置"挤远 / 挤近"参数

图 2-374　挤近效果

3）如果在"挤远 / 挤近"对话框中将数值设为 –100，单击"确定"按钮，效果如图 2-375 所示。

（5）球面

使用"球面"滤镜可以将对象扭曲成具有球面的视觉效果。设置"球面"滤镜效果的具体操作步骤如下。

1）执行菜单中的"文件 | 导入"命令（或者单击工具栏中的 ⬇ （导入）按钮），导入网盘中的"素材及结果 \ 第 2 章 CorelDRAW 2019 相关操作 \ 暮色.jpg"图片，如图 2-376 所示。

图 2-375　挤远效果

图 2-376　暮色.jpg

2）利用工具箱中的 ▶ （选择工具）选择导入的位图对象。然后执行菜单中的"效果 | 三维效果 | 球面"命令，在弹出的"球面"对话框中设置"百分比"为 25，如图 2-377 所示，单击"确定"按钮，效果如图 2-378 所示。

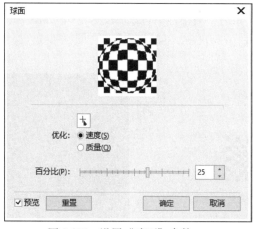

图 2-377　设置"球面"参数

图 2-378　球面效果

2. 艺术笔触

"艺术笔触"类滤镜有 14 种，如图 2-379 所示，用于模拟类似于现实世界中不同表现手法所产生的奇特效果。下面以"炭笔画"和"水彩画"两种滤镜为例介绍"艺术笔触"类滤镜的使用。

（1）炭笔画

使用"炭笔画"滤镜可以模拟炭笔绘画的艺术效果。设置"炭笔画"滤镜效果的具体操作步骤如下。

1）执行菜单中的"文件 | 导入"命令（或者单击工具栏中的 ⬇ （导入）按钮），导入网盘中的"素材及结果 \ 第 2 章　CorelDRAW 2019 相关操作 \ 足球.jpg"图片，如图 2-380 所示。

图 2-379　"艺术笔触"类滤镜

图 2-380　足球 .jpg

2）利用工具箱中的 ▶ （选择工具）选择导入的位图对象。然后执行菜单中的"效果 | 艺术笔触 | 炭笔画"命令，在弹出的"炭笔画"对话框中拖动"大小"右侧滑块设置炭笔的大小，数值越大，炭笔越粗；拖动"边缘"右侧滑块设置位图对比度，数值越大，对比度越大。此时的参数设置如图 2-381 所示。

3）单击"确定"按钮，效果如图 2-382 所示。

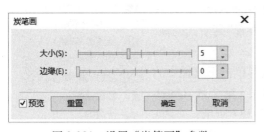

图 2-381　设置"炭笔画"参数

图 2-382　"炭笔画"效果

（2）水彩画

使用"水彩画"滤镜可以模拟传统水彩画的艺术效果。设置"水彩画"滤镜效果的具体操作步骤如下。

1）执行菜单中的"文件 | 导入"命令（或者单击工具栏中的 ↓（导入）按钮），导入网盘中的"素材及结果 \ 第 2 章 CorelDRAW 2019 相关操作 \ 野花.jpg"图片，如图 2-383 所示。

2）利用工具箱中的 ↘（选择工具）选择导入的位图对象。然后执行菜单中的"效果 | 艺术笔触 | 水彩画"命令，在弹出的"水彩画"对话框中拖动"笔刷大小"右侧滑块设置笔刷的大小，数值越大，细节越粗糙；拖动"粒化"右侧滑块设置笔刷的粒度，数值越小，画面越细腻；拖动"水量"右侧滑块设置用水量，数值越大，水分越多，画面越柔和；拖动"出血"右侧滑块，设置笔刷的速度，数值越大，画面层次越不明显；拖动"亮度"右侧滑块设置亮度，数值越大，位图的光照强度越强。此时的参数设置如图 2-384 所示。

3）单击"确定"按钮，效果如图 2-385 所示。

图 2-383 野花.jpg

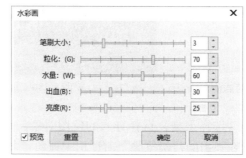

图 2-384 设置"水彩画"参数

图 2-385 "水彩画"效果

3. 模糊

"模糊"类滤镜有 10 种，如图 2-386 所示，可以使图像模糊，从而模拟渐变、拖动或杂色效果。下面以"高斯式模糊""动态模糊"和"放射式模糊"3 种滤镜为例介绍"模糊"类滤镜的使用。

（1）高斯式模糊

使用"高斯式模糊"滤镜可以使位图图像中的像素向四周扩散，通过像素的混合产生一种高斯模糊的效果。设置"高斯式模糊"滤镜效果的具体操作步骤如下。

1）执行菜单中的"文件 | 导入"命令（或者单击工具栏中的 ↓（导入）按钮），导入网盘中的"素材及结果 \ 第 2 章 Corel-DRAW 2019 相关操作 \ 菊花.jpg"图片，如图 2-387 所示。

2）利用工具箱中的 ↘（选择工具）选择导入的位图对象。然后执行菜单中的"效果 | 模糊 | 高斯式模糊"命令，在弹出的"高斯式模糊"对话框中拖动"半径"右侧滑块设置图像像素的扩散半径，此时设置"半径"为 5.0，如图 2-388 所示。

图 2-386 "模糊"类滤镜

定向平滑(D)…
高斯式模糊(G)…
锯齿状模糊(J)…
低通滤波器(L)…
动态模糊(M)…
放射式模糊(R)…
智能模糊(A)…
平滑(S)…
柔和(F)…
缩放(Z)…

3）单击"确定"按钮，效果如图 2-389 所示。

图 2-387　菊花 .jpg　　　　图 2-388　设置"高斯式模糊"参数　　　　图 2-389　"高斯式模糊"效果

（2）动态模糊

使用"动态模糊"滤镜可以模拟运动的方向和速度，还可以模拟风吹效果。设置"动态模糊"滤镜效果的具体操作步骤如下。

1）执行菜单中的"文件 | 导入"命令（或者单击工具栏中的 ⬇（导入）按钮），导入网盘中的"素材及结果 \ 第 2 章　CorelDRAW 2019 相关操作 \ 玫瑰 .jpg"图片，如图 2-390 所示。

2）利用工具箱中的 ▶（选择工具）选择导入的位图对象。然后执行菜单中的"效果 | 模糊 | 动态模糊"命令，在弹出的"动态模糊"对话框中拖动"距离"右侧滑块设置间隔像素值；在"方向"框中设置模糊角度；在"图像外围取样"选项组中选择一种方式。此时的参数设置如图 2-391 所示。

图 2-390　玫瑰 .jpg　　　　　　　图 2-391　设置"动态模糊"参数

3）单击"确定"按钮，效果如图 2-392 所示。

（3）放射式模糊

使用"放射式模糊"滤镜可以从图像中心处产生同心旋转的模糊效果，只留下局部不完全模糊的区域，从而产生一种特殊的模糊效果。设置"放射式模糊"滤镜效果的具体操作步骤如下。

1）执行菜单中的"文件 | 导入"命令（或者单击工具栏中的 ⬇（导入）按钮），导入网盘中的"素材及结果 \ 第 2 章　CorelDRAW 2019 相关操作 \ 稻田.jpg"图片，如图 2-393 所示。

图 2-392　"动态模糊"效果

图 2-393　稻田 .jpg

2）利用工具箱中的 ⬉（选择工具）选择导入的位图对象。然后执行菜单中的"效果 | 模糊 | 放射式模糊"命令，在弹出的"放射式模糊"对话框中拖动"数量"右侧滑块，可以设置模糊效果的程度；单击 ⬆（中心定位）按钮，在图像窗口中单击，可以确定图像上放射式模糊的中心。此时的参数设置如图 2-394 所示。

3）单击"确定"按钮，效果如图 2-395 所示。

图 2-394　设置"放射式模糊"参数

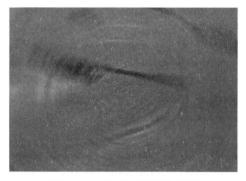

图 2-395　"放射式模糊"效果

4. 相机

"相机"类滤镜有 5 种，如图 2-396 所示，可以模拟由扩散透镜或扩散过滤器产生的效果。下面以"扩散"滤镜为例，介绍"相机"类滤镜的使用。

图 2-396　"相机"类滤镜

"扩散"滤镜可以通过扩散图像中的像素来产生一种类似于相机扩散镜头焦距的柔化效果。设置"扩散"滤镜效果的具体操作步骤如下。

1）执行菜单中的"文件 | 导入"命令（或者单击工具栏中的 ⬇（导入）按钮），导入网盘中的"素材及结果 \ 第 2 章　CorelDRAW 2019 相关操作 \ 白玉兰.jpg"图片，如图 2-397 所示。

2）利用工具箱中的 ⬉（选择工具）选择导入的位图对象。然后执行菜单中的"效果 | 相机 | 扩散"命令，在弹出的"扩散"对话框中拖动"层次"右侧滑块可以设置扩散焦距的程度。此时设置"层次"数值为 98，如图 2-398 所示。

图 2-397　白玉兰 .jpg

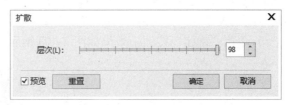

图 2-398　设置"扩散"参数

3）单击"确定"按钮，效果如图 2-399 所示。

图 2-399　"扩散"效果

5. 颜色转换

"颜色转换"类滤镜有 4 种，如图 2-400 所示，可以通过减少或替换颜色来创建摄影幻觉的效果。下面以"半色调"和"曝光"滤镜为例，介绍"颜色转换"类滤镜的使用。

（1）半色调

"半色调"滤镜可以将位图中的连续色调转换为大小不同的点，从而产生半色调网点效果。设置"半色调"滤镜效果的具体操作步骤如下。

1）执行菜单中的"文件 | 导入"命令，导入网盘中的"素材及结果 \ 第 2 章 Corel-DRAW 2019 相关操作 \ 加拿大风光.jpg"图片，如图 2-401 所示。

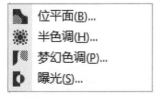

图 2-400　"颜色转换"类滤镜　　　　　图 2-401　加拿大风光 .jpg

2）利用工具箱中的 选择导入的位图对象。然后执行菜单中的"效果 | 颜色转换 | 半色调"命令，在弹出的"半色调"对话框中拖动"青""品红""黄"和"黑"右侧滑块可以调整对应颜色通道中的网点角度；拖动"最大点半径"右侧滑块可以设置半色调网点的最大半径。此时的参数设置如图 2-402 所示。

3）单击"确定"按钮，效果如图 2-403 所示。

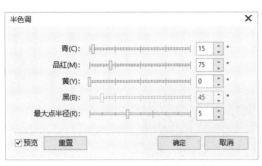

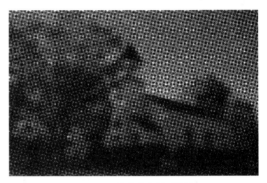

图 2-402　设置"半色调"参数　　　　　　　　图 2-403　"半色调"效果

（2）曝光

"曝光"滤镜可以使位图产生照片曝光不足或曝光过度的效果。设置"曝光"滤镜效果的具体操作步骤如下。

1）执行菜单中的"文件 | 导入"命令（或者单击工具栏中的 按钮），导入网盘中的"素材及结果 \ 第 2 章 CorelDRAW 2019 相关操作 \ 三青山.jpg"图片，如图 2-404 所示。

2）利用工具箱中的 选择导入的位图对象。然后执行菜单中的"效果 | 颜色转换 | 曝光"命令，在弹出的"曝光"对话框中拖动"层次"右侧滑块可以设置曝光程度，数值越大，曝光效果越明显。此时设置"层次"数值为 127，如图 2-405 所示。

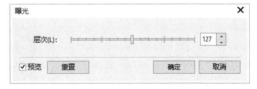

图 2-404　三青山 .jpg　　　　　　　　　　图 2-405　设置"曝光"参数

3）单击"确定"按钮，效果如图 2-406 所示。

6. 轮廓图

"轮廓图"类滤镜有 3 种，如图 2-407 所示，可以用来突出和增强凸线的边缘。下面以"查找边缘"滤镜为例，介绍"轮廓图"类滤镜的使用。

图 2-406　"曝光"效果

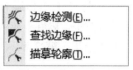

图 2-407　"轮廓图"类滤镜

"查找边缘"滤镜可以找到位图图像的边缘，并将边缘转换为线条。设置"查找边缘"滤镜效果的具体操作步骤如下。

1）执行菜单中的"文件 | 导入"命令（或者单击工具栏中的 ⬇ （导入）按钮），导入网盘中的"素材及结果 \ 第 2 章　CorelDRAW 2019 相关操作 \ 德国风光.jpg"图片，如图 2-408 所示。

2）利用工具箱中的 ▸ （选择工具）选择导入的位图对象。然后执行菜单中的"效果 | 轮廓图 | 查找边缘"命令，在弹出的"查找边缘"对话框的"边缘类型"选项组中可以选择描边的类型为"软"或"纯色"；拖动"层次"右侧滑块可以设置描边的范围值，设置参数后单击"预览"按钮，即可看到应用图像前后的对比效果，如图 2-409 所示。

图 2-408　德国风光 .jpg

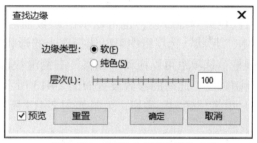

图 2-409　设置"查找边缘"参数

3）单击"确定"按钮，效果如图 2-410 所示。

图 2-410 "查找边缘"效果

7. 创造性

"创造性"类滤镜有 10 种，如图 2-411 所示。该类滤镜可以仿真晶体、玻璃、织物等材质表面，使位图产生马赛克、颗粒、扩散等效果，还可以模拟雨、雪、雾等天气。下面以"虚光"滤镜为例，介绍"创造性"类滤镜的使用。

"虚光"滤镜可以产生边缘虚化的晕光。设置"虚光"滤镜效果的具体操作步骤如下。

1）执行菜单中的"文件 | 导入"命令（或者单击工具栏中的 ⬇ （导入）按钮），导入网盘中的"素材及结果 \ 第 2 章 CorelDRAW 2019 相关操作 \ 森林.jpg"图片，如图 2-412 所示。

图 2-411 "创造性"类滤镜

图 2-412 森林 .jpg

2）利用工具箱中的 ▶ （选择工具）选择导入的位图对象。然后执行菜单中的"效果 | 创造性 | 虚光"命令，在弹出的"虚光"对话框的"颜色"选项组中可以选择虚光的颜色为黑色、白色或其他颜色，也可以单击 ✐ 按钮后在位图或左上方的源素材窗口中选取虚光的颜色；在"形状"选项组中可以选择虚光的形状为"椭圆形""圆形""矩形"或"正方形"；在"调整"选项组可以拖动"偏移"右侧滑块设置虚光的大小；拖动"褪色"右侧滑块可以设置渐隐强度。此时的参数设置如图 2-413 所示。

3）单击"确定"按钮，效果如图 2-414 所示。

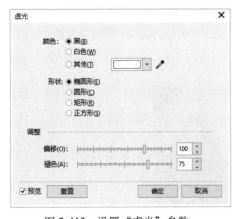

图 2-413 设置"虚光"参数

图 2-414 "虚光"效果

8. 扭曲

"扭曲"类滤镜有 11 种，如图 2-415 所示。该类滤镜可以使位图产生扭曲变形的效果。

下面以"置换"和"龟纹"两种滤镜为例，介绍"扭曲"类滤镜的使用。

（1）置换

"置换"滤镜可以选用图案替换位图区域中的像素产生置换效果。设置"置换"滤镜效果的具体操作步骤如下。

1）执行菜单中的"文件|导入"命令（或者单击工具栏中的（导入）按钮），导入网盘中的"素材及结果\第 2 章 CorelDRAW 2019 相关操作\杏.jpg"图片，如图 2-416所示。

图 2-415　"扭曲"类滤镜

图 2-416　杏 .jpg

2）利用工具箱中的（选择工具）选择导入的位图对象。然后执行菜单中的"效果|扭曲|置换"命令，在弹出的"置换"对话框的"缩放模式"选项组中选择缩放模式为平铺或伸展适合；在"缩放"选项组中拖动"水平"和"垂直"右侧滑块，可以设置水平和垂直方向的变形位置；单击图案，可以在下拉列表中选择一种置换图案。此时的参数设置如图 2-417 所示。

3）单击"确定"按钮，效果如图 2-418 所示。

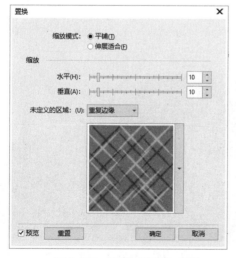

图 2-417　设置"置换"参数

图 2-418　"置换"效果

（2）龟纹

"龟纹"滤镜可以产生波纹变形的扭曲效果。设置"龟纹"滤镜效果的具体操作步骤如下。

1）执行菜单中的"文件 | 导入"命令，导入网盘中的"素材及结果 \ 第 2 章 Corel-DRAW 2019 相关操作 \ 比利时风光.jpg"图片，如图 2-419 所示。

图 2-419　比利时风光 .jpg

2）利用工具箱中的 （选择工具）选择导入的位图对象。然后执行菜单中的"效果 | 扭曲 | 龟纹"命令，在弹出的"龟纹"对话框的"主波纹"选项组中拖动"周期"右侧滑块可以设置主波的周期；拖动"振幅"右侧滑块可以设置主波的振幅；如果勾选"垂直波纹"复选框，可以在"振幅"右侧设置垂直波的振幅；如果勾选"扭曲龟纹"复选框，可以在"角度"滑钮中设置扭曲的角度。此时的参数设置如图 2-420 所示。

3）单击"确定"按钮，效果如图 2-421 所示。

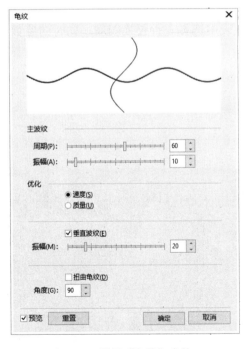

图 2-420　设置"龟纹"参数

图 2-421　"龟纹"效果

9.杂点

"杂点"类滤镜有 6 种,如图 2-422 所示。下面以"添加杂点"和"去除杂点"两种滤镜为例,介绍"杂点"类滤镜的使用。

(1)添加杂点

"添加杂点"滤镜可以在位图图像中产生颗粒状的效果。设置"添加杂点"滤镜效果的具体操作步骤如下。

1)执行菜单中的"文件 | 导入"命令(或者单击工具栏中的▲(导入)按钮),导入网盘中的"素材及结果 \ 第 2 章 CorelDRAW 2019 相关操作 \ 月色.jpg"图片,如图 2-423 所示。

图 2-422 "杂点"类滤镜

图 2-423 月色 .jpg

2)利用工具箱中的▲(选择工具)选择导入的位图对象。然后执行菜单中的"效果 | 杂点 | 添加杂点"命令,在弹出的"添加杂点"对话框的"噪声类型"选项组中有"高斯式""尖突""均匀"3 个选项可供选择;拖动"层次"右侧滑块可以设置杂点产生的效果;拖动"密度"右侧滑块可以设置杂点产生的密度;在"颜色模式"选项组中设置杂点的颜色模式。此时的参数设置如图 2-424 所示。

3)单击"确定"按钮,效果如图 2-425 所示。

图 2-424 设置"添加杂点"参数

图 2-425 "添加杂点"效果

（2）去除杂点

"去除杂点"滤镜可以在位图中移除杂点。设置"去除杂点"滤镜效果的具体操作步骤如下。

1）执行菜单中的"文件|导入"命令（或者单击工具栏中的■（导入）按钮），导入网盘中的"素材及结果\第 2 章 CorelDRAW 2019 相关操作\挪威风光.jpg"图片，如图 2-426 所示。

图 2-426　挪威风光 .jpg

2）利用工具箱中的■（选择工具）选择导入的位图对象。然后执行菜单中的"效果|杂点|去除杂点"命令，在弹出的"去除杂点"对话框中设置参数，如图 2-427 所示。

3）单击"确定"按钮，效果如图 2-428 所示。

图 2-427　设置"去除杂点"参数

图 2-428　"去除杂点"效果

10. 鲜明化

"鲜明化"类滤镜有 5 种，如图 2-429 所示。该类滤镜可以增强相邻像素间的对比度，从而达到位图的鲜明效果。下面以"鲜明化"滤镜为例，介绍"鲜明化"类滤镜的使用。

"鲜明化"滤镜可以增强相邻像素间的对比度，得到位图的鲜明效果。设置"鲜明化"

滤镜效果的具体操作步骤如下。

1）执行菜单中的"文件 | 导入"命令（或者单击工具栏中的 $\downarrow$（导入）按钮），导入网盘中的"素材及结果 \ 第 2 章　CorelDRAW 2019 相关操作 \ 坝上.jpg"图片，如图 2-430 所示。

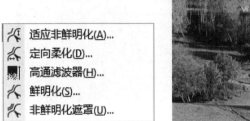

图 2-429　"鲜明化"类滤镜

图 2-430　坝上 .jpg

2）利用工具箱中的 ▶（选择工具）选择导入的位图对象。然后执行菜单中的"效果 | 鲜明化 | 鲜明化"命令，在弹出的"鲜明化"对话框中拖动"边缘水平"右侧滑块可以设置边缘锐化程度；拖动"阈值"右侧滑块可以设置边缘锐化的阈值，数值越大，保留原像素信息越多。此时的参数设置如图 2-431 所示。

3）单击"确定"按钮，效果如图 2-432 所示。

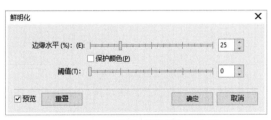

图 2-431　设置"鲜明化"参数

图 2-432　"鲜明化"效果

2.7　课后练习

1. 填空题

1）CorelDRAW 2019 中的渐变填充包括_____、_____、_____和_____4 种色彩渐变类型。

2）使用_____命令可将一个对象作为内容内置于另外一个容器对象中。

2. 选择题

1）使用（　　　）滤镜可以制作出如图 2-433 所示的效果。

A. 放射式模糊　　　　B. 动态模糊　　　　C. 高斯式模糊　　　　D. 形状模糊

2）使用（　　　）滤镜可以制作出如图 2-434 所示的效果。

A. 织物　　　　　　　B. 置换　　　　　　C. 梦幻色调　　　　　D. 工艺

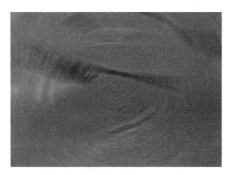

图 2-433　滤镜效果 1

图 2-434　滤镜效果 2

3. 简答题

1）简述直线和曲线的绘制与编辑方法。

2）简述文本的创建与编辑方法。

第2部分 基础实例演练

第3章 对象的创建与编辑

在 CorelDRAW 2019 中，可以十分方便地创建出许多标准图形对象，并可以对其进行选择、复制、变换和对齐等操作。通过本章内容的学习，应掌握对象的创建和编辑方法。

3.1 绘制盘套和光盘图形

 要点：

本例将绘制盘套和光盘图形，如图 3-1 所示。通过本例的学习，应掌握○（椭圆形工具）、□（矩形工具）、□（阴影工具）、▨（透明度工具）、"对齐与分布"命令和"置于图文框内部"命令的综合应用。

 操作步骤：

1）执行菜单中的"文件 | 新建"（快捷键〈Ctrl+N〉）命令，新建一个"宽度"和"高度"均为 150mm，"分辨率"为 300dpi，"原色模式"为 CMYK，名称为"绘制盘套和光盘图形"的 CorelDRAW 文档。

图 3-1 绘制盘套和光盘图形

2）绘制矩形。利用工具箱中的□（矩形工具）绘制一个矩形，然后在属性面板中将其大小设为 114mm×110mm，将右边矩形的圆角半径设为 6.0mm，效果如图 3-2 所示。接着左键单击默认 CMYK 调色板中的"浅蓝光紫"色，从而将其填充色设为"浅蓝光紫"色。最后右键单击默认 CMYK 调色板中的▨色块，将轮廓色设为无色，效果如图 3-3 所示。

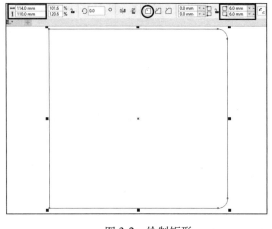

图 3-2 绘制矩形

图 3-3 填充矩形

3）同理，绘制一个大小为 14.15mm×110mm 的矩形，并在属性栏中设置左边矩形的圆角半径为 1mm，如图 3-4 所示。然后将其填充色设为浅紫色（颜色参考值为 CMYK（0，20，0，0）），将轮廓色设为无色，接着将其移动到适当位置，效果如图 3-5 所示。

图 3-4　将左边矩形的圆角半径设为 1mm　　　　图 3-5　将矩形移动到适当位置

4）绘制盘套上的缝隙。利用工具箱中的▭（矩形工具），绘制一个大小为 2.5mm×3mm 的矩形，然后将其填充为深棕色（颜色参考数值为 CMYK（0，60，0，60）），轮廓色设为无色。接着按〈+〉键 18 次，从而复制出 18 个深棕色小矩形。再利用"对齐与分布"面板将它们垂直等距分布，如图 3-6 所示。最后框选所有的小矩形并单击属性栏中的 🔘（组合对象）按钮，将它们群组，效果如图 3-7 所示。

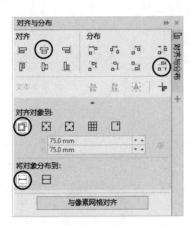

图 3-6　设置"对齐与分布"参数

图 3-7　绘制盘套上的缝隙

5）制作封套上的小孔。利用工具箱中的◯（椭圆形工具）绘制一个 5mm×5mm 的椭圆，然后按〈+〉键复制 3 个椭圆，接着利用"对齐与分布"面板将它们垂直等距分布，效果如图 3-8 所示。最后同时选中左侧矩形和 4 个小圆，在属性栏中单击 🔲（移除前面对象）按钮，效果如图 3-9 所示。

图 3-8　将 4 个小圆垂直等距分布

图 3-9　移除前面对象的效果

6）制作小孔的阴影效果。利用工具箱中的 （椭圆形工具）绘制两个 5mm × 5mm 的正圆形，放置位置如图 3-10 所示。然后同时选中两个正圆形，在属性栏中单击 ⬚（移除前面对象）按钮。接着将 ⬚（移除前面对象）后图形的填充色设为深紫色（颜色参考值为 CMYK（0，60，0，60）），轮廓色设为无色，效果如图 3-11 所示。最后按〈+〉键 3 次，复制 3 个图形，并利用"对齐与分布"面板将它们垂直等距分布，效果如图 3-12 所示。

图 3-10　绘制两个正圆形　图 3-11　设置填充色和轮廓色

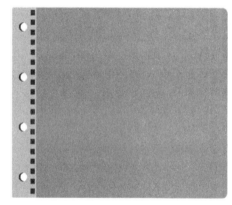

图 3-12　垂直等距分布的效果

7）绘制光盘。利用工具箱中的 （椭圆形工具）绘制 5 个正圆形，并设置它们的大小分别为 108.8mm × 108.8mm、104.4mm × 104.4mm、40mm × 40mm、37mm × 37mm 和 28mm × 28mm，填充色分别为白色、CMYK（0，0，10，0）、CMYK（0，0，10，0）、40% 黑和白色。然后设置前 3 个圆的轮廓宽度为 0.5mm，颜色为黑色，后 2 个圆的轮廓色为无色，效果如图 3-13 所示。

8）制作光盘中心的透明效果。将组成光盘的 5 个圆进行群组，然后再绘制 1 个大小为 14.6mm × 14.6mm 的正圆形，如图 3-14 所示。接着同时选择群

图 3-13　绘制光盘

组后的光盘图形和正圆形，在属性栏中单击 🔲（移除前面对象）按钮，最后将光盘移动到如图 3-15 所示的位置，此时可以看到光盘中心部分的透明效果。

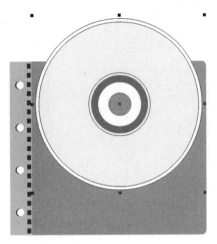

图 3-14　绘制 1 个正圆形　　　　　　　　图 3-15　光盘中心部分的透明效果

　9）制作光盘透明部分的阴影效果。利用工具箱中的 🔲（椭圆形工具）绘制两个 14.5mm×14.5mm 的正圆形，放置位置如图 3-16 所示。然后同时选中两个正圆形，在属性栏中单击 🔲（移除前面对象）按钮。接着将 🔲（移除前面对象）后图形的填充色设为紫红色（颜色参考值为 CMYK（0，80，0，0）），轮廓色设为无色，效果如图 3-17 所示。最后按〈+〉键 3 次，复制 3 个图形，并利用"对齐与分布"面板将它们垂直等距分布，效果如图 3-18 所示。

图 3-16　绘制两个正圆形　　　图 3-17　设置填充色和轮廓色　　　图 3-18　光盘透明部分的阴影效果

　10）制作盘套正面图形。利用工具箱中的 🔲（矩形工具）绘制 3 个矩形，大小分别为 20mm×103mm、114mm×82mm、20mm×103mm，放置位置如图 3-19 所示。然后同时选中 3 个矩形，在属性栏中单击 🔲（焊接）按钮，效果如图 3-20 所示。接着绘制 2 个 38mm×38mm 的正圆形，放置位置如图 3-21 所示，再选中所有作为封套正面的图形，在属

性栏中单击 🖵（焊接）按钮，效果如图 3-22 所示。最后绘制 1 个 38mm×38mm 的正圆形，放置位置如图 3-23 所示，再选中所有作为封套正面的图形，单击 🖵（移除前面对象）按钮，效果如图 3-24 所示。

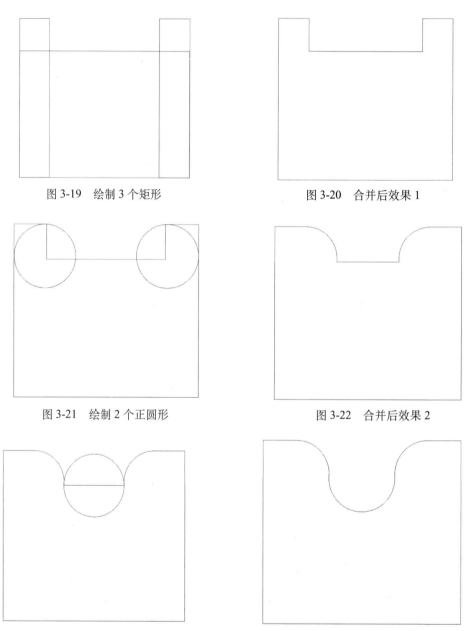

<table>
<tr><td>图 3-19　绘制 3 个矩形</td><td>图 3-20　合并后效果 1</td></tr>
<tr><td>图 3-21　绘制 2 个正圆形</td><td>图 3-22　合并后效果 2</td></tr>
<tr><td>图 3-23　绘制 1 个正圆形</td><td>图 3-24　移除前面对象的效果</td></tr>
</table>

11）制作黄色纹理图形。利用工具箱中的 🔲（矩形工具）绘制 1 个 182mm×2mm 的矩形，然后将其填充色设为浅黄色，轮廓色设为无色。再按〈+〉键 25 次，从而复制出 25 个小矩形。接着利用"对齐与分布"面板将它们垂直等距分布，如图 3-25 所示。再框选所有的小矩形并单击属性栏中的 ▣（组合对象）按钮，将它们群组。最后双击群组后的图形，将它们旋转一定角度，效果如图 3-26 所示。

图 3-25　复制黄色矩形

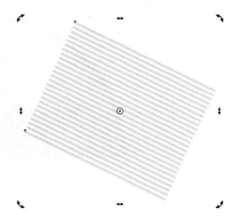

图 3-26　将黄色纹理旋转一定角度

12）利用 ▨（透明度工具）选中黄色纹理，然后将"合并模式"设为"常规"，"透明度"设为 30。

13）将纹理指定到封套正面图形中。执行菜单中的"对象 |PowerClip（图框精确剪裁）| 置于图文框内部"命令，此时光标变为 ▶ 形状，然后单击作为盘套正面的图形，效果如图 3-27 所示。

14）制作盘套的投影效果。利用工具箱中的 ⬚（阴影工具）选中盘套正面图形，然后设置参数，效果如图 3-28 所示。

图 3-27　将纹理指定到封套正面图形中

图 3-28　投影效果

3.2　扇子效果

　要点：

本例将制作一把折扇，如图 3-29 所示。通过本例的学习，应掌握"变换"泊坞窗、交互式填充中的底纹填充、▤（到图层后面）、▥（组合对象）等的综合应用。

图 3-29　扇子效果

 操作步骤:

1. 制作扇叶形状

1) 执行菜单中的"文件|新建"(快捷键〈Ctrl+N〉)命令,新建一个"宽度"为 240mm,"高度"为 150mm,"分辨率"为 300dpi,"原色模式"为 CMYK,名称为"扇子效果"的 CorelDRAW 文档。

2) 绘制扇把。利用工具箱中的▢(矩形工具)在绘图区中绘制一个大小为 65mm× 7mm 的矩形,如图 3-30 所示。

3) 为了能够分别调节矩形的节点,下面利用工具箱中的▶(选择工具)选中矩形,然后单击属性栏中的↺(转换为曲线)按钮,将矩形转换为曲线。

4) 选择工具箱中的▶(形状工具),框选矩形右边的两个节点,然后单击右键,从弹出的快捷菜单中选择"到曲线"命令。接着分别调整这两个节点的控制柄,从而改变曲线的形状,效果如图 3-31 所示。

图 3-30　绘制矩形　　　　　　　　　　　　　　　图 3-31　调整曲线

5) 绘制扇叶。利用▢(矩形工具)在扇把的左面绘制一个矩形,然后在属性栏中设置其大小为 55mm×17.5mm,如图 3-32 所示。然后利用工具箱中的▶(选择工具)选中矩形,然后在属性栏中单击↺(转换为曲线)按钮,将矩形转换为曲线。

6) 利用工具箱中的▶(形状工具)分别选中矩形右侧两个节点向内拖动,将其调整为梯形,如图 3-33 所示。

图 3-32　绘制第二个矩形　　　　　　　　图 3-33　调整矩形为梯形

7）绘制扇边。利用□（矩形工具）在扇叶的左面绘制一个矩形，然后在属性栏中设置矩形大小为 4mm×17mm，圆角半径上与下各为（2mm，2mm），如图 3-34 所示。

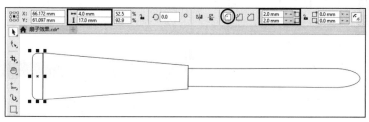

图 3-34　绘制扇边

2. 给扇叶上色

1）利用工具箱中的◇（交互式填充工具）选中扇边图形，然后在属性栏中选择▦（底纹填充），"底纹库"下拉列表中选择"样本 9"，"填充挑选器"下拉列表中选择"红木"纹理，如图 3-35 所示，效果如图 3-36 所示。

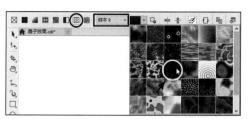
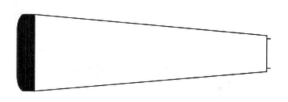

图 3-35　扇边填充参数设置　　　　　　　图 3-36　扇边填充后的效果

2）同理，利用▶（选择工具）选中扇把图形，对其进行相同的底纹填充，效果如图 3-37 所示。

图 3-37　扇把填充效果

3）利用▶（选择工具）选中扇叶图形，如图 3-38 所示。然后按快捷键〈F11〉，在弹出的"编辑填充"对话框中设置参数，如图 3-39 所示，单击"确定"按钮，效果如图 3-40 所示。

4）利用▶（选择工具）框选所有的图形（快捷键〈Ctrl+A〉），然后单击属性菜单中的◻（组合对象）按钮，将所绘制的图形组成一个组。

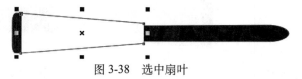

图 3-38　选中扇叶

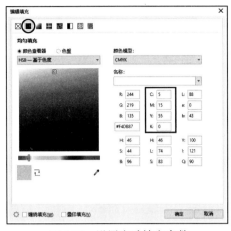

图 3-39　设置扇叶填充参数

图 3-40　扇叶填充颜色后的效果

5）调整中心点的位置。为了便于定位，执行菜单中的"查看|标尺"命令，调出标尺。然后按住鼠标左键不放，从垂直标尺处拖出一条辅助线到扇把的尾处，如图 3-41 所示。接着利用 ▶（选择工具）双击扇叶，使扇叶处于旋转状态，如图 3-42 所示。最后按住鼠标左键不放，将中心点拖动到辅助线位置，如图 3-43 所示。

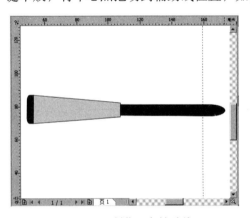

图 3-41　制作一条辅助线

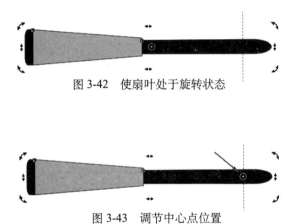

图 3-42　使扇叶处于旋转状态

图 3-43　调节中心点位置

6）旋转复制整个扇叶图形。利用 ▶（选择工具）选中整个扇叶图形，执行菜单中的"对象|变换|旋转"命令，调出"变换"泊坞窗，并进入"旋转"选项卡。然后设置旋转角度值为 –4.0°，设置"副本"值为 1，如图 3-44 所示，单击"应用"按钮，效果如图 3-45 所示。

图 3-44　将旋转角度值设为 –4.0°

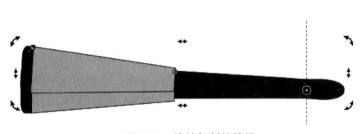

图 3-45　旋转复制的效果

7）将所有图形对象的轮廓宽度设为无。利用 ▶ （选择工具）框选所有的图形（快捷键〈Ctrl+A〉），然后右键单击默认 CMYK 调色板中的 ⊘ 色块，将轮廓色设为无色，效果如图 3-46 所示。

8）利用 ▶ （选择工具）选中复制的扇叶图形，将其填充为一种浅黄色（参考颜色数值为 CMYK（2，10，35，0）），效果如图 3-47 所示。

图 3-46　去除轮廓线效果　　　　　　　　　图 3-47　填充复制后的扇叶效果

9）同理，利用 ▶ （选择工具）选中复制的扇把图形，将其填充为白色（参考颜色数值为 CMYK（0，0，0，0）），如图 3-48 所示。然后调整扇把图形的形状，如图 3-49 所示。

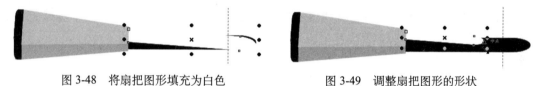

图 3-48　将扇把图形填充为白色　　　　　　图 3-49　调整扇把图形的形状

10）利用 ▶ （选择工具）框选所有的图形（快捷键〈Ctrl+A〉），然后单击属性菜单中的 ▣ （组合对象）命令，将所有绘制的图形组成一个组。

11）利用 ▶ （选择工具）双击扇叶图形，使其处于旋转状态，如图 3-50 所示。然后按住鼠标左键不放，将中心点拖动到辅助线位置，如图 3-51 所示。接着在"变换"泊坞窗的"旋转"选项卡中设置旋转角度值为 -8.0°，设置"副本"值为 1，如图 3-52 所示。再单击"应用"按钮 21 次，从而复制出 21 个扇叶，效果如图 3-53 所示。

图 3-50　使扇叶处于旋转状态　　　　　　　图 3-51　调整中心点到辅助线位置

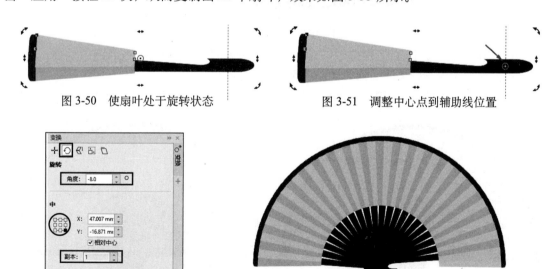

图 3-52　将旋转角度值设为 -8.0°　　　　　　图 3-53　旋转复制扇叶的效果

12) 利用□（矩形工具）绘制一个与扇长等大的矩形，然后设置圆角矩形的数值为（1，1，1，1），如图 3-54 所示，从而使之成为圆角矩形。接着调整该图形的位置，效果如图 3-55 所示。

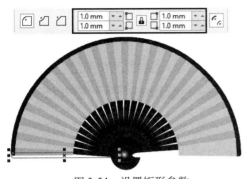

图 3-54　设置矩形参数

图 3-55　调整圆角矩形位置

13) 利用工具箱中的（交互式填充工具）选中圆角矩形，然后在属性栏中选择（底纹填充），"底纹库"下拉列表中选择"样本 9"，"填充挑选器"下拉列表中选择"红木"纹理，效果如图 3-56 所示。

图 3-56　填充扇边的效果

14) 利用（选择工具）选中圆角矩形，单击属性菜单中的（到图层后面）命令，将扇边图形置于前一图层的后面，如图 3-57 所示。

15) 按键盘上的〈+〉键，复制一个圆角矩形，然后将其放置到如图 3-58 所示的位置。

图 3-57　将扇边图形置于前一图层的后面

图 3-58　调整复制扇边的位置

3. 给扇面绘制图案

1）执行菜单中的"文件 | 导入"命令（或者单击工具栏中的 🔽（导入）按钮），导入网盘中的"素材及结果 \3.2　扇子效果 \ 图案"图片，然后移动其位置，如图 3-59 所示。接着单击鼠标右键，在弹出的快捷菜单中选择"取消群组"命令，解除图案的群组。最后利用 ▶（选择工具）选择左下角的花朵复制 2 朵并调整其位置，效果如图 3-60 所示。

图 3-59　导入图片并移动位置

图 3-60　复制花朵并调整位置

2）制作扇尾的中心图形。利用 ⬭（椭圆形工具）在扇尾的中心位置绘制一个 8mm × 8mm 的正圆形，如图 3-61 所示。然后按快捷键〈F11〉，在弹出的"编辑填充"对话框中设置黑色（颜色参考数值为 CMYK（0,0,0,100））- 白色（颜色参考数值为 CMYK（0,0,0,0））椭圆形渐变填充，单击"确定"按钮，如图 3-62 所示，最终效果如图 3-29 所示。

图 3-61　绘制正圆形

图 3-62　设置渐变参数

3.3　课后练习

1. 制作如图 3-63 所示的色子效果。效果可参考网盘中的"课后练习 \3.3 课后练习 \ 练习 1\ 色子 .cdr"文件。

2. 制作如图 3-64 所示的海报效果。效果可参考网盘中的"课后练习 \3.3 课后练习 \ 练习 2\ 伞面设计 .cdr"文件。

图 3-63 练习 1 效果

图 3-64 练习 2 效果

第4章 直线与曲线的使用

在 CorelDRAW 2019 中可以绘制各种直线和曲线,并可以对其进行编辑。通过本章内容的学习,应掌握直线和曲线在实际中的具体应用。

4.1 冰淇淋广告图标

 要点:

CorelDRAW 软件具有强大的绘画功能,绘制线段与曲线的工具主要包括工具箱中的"手绘工具""贝塞尔工具""钢笔工具"和"折线工具"等。本例选取的图标便是综合运用这几种绘图工具制作而成的,图形中包括非常丰富的线条变化,既有规则的直线和曲线,又有极其随意的手绘形状,如图 4-1 所示。通过本例的学习,应掌握 (手绘工具)、 (贝塞尔工具)及 (钢笔工具)的综合应用。

图 4-1 冰淇淋广告图标

 操作步骤:

1)执行菜单中的"文件 | 新建"(快捷键〈Ctrl+N〉)命令,新建一个"宽度"为200mm,"高度"为150mm,"分辨率"为300dpi,"原色模式"为 CMYK,名称为"冰淇淋广告图标"的 CorelDRAW 文档。

2)该图标属于冰淇淋广告的宣传图形,画面中有一个手持冰淇淋的卡通海豚形象,四周环绕着椰子树叶和可爱的手绘卡通文字,洋溢着一派热带海洋风情。首先绘制卡通海豚形象,第一步应用绘图工具勾勒外形并填充基本色。利用工具箱中的 (贝塞尔工具)绘制出如图 4-2 所示的闭合路径,海豚轮廓中包含大量的曲线,而使用 (贝塞尔工具)是绘制光滑曲线的最好方法。绘制完成后，利用工具箱中的 ⬚（形状工具）可以继续调节节点及其控制柄，从而修改曲线的曲率，得到流畅、平滑、优美的曲线形状。然后将其填充色设为浅蓝灰色（颜色参考数值为 CMYK（15，0，0，20）），轮廓色设为黑色。再在属性栏中将 ⬚（轮廓宽度）设为 1.4mm，效果如图 4-3 所示。

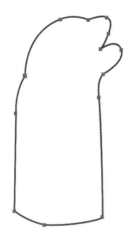

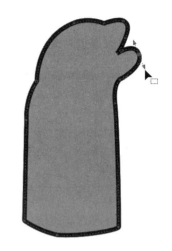

图 4-2　应用"贝塞尔工具"绘制海豚外形　　　　图 4-3　填充颜色并将轮廓色设为黑色

　　3）进一步利用 ⬚（贝塞尔工具）绘制海豚的头部细节，如图 4-4 所示。然后依照图 4-5 所示绘制出闭合路径形状，填充为与海豚身体相同的颜色（颜色参考数值为 CMYK（15，0，0，20））。下面是一种将颜色明度提高或降低的快捷方法，即利用 ⬚（选择工具）选中路径，按住〈Ctrl〉键，左键单击 4 次默认 CMYK 调色板中的白色，此时颜色会逐渐变亮，效果如图 4-6 所示。

　　提示：如果绘制完成后形状未闭合，可以在属性栏中单击 ⬚（闭合曲线）按钮，即可闭合曲线。

图 4-4　绘制海豚的头部细节　　　图 4-5　绘制出一个闭合路径形状　　　图 4-6　将填充颜色逐渐变亮

　　4）再绘制出海豚身体和头部需要加深颜色的两个区域，也填充为与海豚身体相同的颜色。如图4-7所示，分别按住〈Ctrl〉键，单击1次和2次默认CMYK调色板中的黑色，使颜色不同程度地变深。

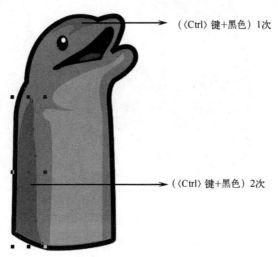

图4-7 绘制海豚身体和头部需要加深颜色的区域

5) 利用 ☑ （贝塞尔工具）绘制海豚拟人化的"手臂"和"手"后，将右侧转折处的圆弧变为尖角。利用工具箱中的 ⬚ （形状工具）选择转折处的节点，如图4-8所示，然后在属性栏中单击 ⬚ （尖突节点）按钮，即可将圆弧变为尖锐的转折，还可以分别调节节点两侧的控制柄而互不影响，如图4-9所示。调整完成后将图形填充为深蓝色（参考颜色数值为CMYK（30，0，0，90）），并将它置于海豚身体上如图4-10所示的位置（上面添加的细节图形请读者自己完成）。

6) 下面开始绘制冰淇淋造型。冰淇淋蛋筒图形主要由直线段构成，左侧末梢处有微微的弧度，下面将其填充为棕黄色（颜色参考数值为CMYK（0，30，80，10）），轮廓色设为黑色，⬚ （轮廓宽度）设为1mm，效果如图4-11所示。然后利用工具箱中的 ⬚ （选择工具）选中图形，多次执行菜单中的"对象|顺序|向后一层"命令（或多次按〈Ctrl+PgDn〉组合键），得到如图4-12所示的效果。

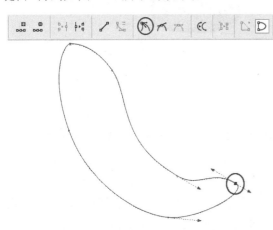

图4-8 选中右侧转折处的节点

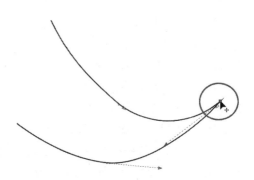

图4-9 将右侧转折处的圆弧变为尖角

图 4-10　添加"手臂"和"手"　　图 4-11　绘制冰淇淋蛋筒图形　　　　　图 4-12　调节图形顺序

7）利用 ☑（贝塞尔工具）绘制奶油泡沫状的冰淇淋图形时，为了表现泡沫起伏，弧线需频繁地改变方向，此时可以在刚生成的节点上双击鼠标，这样能将一侧的方向线去除，如图 4-13 所示。通过这种方法，在绘制复杂图形时可以排除控制线间的相互干扰。绘制完泡沫图形后将其填充为白色，再添加一些细节图形，方法不再赘述，效果如图 4-14 所示。

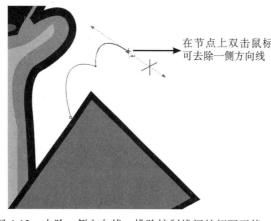

在节点上双击鼠标
可去除一侧方向线

图 4-13　去除一侧方向线，排除控制线间的相互干扰　　　　图 4-14　完成后的泡沫图形

8）在海豚图形后面绘制一个正圆形作为背景，并将其填充色设为蓝色（参考颜色数值为 CMYK（50，0，0，0）），轮廓色设为黑色，🖊（轮廓宽度）设为 1mm。然后绘制出海豚的另一只"手"，效果如图 4-15 所示。

9）为了营造热带海滨的气氛，要在海豚图形周围再添加一些椰子树叶，为了保持树叶形状的随意性，需利用 🖍（手绘工具）和 ☑（贝塞尔工具）一起来完成。选择工具箱中的 🖍（手绘工具），手绘工具提供了最直接的绘制方法，就像使用铅笔在纸上绘画一样。然后通过拖动鼠标，画出如图 4-16 所示的椰子树叶简笔外形（两条路径保持独立）。然后利用 ☑（贝塞尔工具）在一条路径一端单击，再移动鼠标到路径另一端单击并拖动鼠标，从而绘制出一条跨度较大的弧线将路径闭合。同理，利用 ☑（贝塞尔工具）将另一条路径闭合，效果如图 4-17 所示。

图 4-15　将一个蓝色的正圆形置于海豚之后

图 4-16　应用手绘工具画出椰子树叶简笔外形

图 4-17　应用贝塞尔工具分别将两条路径闭合

10）利用工具箱中的 选中位于上方的树叶形状，将其填充色设为绿色（参考颜色数值为 CMYK（40，0，100，0））－白色（参考颜色数值为 CMYK（0，0，0，0））线性渐变填充。然后选中位于下方的树叶形状，将其填充色设为绿色（参考颜色数值为 CMYK（85，0，100，0））。接着将两个闭合路径移动拼接在一起，形成如图 4-18 所示的效果。同理，利用 绘制出一片形状不同的椰子树叶，如图 4-19 所示。

图 4-18　将两个闭合路径拼接在一起

图 4-19　再绘制一片形状不同的椰子树叶

11）利用 同时选中两片树叶，然后将它向右侧拖动到冰淇淋下的位置时，右键单击鼠标，从而得到一个复制单元。接着在属性栏中单击 （水平镜像）按钮，使复制出的树叶进行水平翻转，并调整层次顺序，得到如图 4-20 所示的图形效果。

12）下面要完成的是卡通文字的制作。为了追求一种不规则的形式美感和朴拙的美感，本例的卡通文字是以图形的方式来绘制的。利用工具箱中的（钢笔工具）绘制出如图 4-21 所示的"K、i、t、c、h、n、s"等字母的特殊外形（根据手绘的设计草稿来绘制）。然后将所有字母的填充色都设为白色，注意这些字母都是独立的闭合路径。接着再用（钢笔工具）绘制出一个包含全部字母的完整的轮廓图形，将它填充为黑色。

图4-20　复制出右侧树叶并进行水平翻转　　　　图4-21　利用（钢笔工具）绘制出文字图形

13）对于"e"这样的字母，具有一定的特殊性，因为它中间有需要镂空的部分，因此要单独进行处理。首先绘制出字母"e"的外形，然后绘制出字母中间镂空的形状。接着利用工具箱中的（选择工具）同时选中字母和中间镂空的形状，在属性栏中单击（移除前面对象）按钮，此时字母中间的白色部分就已经镂空了，效果如图 4-22 所示。下面将字母填充为白色，移至上一步骤完成的艺术字组合中，得到如图 4-23 所示的完整效果。最后，将所有白色字母图形都选中，按〈Ctrl+G〉组合键组成群组。

14）按〈+〉键，复制一份白色文字，然后将其填充为灰色（参考颜色数值为 CMYK（0，0，0，30）），移至白色文字与黑色轮廓衬底之间，效果如图 4-24 所示。同理，再参照手绘草图绘制出位于下面的另一半文字，文字与图形合成后的效果如图 4-25 所示。

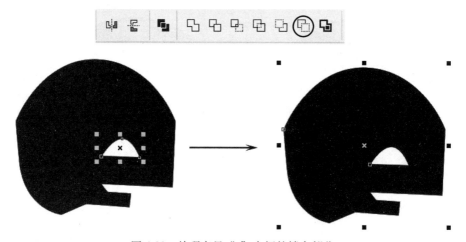

图 4-22　处理字母"e"中间的镂空部分

图4-23　文字组合的完整效果

图 4-24　将白色文字复制一份，填充为灰色　　　　图 4-25　文字与图形合成后的效果

15）在全部图形和文字的外围添加一层暖色的底图，使图标编排更加紧凑并且更具形式美感。利用工具箱中的 ⬚（钢笔工具），沿着图形与文字的外轮廓绘制出一圈大致的形状（闭合路径），如图 4-26 所示。然后按快捷键〈F11〉，在弹出的"编辑填充"对话框中将填充色设为"橘红色（参考颜色数值为 CMYK（0，100，100，0））–黄色（参考颜色数值为 CMYK（0，0，100，0））"椭圆形渐变填充，并在 60% 位置处单击添加控制点（颜色为黄色），如图 4-27 所示，从而使渐变颜色产生一定的偏移，接着单击"确定"按钮，此时图形内被填充上了艳丽的暖色渐变，使原来以灰、蓝、绿为主调的图形顿时活泼起来，效果如图 4-28所示。

16）从细节上来观察，沿着树叶外围的轮廓线显得生硬了一些，应该配合树叶柔和琐碎的外形而增加变化。下面来进行细节修整。利用 ⬚（选择工具）选中外围衬底图形，然后选择工具箱中的 ⬚（橡皮擦工具），在属性栏内将 ⊖（橡皮擦厚度）设为 1mm，在如图 4-29所示的图形边缘不断拖动鼠标，所经之处的图形被擦除，路径边缘变成了一些锯齿状的起伏。

17）制作图标阴影效果。将外围衬底图形复制一份，填充为黑色，并置于所有图形的下层。然后将其略微向左下方移动一段距离。至此，整个图标制作完成，最终效果如图 4-1 所示。

提示：利用工具箱中的 ⬚（块阴影工具）也可以制作出同样的阴影效果。

 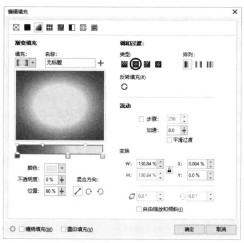

图 4-26　沿着图形与文字的外轮廓绘制出一圈大致的形状　　图 4-27　在"编辑填充"对话框中设置渐变色

　　　　图 4-28　填充渐变色之后的效果　　　　　　　　　　图 4-29　添加锯齿状的起伏

4.2　牛奶包装盒设计

 要点：

　　CorelDRAW 软件具有强大的包装设计功能，本例设计的是一个橙子口味的牛奶包装盒造型，如图 4-30 所示。在本例中既要制作包装盒立体外形的结构，还需要手绘包装盒主体图形（卡通奶牛的图案），图形中包括规则的直线、曲线以及随意的手绘形状，因此要结合 🖉（手绘工具）、✒（贝塞尔工具）、✒（钢笔工具）等几种绘图工具来制作。另外，此例中还包含简单的版式设计，可以从中学习一些文字处理技巧，如沿曲线排列文字、透视文字等。

图 4-30 牛奶包装盒设计

 操作步骤：

1）执行菜单中的"文件 | 新建"（快捷键〈Ctrl+N〉）命令，新建一个"宽度"为150mm，"高度"为200mm，"分辨率"为300dpi，"原色模式"为CMYK，名称为"牛奶盒包装"的 CorelDRAW 文档。

2）本例制作的是包装盒立体展示效果图，因此要先制作一个背景图作为包装摆放的大致空间。利用工具箱中的 □（矩形工具）绘制出一个 150mm×160mm 的矩形作为背景单元图形矩形，如图 4-31 所示。然后按快捷键〈F11〉，在弹出的"编辑填充"对话框中设置"黑色－白色"的线性渐变填充，如图 4-32 所示，单击"确定"按钮。此时矩形中被填充上黑色－白色线性渐变效果，如图 4-33 所示。

3）再绘制一个 150mm×40mm 的矩形并填充"灰色－黑色"的线性渐变，如图 4-34 所示。然后将两个矩形拼合在一起，如图 4-35 所示，从而形成了简单的展示背景。

图 4-31 绘制出一个矩形　　图 4-32 在"编辑填充"对话框中设置"黑色－白色"线性渐变

图 4-33　填充了黑色 – 白色线　　图 4-34　再绘制一个矩形并填充"灰　　图 4-35　展示背景效果
　　　　　性渐变的矩形　　　　　　　　　　色–黑色"的线性渐变

4）下面制作带有立体感的包装盒造型。首先需要绘制出它的大体结构，也就是确定几个面的空间构成关系。利用工具箱中的 ✍（贝塞尔工具）绘制如图 4-36 和图 4-37 所示的盒子正面和左侧面图形，然后将它们的填充色都设为白色，轮廓色设为黑色（轮廓后面要去除，此时只是暂时设置以区分块面）。在绘制的过程中，要注意盒子的透视关系应符合视觉规律。接着绘制一个小三角形，置于图 4-38 所示位置。虽然只画出了简单的 3 个块面，但包装盒结构已初具形态。

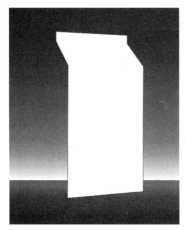
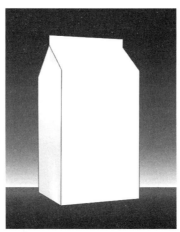
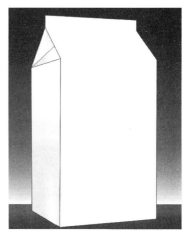

图 4-36　绘制包装盒正面外形　　图 4-37　绘制包装盒左侧面形状　　图 4-38　再绘制一个小三角形

5）包装盒基本结构建立之后，接下来进行光影效果的处理，为了生成包装盒侧边立体的感觉，可以利用"网状填充工具"。利用 ▶（选择工具）选中盒侧面的小三角形，然后选择工具箱中的 ▦（网状填充工具），此时图形内部会自动添加纵横交错的网格线，这时每次双击鼠标便可以增加一个网格点。接着利用 ▦（网状填充工具）拖动网格点调节曲线形状和点的分布，如图 4-39 所示。

6）如图 4-40 所示，选中一个要上色的网格点（按住〈Shift〉键可以选中多个网格点），然后在默认 CMYK 调色板中选择一种相应的灰色。通过这种上色的方式，可以形成非常自然的色彩过渡。

提示：如果对一次调整的效果不满意，可以单击工具属性栏中的"清除网格"按钮，将图形内的网格线和填充一同清除，仅剩下对象的边框。

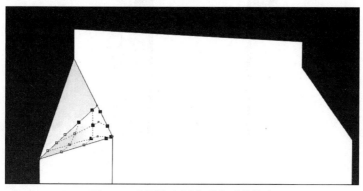

图4-39　将网格点调节到合适的状态

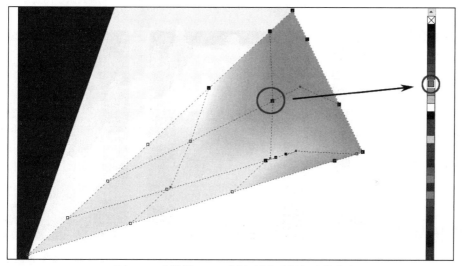

图4-40　在默认CMYK调色板中选择相应的灰色

7）利用 （选择工具）选中包装盒左侧面图形，然后利用工具箱中的 （网状填充工具）在图形内设置网格结构，如图 4-41 所示。接着选中相应的网格点，在默认 CMYK 调色板中分别设置不同深浅的灰色，从而形成微妙的光影变化，如图 4-42 所示。

提示：利用 （网状填充工具）创建的复杂渐变效果是简单的线性渐变所无法达到的。

8）网格调整完成后，包装盒侧面形成了变化的灰色效果，如图 4-43 所示。此时盒子初步的立体感和光感已形成。然后右键单击默认CMYK调色板中的 色块，将轮廓色设为无色，得到如图 4-44 所示的效果。

9）选择工具箱中的 （选择工具）选中包装盒正面图形，然后将其填充色设为橘黄色（参考颜色数值为 CMYK（5，50，95，0）），如图 4-45 所示。

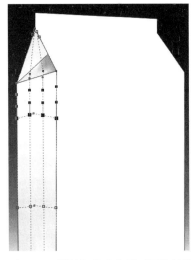

图 4-41　设置包装盒左侧面网格结构

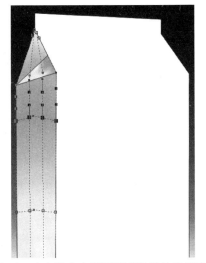

图 4-42　在包装盒左侧面形成微妙的光影变化

图 4-43　侧面形成变化的灰色效果

图 4-44　去除 3 个面的轮廓线后的效果

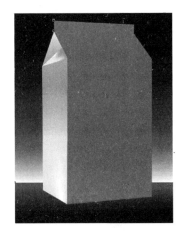

图 4-45　将包装盒正面图形填充为橘黄色

10）为了增强包装盒上端盒面转折的感觉，再绘制一个背光面图形。利用工具箱中的 ✐ （贝塞尔工具）绘制一个盒子上端的坡面，如图 4-46 所示，并设置填充色为深黄色（参考颜色数值为 CMYK（20，55，100，0）），这种深黄色比盒子正面的黄色稍微深一些。然后右键单击默认 CMYK 调色板中的 ⊘ 色块，将轮廓色设为无色，效果如图 4-47 所示，从而使盒面立体感进一步增强。

11）下面为牛奶产品设计一个卡通形象，因为是牛奶广告的宣传图形，因此将卡通的形象定义为一只可爱的卡通奶牛带领着一只小牛，一副悠然自得的憨厚形象。首先来绘制卡通奶牛形象，利用绘图工具勾勒外形并填充基本色。利用工具箱中的 ✐ （贝塞尔工具）绘制出如图 4-48 所示的闭合路径，奶牛轮廓中包含大量的曲线，而使用 ✐ （贝塞尔工具）是绘制光滑曲线的最好方法。绘制完成后，还可以利用工具箱中的 ⬒ （形状工具）继续调节节点和控制柄，从而修改曲线的曲率，得到流畅、平滑、优美的线形。然后将奶牛头部图形的填充色设为白色，轮廓色设为黑色（轮廓宽度可根据读者的喜好自行设定）。

12）同理，利用工具箱中的 （贝塞尔工具）绘制出奶牛的身体图形（也是闭合路径，填充为白色），然后绘制一条曲线作为尾巴，如图 4-49 所示。接着将头部图形与身体图形进行组合，并添加眼睛、鼻孔等局部图形，得到如图 4-50 所示的效果。

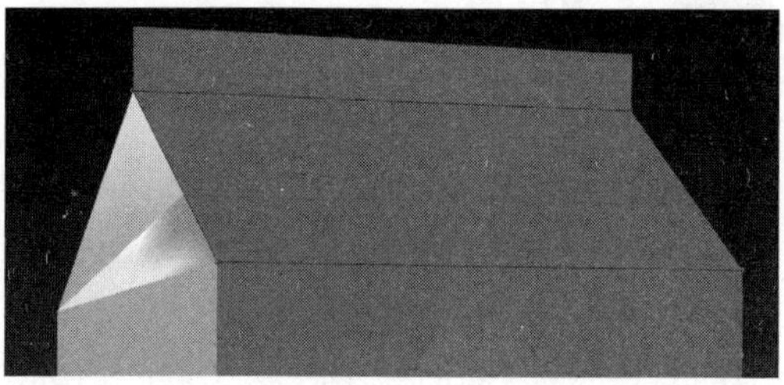

图 4-46　使用“贝塞尔工具”绘制盒子上端的坡面

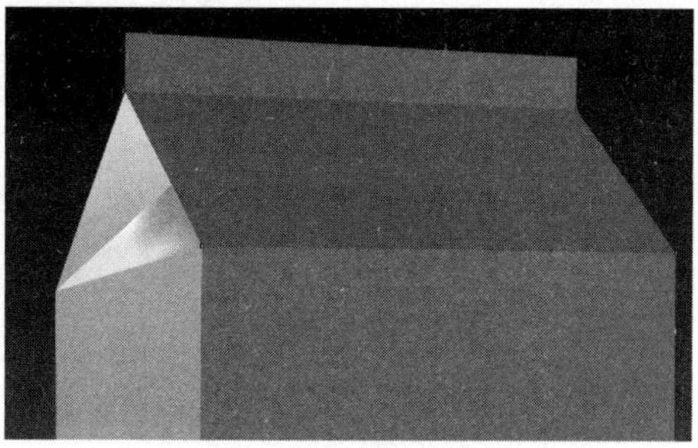

图 4-47　取消边线的颜色

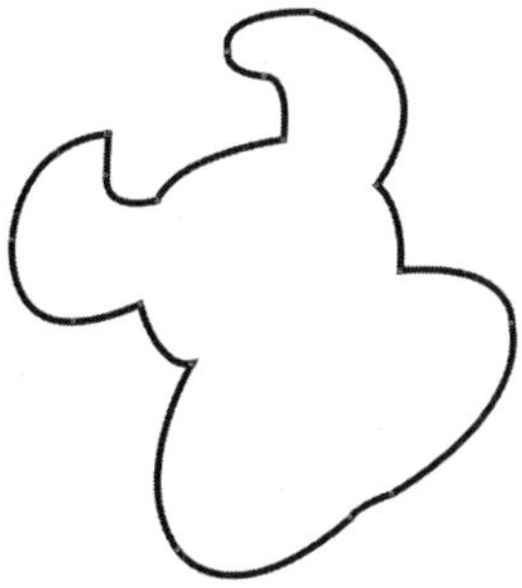

图 4-48　绘制奶牛头部图形

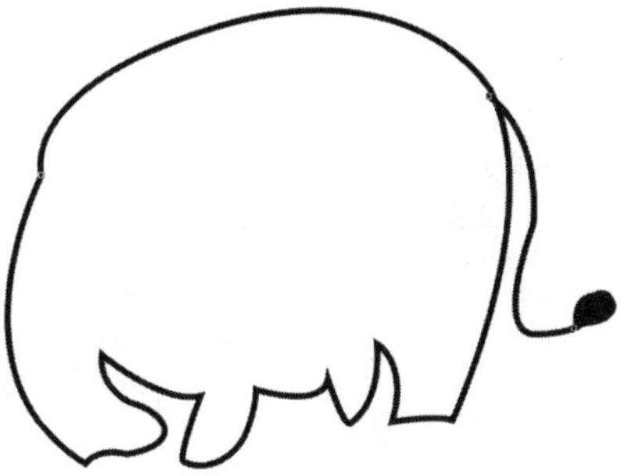

图 4-49　绘制奶牛身体图形

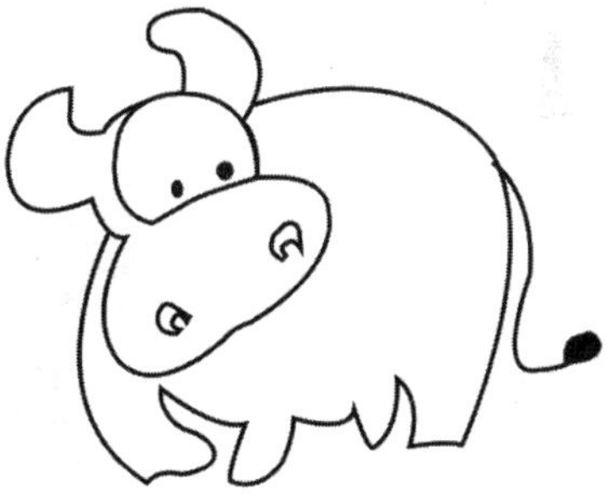

图 4-50　绘制奶牛其他图形

13）下面要绘制的是奶牛身体上的花纹和耳朵的效果。利用工具箱中的 （贝塞尔工具）绘制出奶牛身体上的花斑图形，并将填充色设为黑色，效果如图 4-51 所示。然后绘制出如图 4-52 所示的耳朵内部形状，并将其填充色设为橘黄色（参考颜色数值为 CMYK（0，60，100，0））。接着在鼻子部分绘制出闭合路径，并将其填充色设为浅黄色（参考颜色数值为 CMYK（5，10，40，0）），如图 4-53 所示。最后利用 （选择工具）选中组成奶牛的所有图形，按快捷键〈Ctrl+G〉组成群组。

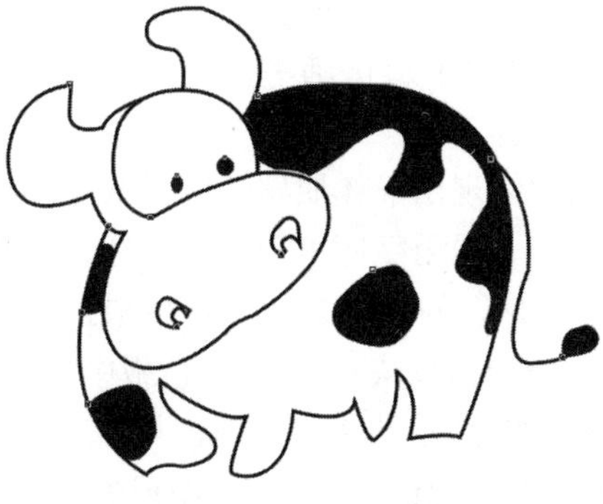

图 4-51　绘制奶牛身体上的花斑图形并填充为黑色

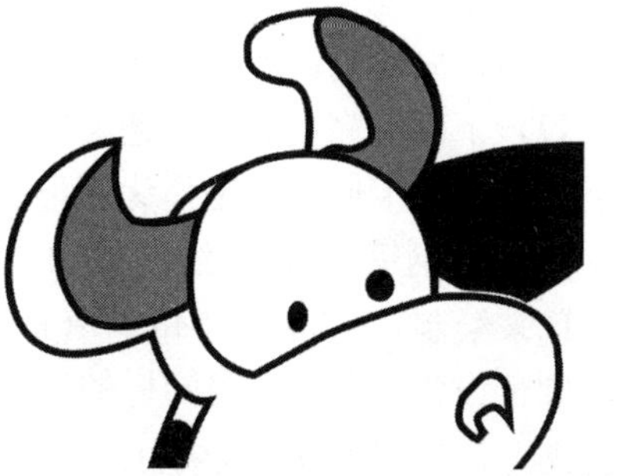

图 4-52　绘制出耳朵内部形状并填充为橘黄色

图 4-53　绘制出鼻子部分形状并填充为浅黄色

14）利用 ![](选择工具）将成组后的奶牛图形向右侧移动,然后在未释放左键的情况下,右键单击鼠标可将它复制出一份。接着将其缩小后摆放在如图 4-54 所示的位置,从而形成了小牛的形象。

图 4-54　卡通奶牛最终效果

15）利用工具箱中的 ![](手绘工具）绘制出简单的橙子形状,并将轮廓色设为白色,如图 4-55 所示。

提示:手绘工具提供了最直接的绘制方法,能够画出非常随意的图形。

16）下面继续绘制盒子的表面图案。利用工具箱中的 ![](贝塞尔工具）在橘黄色正面图形的底端绘制出如图 4-56 所示白色曲线闭合图形,从而形成仿佛牛奶流动的感觉。然后将前面制作好的奶牛和小牛图形缩小后移动到牛奶盒下部。

17）下面要完成的是卡通文字的制作,为了准确地体现出液体质感、厚重的牛奶口感等特点,本例的卡通文字是作为图形的方式来绘制的,而不采用字库里现成的字体。选择工具箱中的 ![](钢笔工具）,绘制出如图 4-57 所示的字母“M”的特殊外形(也可根据手绘的设计草稿来绘制)。然后将字母的填充色设为白色,再右键单击默认 CMYK 调色板中的 ![]色块,将轮廓色设为无色。参照同样的风格,分别绘制如图 4-58 所示的 4 个字母,并形成错落有致的排列。最后利用 ![](选择工具）同时选中 4 个字母,按快捷键〈Ctrl+G〉组成群组。

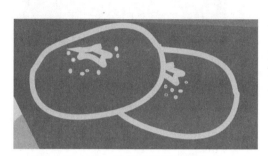

图 4-55　绘制出橙子的形状　　　　　图 4-56　绘制出仿佛牛奶流动的曲线图形

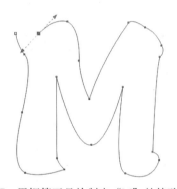

图 4-57　用钢笔工具绘制出"M"的特殊外形　　图 4-58　分别绘制出 4 个字母图形并形成错落有致的排列

18）将"Milk"字样放置在包装盒上，排版时，注意文字大小与底图之间要留出适当的空间，以便图与文字之间能够有互相透气的感觉，如图 4-59 所示。

19）为了告诉消费者该产品是橙子口味的牛奶饮料，仅有外包装的颜色是不够的，还需在文字内容上着重强调，以免消费者产生歧义。利用工具箱中的 字 （文本工具）在页面中输入文本"橙子口味"，并在属性栏中将"字体"设为一种稍粗圆一些的字体（如琥珀体、圆黑体等）。另外，请读者用工具箱中的 手绘 （手绘工具）画出右上角的太阳图形，如图 4-60 所示。

20）在包装的设计中，细节最能提升产品的特性，为了增加牛奶润滑的感觉，下面制作包装盒上沿曲线排列的英文文字效果。利用工具箱中的 （贝塞尔工具）绘制如图 4-61 所示的曲线路径，然后利用 字 （文本工具）在曲线开端的部分用鼠标单击，此时在曲线上会出现一个顺着曲线走向的闪标，接着输入文本"healthy life"，如图 4-62 所示，并在属性栏中设置"字体"为"Sui Generis Free"，字体大小请读者根据绘制盒子的具体大小来设置。

21）将文字的填充色设为白色，并将文字放置在包装盒正面（参考图 4-63 所示位置），顺着盒面中部白色的弧线排列，使文字产生顺着液体往下流动的感觉。

图 4-59　注意文字与底图之间要留出适当的空间

图 4-60　添加中文与右上角的太阳图形

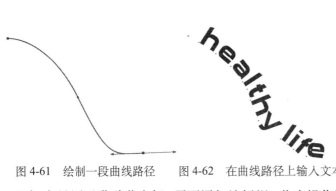

图 4-61　绘制一段曲线路径　　图 4-62　在曲线路径上输入文本　　图 4-63　文字顺着白色弧线排列

22）产品属于乳酸菌牛奶，需要添加该标识，此步操作注重的是对小标识做透视的变化。利用工具栏中的 ▢（矩形工具）绘制出一个矩形，并将轮廓色设为橘黄色（参考颜色数值为 CMYK（0，50，100，0）），如图 4-64 所示。然后利用工具箱中的 ↰（形状工具）在矩形的任一个角上拖动，可得到圆角矩形，如图 4-65 所示。

图 4-64　绘制出一个矩形

图 4-65　将矩形转化为圆角矩形

23）制作矩形的透视变形。利用工具箱中的（选择工具）选中矩形，然后执行菜单中的“效果｜添加透视”命令，此时矩形上会出现透视编辑框。接着利用（形状工具）拖动透视框上的控制柄修改形状的透视效果，使它的透视与盒子表面的透视一致，效果如图 4-66 所示。

24）利用工具箱中的（文字工具）分别输入文字“乳酸菌”和“牛奶”（分别是两个文本块），然后将它们放置到矩形框内，接着执行菜单中的“对象 | 转换为曲线”命令，将文字转成曲线，再按快捷键〈Ctrl+G〉组成群组。

25）制作文字的透视效果。利用工具箱中的（选择工具）选中群组后的转曲文字，执行菜单中的“效果｜添加透视”命令，调整透视框使文字的透视与矩形框的透视相吻合，如图 4-67 所示。

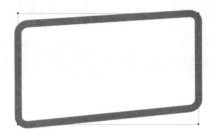

图 4-66　对圆角矩形框添加透视效果

乳酸菌
牛奶

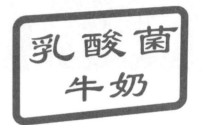

图 4-67　对文字添加透视效果 1

26）包装盒的左侧面一般都排满许多小文字，这里只添加一段文字以作示意。利用（文字工具）按住鼠标左键不松开，在页面空白处拖拉出一个矩形文本框，这种方法可以先限定文字框的大小，然后在里面输入相应文字，如图 4-68 所示。接着按快捷键〈Ctrl+F8〉将文本转化为美术字。再执行菜单中的“对象｜添加透视”命令，调整透视框，使文字沿包装盒侧面产生如图 4-69 所示的效果。最后将它放置于包装盒侧面接近底部的位置。

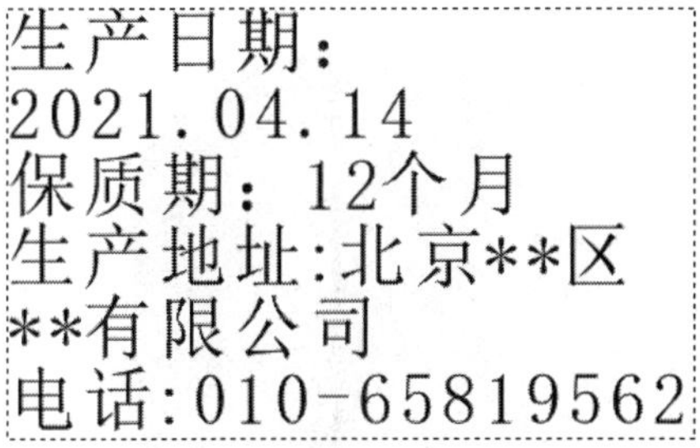

生产日期：
2021.04.14
保质期：12个月
生产地址:北京**区
**有限公司
电话:010-65819562

图 4-68　在文本框内输入文本

生产日期:
2021.04.14
保质期:12个月
生产地址:北京**区
**有限公司
电话:010-65819562

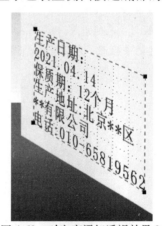

图 4-69　对文字添加透视效果 2

27）为了使包装盒具有更佳的展示效果，下面制作盒子的投影。先将组成包装盒的所有图形文字都选中，按快捷键〈Ctrl+G〉组成群组，然后选择工具箱中的（阴影工具），沿如图 4-70 所示水平倾斜的方向拖动鼠标，从而得到包装盒左后方的投影效果（带箭头的线条长度代表投影的延伸程度，在属性栏内可以修改投影的不透明度）。

28）至此，包装盒立体效果图制作完成，最后的效果如图 4-30 所示。图 4-71 是利用相同方法制作出的一组不同色彩的系列牛奶包装盒，以供读者参考。

图 4-70　利用"阴影工具"为包装盒设置投影效果

图4-71　制作出的一组不同色彩的系列牛奶包装盒

4.3　人物插画设计

　要点：

本例将制作一个以"色块拼接法"来完成的人物插画设计，效果如图 4-72 所示。本例原图写实的概念形体被解散成各种直线与曲线构成的二维图形，它们相互交叉、相互重叠，从而能产生一些无限可能性变化的图形，并把全新的趣味性呈现在人们眼前。通过本例的学习，应掌握 ⊞（手绘工具）、✎（贝塞尔工具）等多种绘图工具的使用方法和基础的绘画技巧，同时在绘画时要有一定的条理性，分清楚每个图形的结构和图层的顺序，以免在最后上色的时候思路混乱。

图 4-72　人物插画设计

操作步骤：

1. 绘制左侧半身人像的图形

1）执行菜单中的"文件｜新建"命令，新建一个文件，并设置纸张为 A4 大小，摆放方向为横向。

2）从头部着手，绘制出头部的大体结构，也就是确定人物面部的构成关系。使用工具箱中的 （贝塞尔工具）绘制如图 4-73 所示的人物脸部的正面轮廓图形，并将它们的填充色都设为白色，轮廓色设为黑色（轮廓后面要去除，这里只是暂时设置以区分块面）。在绘制的过程中要注意脸型结构，要符合视觉规律。然后根据绘画的基本技巧，绘制嘴巴和鼻子，放置位置如图 4-74 所示。此时虽然只画出了简单的 3 个结构，但面部结构已初具形态。

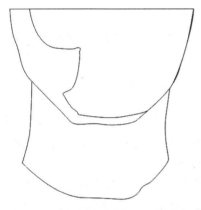　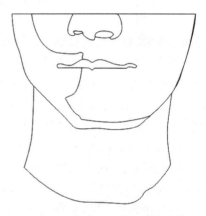

图 4-73　绘制人物脸部的正面轮廓图形　　　　图 4-74　给嘴巴和鼻子进行定位

3）逐步给嘴唇加上层次，以便在后边的填色中能利用色彩来增加嘴唇的立体感，效果如图 4-75 所示。然后在脸部的右侧绘制出头发与耳朵的图形，如图 4-76 所示。接着在脸部添置一些区域作为脸部的阴影部分，从而形成如图 4-77 所示的头部轮廓效果。

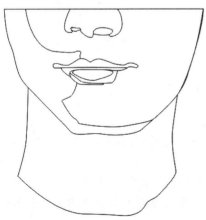　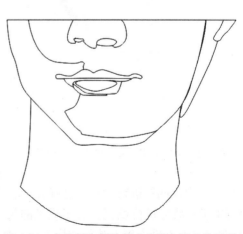

图 4-75　逐步给嘴唇加上层次　　　　图 4-76　在脸部右侧绘制出头发与耳朵的图形

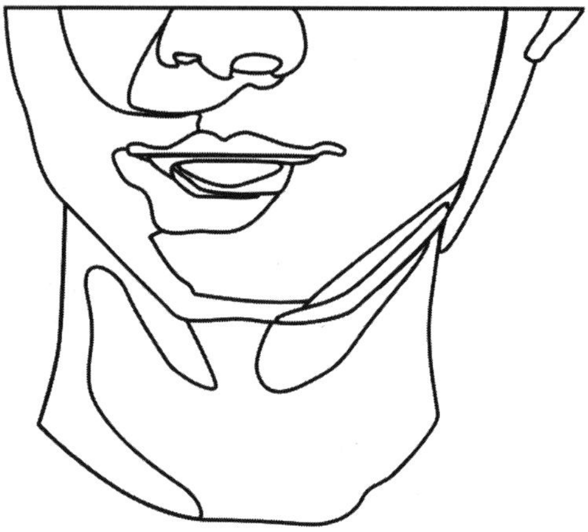

图4-77　头部轮廓的最终效果

4）下面在轮廓都完成的基础上，开始为面部上色。对于色彩的掌握是插画中必不可少的一部分，也是 CorelDRAW 软件学习的一个关键点。在绘画中有“暗部−中间调子−亮部”之分，有效地利用颜色的区分可以塑造出人物的立体感。在本例中，也遵循绘画的规律，先以深色为入口点，从深到浅来对人物进行塑造。

5）将填色步骤分为 3 部分，使操作者更能了解绘画的方法，首先进行“暗部”的塑造。找出最深的区域，然后利用 （选择工具）选中这些区域（头部轮廓中的头发与鼻孔以及下嘴唇中的阴影部分），接着利用右边调色板中的 70% 黑色对这 3 个部位进行填充，效果如图 4-78 所示。最深的部分填充好后，下面进行过渡色的填充。将上嘴唇以及右侧的下颚部分选中，然后利用默认 CMYK 调色板中的 40% 黑色进行填充，效果如图 4-79 所示。

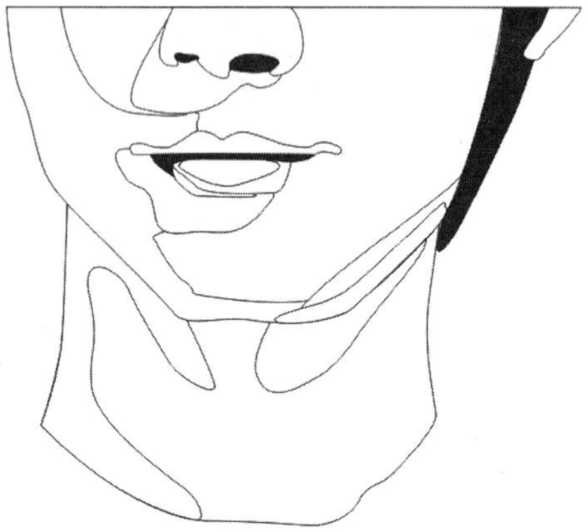

图 4-78　对 3 个处于阴影部分的部位进行填充

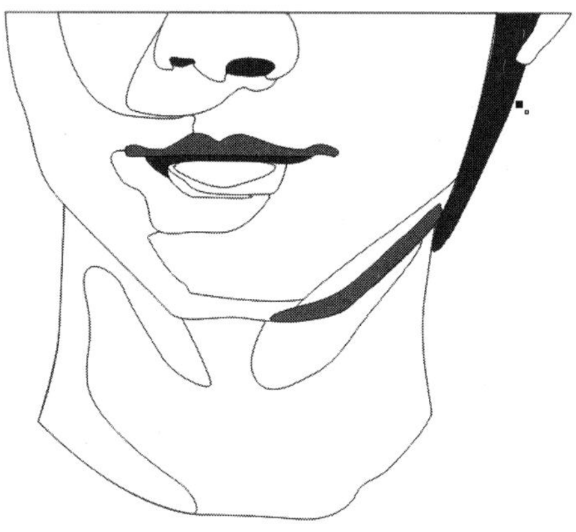

图 4-79　对上嘴唇以及右侧的下颚部分进行填充

6）对“中间调”进行塑造。选择鼻子和嘴巴的投影部分，如图 4-80 所示，然后利用调色板中的 30% 黑色进行填充。有了投影的衬托，鼻子和嘴巴逐渐产生了立体感。下面利用 20% 黑色来填充面部左侧大块的阴影部分，如图 4-81 所示。

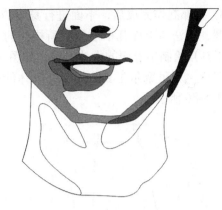

图 4-80　鼻子和嘴巴的投影部分　　　　　图 4-81　利用 20% 黑色填充面部左侧大块的阴影部分

7) 对 "亮部" 进行塑造。选中鼻子与脖子的阴影部分，然后将两部分的颜色填充为 10% 黑色，如图 4-82 所示。接着将剩下部分的填充色设为灰白色（参考颜色数值为CMYK（5，5，5，0）），如图 4-83 所示。最后将轮廓色设为无色，形成如图 4-84 所示的最终头部效果。

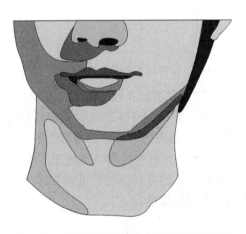

图 4-82　鼻子与脖子的阴影部分　　　　　图 4-83　最后剩下的部分填充色设为灰白色

图 4-84　消除轮廓线后的最终头部效果

8）头部制作完成后，下面进行身体的绘制，此时需要注意的是衣服的质感与身体结构的掌握。方法与上面几个步骤中所描绘的头部绘制是一样的，首先利用工具箱中的 ☑️（贝塞尔工具）绘制出衣服的大体结构，如图 4-85 所示。衣服穿在身上会出现自然的褶皱现象，下面利用 ☑️（贝塞尔工具）不断在大体的结构上增加衣服的细节，以丰富服装的质感，效果如图 4-86 所示。

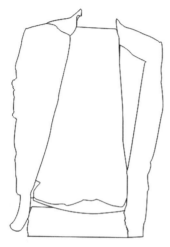

图 4-85　绘制出衣服的大体结构　　　　图 4-86　增加衣服的细节来丰富服装的质感

9）继续不断增加衣服的细节，在增加的过程中，要理解衣服褶皱的结构关系，不可随便增加褶皱，要根据身体的结构来制作褶皱效果，如图 4-87 所示。然后逐步完善细节，如图 4-88 所示。接着为裤子添加褶皱的效果，形成身体的单线效果，如图 4-89 所示。

10）下面为刻画好的身体单线图形填充颜色。首先将填色进行解剖分析，以便更好地掌握色彩塑造形体的方式。可参见对头部的填充方法来进行对身体的填充，也是从深到浅来对衣服的结构进行塑造。

图 4-87　根据身体的结构来制作褶皱效果　　　　图 4-88　逐步完善衣服的细节

图 4-89　绘制出衣服的单线结构

11）同理，将身体填色步骤分为 3 部分，使操作者更能了解绘画的方法。首先进行"暗部"的塑造。利用 ⬉（选择工具）选中相应区域，将左边袖子最深的部分填充为 80% 黑色，上方领子部位与右边袖子最深的部分以及皮带填充为 70% 黑色，左边袖子的中间部分填充为 60% 黑色，右边领子部分填充为 50% 黑色，裤子的颜色填充为 40% 黑色，裤子暗部的颜色填充为 80% 黑色，其余的部分图形可进行自由发挥，效果如图 4-90 所示。

12）对衣服的细节进行填充，由深到浅分别选择为 70% 黑色、50% 黑色、30% 黑色、20% 黑色，效果如图 4-91 所示。

图 4-90　为衣服的大体颜色进行填充

图 4-91　再逐渐对衣服的细节进行填充

13）为衣服的袖子部分进行褶皱的色彩填充，色彩由深到浅分别选择为 50% 黑色、30% 黑色，效果如图 4-92 所示。然后对裤子的褶皱进行填充，色彩由深到浅分别选择为 50% 黑色、

20% 黑色，效果如图 4-93 所示。接着将所有图形群组后，将轮廓色设为无色，最终效果如图 4-94 所示。

　　14）将绘制好的头部与身体结合，最终效果如图 4-95 所示。

图 4-92　为衣服的袖子部分进行褶皱的色彩填充

图 4-93　对裤子的褶皱进行填充

图 4-94　消除轮廓后衣服的最终效果

图 4-95　头部与身体结合的最终效果

2. 绘制右侧人像头部的图形

　　1）绘制好半身人像后，进行下一个环节，就是对头部图形的绘制。与半身人像不同的是，头部图形着重于对头部细节的刻画，从而使头部结构更为细腻，使人物的形象更为生动。

其绘制方法与左侧半身人像相同，首先绘制出头部的轮廓，如图 4-96 所示。然后放大细节，可看到人物眼睛上的睫毛以及耳朵的具体结构，如图 4-97 和图 4-98 所示。

图 4-96　绘制出头部的轮廓

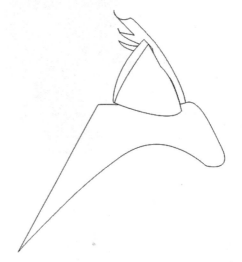

图 4-97　人物眼睛上的睫毛

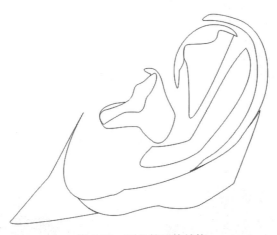

图 4-98　耳朵的具体结构

2）将耳朵的暗部、头发的颜色、睫毛、鼻孔填充为黑色（参考颜色数值为 CMYK（0，0，0，100）），效果如图 4-99 所示。

3）填充眼睛周边的结构。将眉毛的颜色分别用 90% 黑色与 80% 黑色进行填充，眼睛下方的阴影用 30% 黑色进行填充，效果如图 4-100 所示。

4）填充耳朵的结构。填充颜色由深到浅选择耳轮廓外部颜色为 70% 黑色、50% 黑色，耳轮廓内部颜色为 40% 黑色、20% 黑色，效果如图 4-101 所示。

5）填充鼻子和嘴唇的结构。填充颜色由深到浅分别为 80% 黑色、70% 黑色、60% 黑色、50% 黑色、40% 黑色，效果如图 4-102 所示。

6）填充下颚的结构。填充颜色由深到浅为 70% 黑色、40% 黑色，效果如图 4-103 所示。

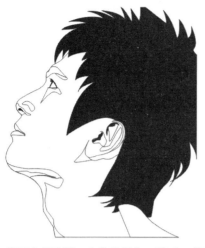

图 4-99　将耳朵的暗部、头发的颜色、睫毛、鼻孔填充为黑色　　　图 4-100　眼睛周边填充效果

图 4-101　耳朵的填充效果　　图 4-102　鼻子和嘴唇的填充效果　　图 4-103　下颚的填充效果

7）将剩余的面部颜色填充为 10% 黑色，效果如图 4-104 所示。然后将轮廓色设为无色，效果如图 4-105 所示。

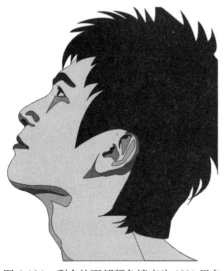

图 4-104　剩余的面部颜色填充为 10% 黑色　　　图 4-105　消除轮廓线后的最终效果

8）利用 **字**（文字工具）输入英文"LOOKING FOR"，并将字体设为"MS UI Gothic"，效果如图 4-106 所示。

LOOKING FOR

图 4-106　文字效果

9）将绘制好的半身像、头像和文字放置于适当位置，最终效果如图 4-72 所示。

4.4　课后练习

1. 制作如图 4-107 所示的海报效果，效果可参考网盘中的"课后练习 \4.4 课后练习 \ 练习 1\ 海报设计.cdr"文件。

2. 制作如图 4-108 所示的标志效果，效果可参考网盘中的"课后练习 \4.4 课后练习 \ 练习 2\ 透明度叠加的标志.cdr"文件。

图 4-107　练习 1 效果　　　　　　　　　　图 4-108　练习 2 效果

第5章　轮廓线与填充的使用

在 CorelDRAW 2019 中提供了丰富的轮廓和填充工具，利用这些工具可以制作出绚丽的图形效果。通过本章内容的学习，应掌握轮廓线与填充在实际中的具体应用。

5.1　绘制红色西红柿效果

 要点：

本例将制作红色西红柿效果，如图 5-1 所示。通过本例的学习，应掌握◯（椭圆形工具）、🖊（钢笔工具）、✏（贝塞尔工具）、渐变填充、🔲（阴影工具）、▨（透明度工具）和▦（网状填充工具）的综合应用。

图 5-1　制作完成的红色西红柿

操作步骤：

1）执行菜单中的"文件|新建"（快捷键〈Ctrl+N〉）命令，新建一个宽度为 210mm，高度为 297mm，分辨率为 300dpi，原色模式为 CMYK，名称为"绘制红色西红柿效果"的 CorelDRAW 文档。

2）选择工具箱中的◯（椭圆形工具），配合键盘上的〈Ctrl〉键，在绘图区中绘制一个正圆形，如图 5-2 所示。然后在属性栏中单击 ↻（转换为曲线）按钮，将其转换为曲线。

3）利用工具箱中的🖊（钢笔工具）在正圆形上添加两个节点，如图 5-3 所示。然后调整曲线的形状，如图 5-4 所示。

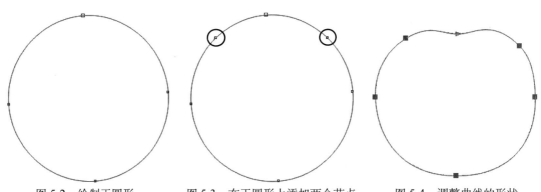

图 5-2　绘制正圆形　　　图 5-3　在正圆形上添加两个节点　　　图 5-4　调整曲线的形状

4）选中调整后的西红柿图形，然后按快捷键〈F11〉，在弹出的"编辑填充"对话框中设置渐变色为红色（参考颜色数值为 CMYK（0，100，100，0））−白色（参考颜色数值为

CMYK（0，0，0，0））椭圆形渐变填充，如图 5-5 所示，单击"确定"按钮。接着右键单击默认 CMYK 调色板中的☑色块，将轮廓色设为无色，效果如图 5-6 所示。

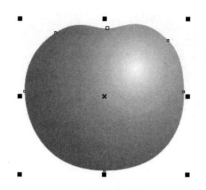

图 5-5　设置渐变填充参数　　　　　　图 5-6　渐变填充效果

5）选中西红柿图形，然后选择工具箱中的⊞（网状填充工具），效果如图 5-7 所示。接着在图形左侧路径上双击鼠标，从而添加一条网状路径，最后用红色填充节点，从而制作出西红柿的明暗关系，如图 5-8 所示。

6）调整西红柿图形中其余网状填充节点的位置和颜色，效果如图 5-9 所示。

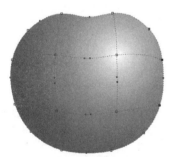
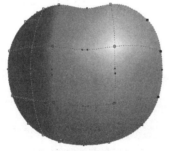

图 5-7　网状填充效果　　图 5-8　添加并填充网状路径　图 5-9　调整网状填充节点的位置和颜色

7）绘制西红柿把。利用工具箱中的☑（贝塞尔工具）绘制封闭的曲线，如图 5-10 所示。然后按快捷键〈F11〉，在弹出的"编辑填充"对话框中设置渐变色为深绿色（参考颜色数值为 CMYK（100，0，100，0））-浅绿色（参考颜色数值为 CMYK（40，0，100，0））线性渐变填充，如图 5-11 所示，单击"确定"按钮，效果如图 5-12 所示。

8）利用工具箱中的◯（椭圆形工具）绘制一个椭圆，然后按快捷键〈F11〉，在弹出的"编辑填充"对话框中设置渐变色为深绿色（参考颜色数值为 CMYK（95，50，95，15））-浅绿色（参考颜色数值为 CMYK（100，0，100，0））椭圆形渐变填充。接着利用工具箱中的▢（阴影工具）制作出投影效果，如图 5-13 所示。

9）执行菜单中的"对象|顺序|向后一层"（快捷键〈Ctrl+PgDn〉）命令，将椭圆置于底部，效果如图 5-14 所示。

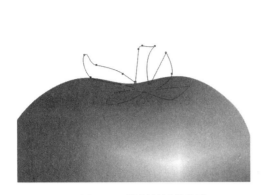

图 5-10　绘制封闭的曲线

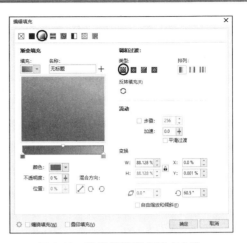

图 5-11　设置线性渐变填充参数

图 5-12　线性填充效果

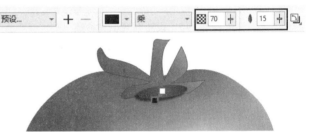

图 5-13　制作西红柿把底部的深色部分

图 5-14　将椭圆置于底部

10）制作出西红柿把上的高光。利用工具箱中的 ☑（贝塞尔工具）绘制出高光图形，然后将其填充色设为月光绿（参考颜色数值为 CMYK（20，0，60，0）），轮廓色设为无色，效果如图 5-15 所示。接着利用工具箱中的 ▨（透明度工具）对其进行处理，效果如图 5-16 所示。

图 5-15　绘制高光图形

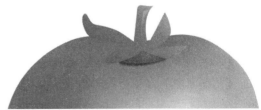

图 5-16　对高光图形进行透明处理

11）利用工具箱中的◯（椭圆形工具）绘制一个椭圆，并设置渐变色为深绿色（参考颜色数值为 CMYK（95, 50, 95, 15））-浅绿色（参考颜色数值为 CMYK（100, 0, 100, 0））椭圆形渐变填充，轮廓色为无色，效果如图 5-17 所示。

图 5-17　绘制一个椭圆

12）制作西红柿的阴影。选中绘制的所有图形，按快捷键〈Ctrl+G〉，将它们群组。然后利用▢（阴影工具）对其进行处理，效果如图 5-18 所示。

图 5-18　制作西红柿的阴影

13）选中所有图形（包括投影），按〈＋〉键，再复制出两个西红柿，然后调整它们的位置大小及前后顺序，最终效果如图 5-1 所示。

5.2　立体半透明标志

要点：

本例将制作一个立体半透明标志，如图 5-19 所示。通过本例的学习，应掌握轮廓与填充、透明度、块阴影、"置于图文框内部"命令、输入美术字和段落文字的综合应用。

图 5-19   立体半透明标志

 操作步骤：

1）执行菜单中的"文件 | 新建"（快捷键〈Ctrl+N〉）命令，新建一个宽度为 80mm，高度为 80mm，分辨率为 300dpi，原色模式为 CMYK，名称为"立体半透明标志"的 CorelDRAW 文档。

2）利用工具箱中的 （椭圆形工具）在绘图区中绘制一个 80mm×80mm 的正圆形，然后将其填充色设为深蓝色（颜色参考数值为 CMYK（100，100，50，10）），轮廓色设为无色，效果如图 5-20 所示。

图 5-20   绘制一个80mm×80mm的正圆形

3）利用工具箱中的 ○（椭圆形工具）绘制一个 56mm×56mm 的正圆形，然后按快捷键〈F11〉，在弹出的"编辑填充"对话框中将填充色设为白色（颜色参考数值为 CMYK（0，0，0，0））-深蓝色（颜色参考数值为 CMYK（100，100，50，0））线性渐变填充，○（旋转）设为 320.0°，如图 5-21 所示，单击"确定"按钮。接着右键单击默认 CMYK 调色板中的 ⊘色块，将轮廓色设为无色。最后将该正圆形移动到图 5-22 所示的位置。

4）降低线性渐变填充正圆形的透明度。利用工具箱中的 ▨（透明度工具）单击该正圆形，然后在属性栏中选择 ▣（匀称透明度），将 ▨（透明度）设为 50，效果如图 5-23 所示。

图 5-21　设置渐变填充参数

图 5-22　将正圆形移动到适当位置

图 5-23　将正圆形的透明度设为50的效果

5）同理，利用工具箱中的 (椭圆形工具) 绘制一个 55mm×40mm 的椭圆形，然后将其填充色设为白色（颜色参考数值为 CMYK（0，0，0，0））- 深蓝色（颜色参考数值为 CMYK（100，80，10，0））线性渐变填充， (旋转) 设为 -10.0°，轮廓色设为无色。接着将其移动到图 5-24 所示的位置。最后利用工具箱中的 (透明度工具) 单击该椭圆形，在属性栏中选择 (匀称透明度)，将"合并模式"设为"柔光"， (透明度) 设为 50，效果如图 5-25 所示。

6）接下来要在圆形标志上进一步添加 3 个填充渐变色的曲线图形，一是为强调球体的弧形凸起感，二是要借助曲线图形中的多色渐变来描绘球体反光。首先绘制第 1 个曲线图形。利用工具箱中的 (钢笔工具) 绘制封闭的圆弧状图形，然后将其填充色设为天蓝色（颜色参考数值为 CMYK（80，40，0，0））- 白色（颜色参考数值为 CMYK（0，0，0，0））- 天蓝色（颜色参考数值为 CMYK（80，30，0，0））- 浅蓝色（颜色参考数值为 CMYK（50，40，10，0））4 色线性渐变填充， (旋转) 设为 0.0°，轮廓色设为无色。接着将其移动到

图 5-26 所示的位置。最后利用工具箱中的 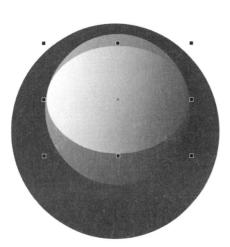（透明度工具）单击该圆弧状图形，在属性栏中选择 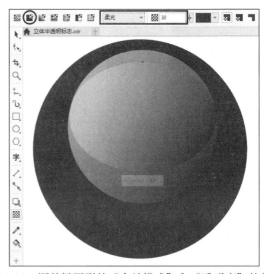（匀称透明度），将"合并模式"设为"柔光"，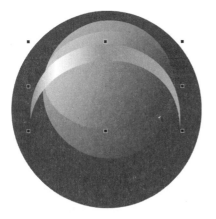（透明度）设为 0，效果如图 5-27 所示。

图 5-24　将椭圆形移动到适当位置　　图 5-25　调整椭圆形的"合并模式"和"透明度"的效果

图 5-26　将圆弧状图形移动到适当位置1　　图 5-27　调整圆弧状图形的"合并模式"和"透明度"的效果1

7）利用工具箱中的 （钢笔工具）在圆形标志下方绘制第 2 个曲线图形，然后将其填充色设为深蓝色（颜色参考数值为 CMYK（100，85，40，0））－浅蓝色（颜色参考数值为 CMYK（50，30，15，0））－深蓝色（颜色参考数值为 CMYK（100，80，20，0））3 色线性渐变填充，轮廓色设为无色。接着将其移动到图 5-28 所示的位置。最后利用工具箱中的 （透明度工具）单击该圆弧状图形，在属性栏中选择 （匀称透明度），将"合并模式"设为默认的"常规"， （透明度）设为 45，从而将图形的颜色稍暗一些，效果如图 5-29 所示。

8）选择第 1 个曲线图形，按〈+〉键一次，从而复制一个副本。然后利用工具箱中的 （形状工具）调整节点的位置及其控制柄，从而形成图 5-30 所示的形状。接着将其填充色设为深蓝色（颜色参考数值为 CMYK（85，55，25，0））－白色（颜色参考数值为 CMYK（0，0，0，0））－白色（颜色参考数值为 CMYK（0，0，0，0））－青色（颜色参考数值为 CMYK（40，0，0，0））－深蓝色（颜色参考数值为 CMYK（55，30，25，0））5 色线性渐变填充，轮廓色设为无色。再将其移动到图 5-12 所示的位置。最后利用工具箱中的 ▨（透明度工具）单击该圆弧状图形，在属性栏中选择 ▣（匀称透明度），将"合并模式"设为"柔光"，▨（透明度）设为 0，效果如图 5-31 所示。

图 5-28　将圆弧状图形放置到适当位置2

图 5-29　调整圆弧状图形"透明度"的效果

图 5-30　调整圆弧状图形的形状

图 5-31　调整圆弧状图形的"合并模式"和"透明度"的效果2

9）标志上主要的块面绘制完成后，下面添加 3 条白色圆弧线，以丰富标志图形的构成元素。方法：利用工具箱中的 ◯（椭圆形工具）绘制一个 80mm×80mm 的正圆形，然后将其填充色设为无色，轮廓色设为白色，"轮廓宽度"设为 2pt。再利用工具箱中的 ▨（透明度工具）将其 ▨（透明度）设为 50，接着将其移动到如图 5-32 所示的位置。最后按〈+〉键两次，从而复制出两个副本。再将它们放置到图 5-33 所示的位置。

10）此时给标志暂时添加一个黑色背景，会发现圆形标志外存在多余的圆弧部分，如图 5-34 所示。下面通过"置于图文框内部"命令去除多余的圆弧部分。方法：选择圆形标志最外面的正圆形，按〈+〉键一次，从而复制出一个副本。然后同时选择三个白色圆弧，

执行菜单中的"对象|组合|组合"命令（或单击属性栏中的 （组合对象）按钮），将它们组成一个整体。接着执行菜单中的"对象|PowerClip（图框精确剪裁）|置于图文框内部"命令，此时光标变为 形状。再选中刚才复制的正圆形，此时群组图形会自动被放置在该正圆形中，并将多余的部分裁掉，如图 5-35 所示。最后删除黑色背景。

图 5-32　设置白色圆弧的透明度

图 5-33　将白色圆弧移动到适当位置

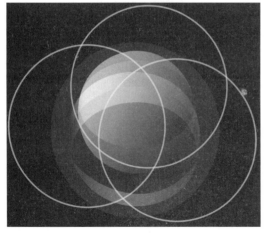

图 5-34　圆形标志外存在多余的圆弧部分

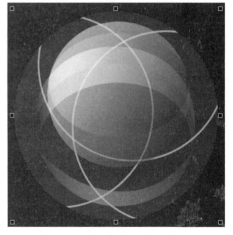

图 5-35　去除标志外多余的圆弧部分的效果

　　11）至此，标志中包含的图形元素基本制作完成，接下来要制作与图形搭配的艺术字体。利用工具箱中的 （文本工具），在正圆形标志上输入英文"CIGHOS"。然后在属性栏中将"字体"设为 Impact，"字体大小"设为 40pt，接着左键单击默认 CMYK 调色板中的白色色块，将文字颜色设为白色，效果如图 5-36 所示。

　　12）给文字添加块阴影效果。方法：利用工具箱中的 （块阴影工具）单击文字，然后在属性栏中将 （深度）设为 2.0mm， （定向）设为 -45.0°， （块阴影颜色）设为默认的黑色，效果如图 5-37 所示。

13）制作半透明的块阴影效果。方法：选择文字，然后执行菜单中的"对象|拆分块阴影"命令，从而将文字和阴影拆分开。接着利用工具箱中的▨（透明度工具）选中阴影图形，在属性栏中将▨（透明度）设为 50，效果如图 5-38 所示。

图 5-36 输入白色文字

图 5-37 给文字添加块阴影效果

图 5-38 半透明的块阴影效果

14）利用工具箱中的**字**（文本工具）在白色文字的左侧输入文字"NEXT"，然后在属性栏中将"字体"设为 Arial，激活 B（加粗）按钮，"字体大小"设为 35pt，接着按快捷键〈F11〉，在弹出的"编辑填充"对话框中将文字颜色设为深蓝色（颜色参考数值为 CMYK（100，100，50，0）），效果如图 5-39 所示。

15）扩大字母间的距离。方法：执行菜单中的"文本|转换为段落文本"（快捷键〈Ctrl+F8〉）命令，从而将美术字文本转换为段落文本。然后向右拖动右下角的 ▮▶ 按钮，即可扩大字母

间的距离，效果如图 5-40 所示。

图 5-39　输入深蓝色文字

图 5-40　扩大字母间的距离

16）至此，整个标志制作完成，最终效果如图 5-19 所示。

5.3　酒瓶包装盒设计

 要点：

本例将制作一个酒瓶包装盒设计，如图 5-41 所示。制作包括设计包装盒的主体外观和文字排版两部分，主体外观的绘制主要运用"贝塞尔工具"和"钢笔工具"工具来完成，文字排版最关键的是要根据盒子的透视来进行对文字的调节。通过本例学习应掌握利用绘制图形、"添加透视"命令、轮廓与填充的综合应用。

 操作步骤：

1）执行菜单中的"文件|新建"（快捷键〈Ctrl+N〉）命令，新建一个宽度为 210mm，高度为 297mm，分辨率为 300dpi，原色模式为 CMYK，名称为"酒瓶包装盒设计"的 CorelDRAW 文档。

图 5-41　酒瓶包装盒设计

2）因为本例制作的是包装盒的立体展示效果图，因此要先制作一个背景图作为包装摆放的大致空间。利用工具箱中的□（矩形工具）绘制出一个 210mm×230mm 的矩形作为背景单元图形，然后按快捷键〈F11〉，在弹出的"编辑填充"对话框中设置"黑色（颜色参考数值为 CMYK（0，0，0，100））-白色（颜色参考数值为 CMYK（0，0，0，0））"线性渐变填充（从上至下），单击"确定"按钮。接着将轮廓色设为无色，效果如图 5-42 所示。

3）再绘制一个 210mm×102mm 的矩形并将填充色设为灰色（颜色参考数值为 CMYK（0，0，0，80））-黑色（颜色参考数值为 CMYK（0，0，0，100））线性渐变填充，轮廓色设为无色，效果如图 5-43 所示。然后将两个矩形上下拼合在一起（注意要使它们的宽度一致），如图 5-44 所示，从而形成了简单的展示背景。

图 5-42　填充了黑白渐变的矩形

图 5-43　再绘制一个矩形并填充"灰色-黑色"线性渐变

图 5-44　背景效果图

4）下面制作带有立体感的包装盒造型。首先利用工具箱中的 ▧（钢笔工具）绘制出它的大体结构，也就是确定几个面的空间构成关系，效果如图 5-45 所示，并将它们的填充色设为白色，轮廓色设为黑色（轮廓线后面要去除，只是暂时设置以区分块面）。在绘制的过程中要注意盒子的透视关系应符合视觉规律。然后在包装盒的正面绘制一个矩形的图形，效果如图 5-46 所示。接着利用 ▢（椭圆形工具）绘制出一个 30mm×22mm 的椭圆形，并将其摆放于盒子的正面，效果如图 5-47 所示。

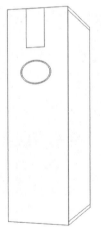

图 5-45　绘制包装盒外形

图 5-46　绘制包装盒
正面的图形

图 5-47　椭圆前后合并后摆放
于盒子的正面

5）包装盒基本结构建立了之后，接下来给包装盒进行上色。在填充上色的同时对包装盒的立体效果进行处理，使包装盒具有一定的立体效果。首先给包装盒的正面填充上黑色的底色（参考颜色数值为 CMYK（0，0，0，100）），然后将右侧位于上层的矩形填充为红色（参考颜色数值为 CMYK（0，100，100，0）），效果如图 5-48 所示。

6）为了给包装盒添加设计的效果，对于包装盒顶部的矩形小图采用"渐变"的方法进行填充。利用 （选择工具）选中盒正面上方的矩形，然后按快捷键〈F11〉，在弹出的"编辑填充"对话框中设置参数，如图 5-49 所示，单击"确定"按钮，效果如图 5-50 所示。

7）给椭圆图形上色。将椭圆的填充色设为红色（参考颜色数值为 CMYK（0，100，100，0）），轮廓色设为黄色（参考颜色数值为 CMYK（0，0，100，0））， （轮廓宽度）设为 1.2mm，效果如图 5-51 所示。

图 5-48　给包装盒进行上色

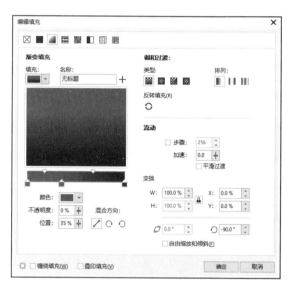

图 5-49　设置矩形渐变参数

图 5-50　设置后矩形的最终效果

图 5-51　上色后的椭圆效果

8）在椭圆的上方添加酒盒的标志图形。执行菜单中的"文件 | 导入"命令，在弹出的"导

入"对话框中选择网盘中的"素材及结果 \5.3 酒瓶包装盒设计 \ 酒 –LOGO.psd"文件，如图 5-52 所示，单击"导入"按钮。然后适当调整图像大小后放置到适当位置，效果如图 5-53 所示。接着利用工具箱中的 字（文本工具）在绘图区中输入文本"VALDERANCE"，并在属性栏中设置"字体"为"Basemic Symbol"，效果如图 5-54 所示。最后将其放置在图形的下方，效果如图 5-55 所示。

图 5-52 "导入"对话框

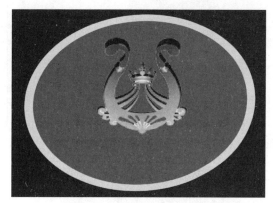

图 5-53 标志摆放后的效果

图 5-54 设置文本"VALDERANCE"

图 5-55 将文本放置在图形的下方

9）利用工具箱中的 ☑（贝塞尔工具）在包装盒底部绘制一个与包装盒同透视的矩形，效果如图 5-56 所示。然后利用 ▶（选择工具）选中右侧面，按快捷键〈F11〉，在弹出的"编辑填充"对话框中设置参数，如图 5-57 所示，单击"确定"按钮，效果如图 5-58 所示。

10）为了使整个包装盒呈现出立体的效果，下面在完成侧面颜色设置的同时利用 ▣（阴影工具）单击右侧面，然后沿水平倾斜的方向拖动鼠标，从而得到包装盒右后方的投影效果（带箭头的线条长度代表投影的延伸程度，在属性栏内可以修改投影的透明度），效果如图 5-59 所示。

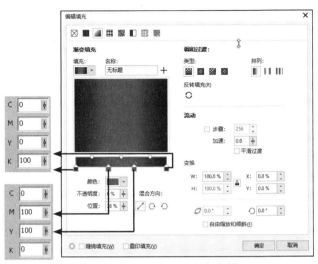

图 5-56 绘制一个与包装盒同透视的矩形　　　　图 5-57 设置渐变参数

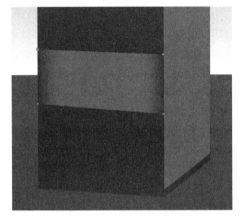

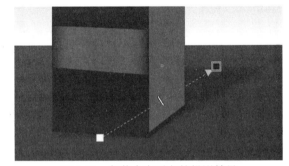

图 5-58 渐变填充的效果　　　　图 5-59 包装盒右后方的投影效果

11）利用工具箱中的 <字>（文本工具）在绘图区中输入文本"100%""apple brewage""CIDER"，并在属性栏中设置"字体"分别为"Avia-Light""Monotype Corsiva""Basemic Symbol"，将颜色填充为黄色（参考颜色数值为 CMYK（0，0，100，0））。然后利用工具箱中的（选择工具）选中输入的文本，执行菜单中的"对象 | 添加透视"命令，此时文本上出现透视编辑框，接着利用（形状工具）拖动透视框上的控制柄修改形状的透视效果，使它的透视与矩形的透视一致。最后将具有透视的文本放置在绘制好的图形的上方，放置后的效果如图 5-60 所示。

12）同理，读者可参见如图 5-61 所示的效果，自己练习绘制文本，字体可自拟，大小可根据包装盒的大小适当调整，要求视觉统一，美观大方。

13）复制步骤 8）中输入的文本"VALDERANCE"，然后利用工具箱中的（选择工具）选中复制的文本，执行菜单中的"对象 | 添加透视"命令，此时文本上出现透视编辑框。接着利用工具箱中的（形状工具）拖动透视框上的控制柄来修改形状的透视效果，使其透视与酒瓶包装盒的透视一致，效果如图 5-62 所示。最后将具有透视的文本放置在绘制好的

图形的上方，放置后的效果如图 5-63 所示。

图 5-60 将具有透视的文本放置在绘制好的图形的上方

图 5-61 练习绘制文本，字体可自拟

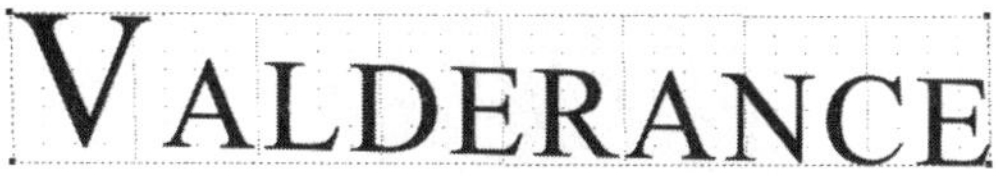

VALDERANCE

图 5-62 拖动透视框上的控制柄修改形状的透视效果 1

图 5-63 将透视文本放置到绘制好的图形上方

14）利用工具箱中的 字（文本工具）在页面中输入文本"RETAGN"，并在属性栏中设置"字体"为"Batangche"，颜色填充为 80% 黑色。然后利用工具箱中的 ↖（选择工具）选中输入的文本，执行菜单中的"对象｜添加透视"命令，文本上出现透视编辑框。接着利用 ↷（形状工具）拖动透视框上的控制柄修改形状的透视效果，效果如图 5-64 所示。

15）将绘制好的文本放置于在黄色文本的后方，然后选择工具箱中的 ▦（透明度工具），沿由上而下的方向拖动鼠标，从而制作出文字的透明效果（带箭头的线条长度代表透明程度），效果如图 5-65 所示。

RETAGN

图 5-64 拖动透视框上的控制柄修改形状的透视效果 2

图 5-65 得到透明的文字

16）随后设计盒子的侧面。方法：将前面步骤 9）～ 15）中绘制好的图形复制一份，然后按〈Ctrl+G〉组合键，将其群组后放置在侧面。接着利用工具箱中的 ▶（选择工具）选中它，执行菜单中的"对象｜添加透视"命令，此时文本上出现透视编辑框。再利用 ▶（形状工具）拖动透视框上的控制柄修改形状的透视效果，使它的透视与侧面的透视一致，效果如图 5-66 所示。同理将输入的文本文字也进行透视的调整，效果如图 5-67 所示。

图 5-66　复制图形的透视与侧面的透视一致　　　图 5-67　将输入的文本文字也进行透视的调整

17）为了使包装盒具有更佳的展示效果，下面制作盒子的倒影。方法：选择组成包装盒底面盒子的外形，按快捷键〈Ctrl+G〉组成群组，然后利用快捷键〈Ctrl+C〉复制，按快捷键〈Ctrl+V〉粘贴，从而复制出一个同样的盒子。接着用鼠标双击图形，在出现能够旋转的指示图标后，将图形进行旋转，并放置在正面包装盒的正下方。再选中下方的图形，单击属性栏中的 ▣（垂直镜像）按钮，使其旋转成效果如图 5-68 所示的倒影。

18）利用 ▶（形状工具）调整位于底部的盒子的图形，效果如图 5-69 所示。

图 5-68　旋转后的效果图　　　　　　　　　　图 5-69　调整后的底部盒子

19）此时图像已与倒影有所相似，下面利用工具箱中的 ▩（透明度工具）单击倒影图形，然后沿由上而下的方向拖动鼠标，从而得到包装盒左后方的倒影效果（带箭头的线条长度代表透明程度），如图 5-70 所示。

20）至此，酒瓶包装盒立体效果图制作完成，最后的效果如图 5-71 所示。

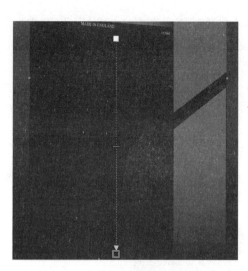

图 5-70 包装盒左后方的倒影效果

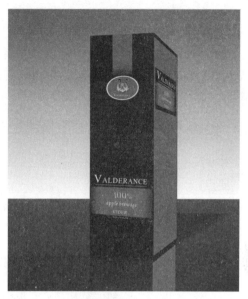

图 5-71 最后完成的效果图

5.4 课后练习

1. 制作如图 5-72 所示的电池效果，效果可参考网盘中的"课后练习 \5.4 课后练习 \ 练习 1\ 电池效果 .cdr"文件。

2. 制作如图 5-73 所示的刀具效果，效果可参考网盘中的"课后练习 \5.4 课后练习 \ 练习 2\ 手表图形 .cdr"文件。

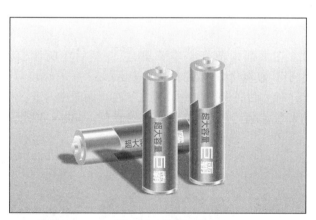

图 5-72 练习 1 效果

图 5-73 练习 2 效果

第6章　文本的使用

CorelDRAW 2019 具有强大的文本输入和编辑处理功能。在 CorelDRAW 2019 中，除了可以进行常规的文本输入和编辑外，还可以进行复杂的特效文本处理。通过本章内容的学习，应掌握 CorelDRAW 2019 的文本在实际中的具体应用。

6.1　轮廓文字效果

 要点：

本例将制作一个透视立体文字效果，如图 6-1 所示。通过本例的学习应掌握 字 （文本工具）、回 （轮廓图工具）、将整体文字分离为单个文字和"渐变填充"的综合应用。

图 6-1　轮廓文字效果

 **操作步骤：**

1）执行菜单中的"文件 | 新建"（快捷键〈Ctrl+N〉）命令，新建一个宽度为 250mm，高度为 160mm，分辨率为 300dpi，原色模式为 CMYK，名称为"轮廓文字效果"的 CorelDRAW 文档。

2）选择工具箱中的 字 （文本工具），在页面中输入文本"奥运"，然后在属性栏中设置"字体"为"华文行楷简"，"字体大小"为 300pt，效果如图 6-2 所示。

3）执行菜单中的"对象 | 对齐与分布 | 对页面居中"命令，将文字在页面居中对齐。

4）左键单击默认 CMYK 调色板中的青色色块，从而将文字填充为青色，如图 6-3 所示。

图 6-2　输入文字　　　　　　　　　　　　　图 6-3　将文字填充为青色

5）制作轮廓字效果。利用工具箱中的 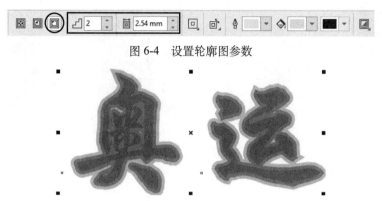（轮廓图工具）单击文字，设置 (轮廓色) 为浅黄色（颜色参考数值为 CMYK（0，0，100，0）），◇（填充色）为朦胧绿色（颜色参考数值为 CMYK（20，0，20，0）），其余的参数设置如图 6-4 所示，然后按〈Enter〉键确认，效果如图 6-5 所示。

图 6-4　设置轮廓图参数

图 6-5　轮廓图效果

6）选择工具箱中的 ▲（选择工具），在空白处单击取消选择，然后再单击青色文字，按〈+〉键，复制出一个副本。接着右键单击默认 CMYK 调色板中的黄色色块，从而将复制后的文字的轮廓色设为黄色，效果如图 6-6 所示。

7）为了便于分别对两个文字进行填充，下面执行菜单中的"对象 | 拆分美术字"（快捷键〈Ctrl+K〉）命令，对两个文字进行拆分，效果如图 6-7 所示。

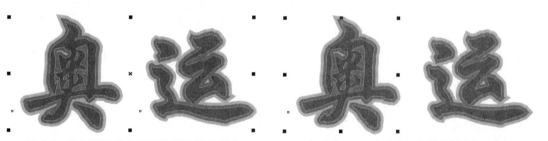

图 6-6　将复制后的文字的轮廓色设为黄色　　　　图 6-7　对两个文字进行拆分

8）对文字"奥"进行渐变填充。按快捷键〈F11〉，在弹出的"编辑填充"对话框中设置渐变色为绿色（颜色参考数值为 CMYK（100，0，100，0））-黄色（颜色参考数值为 CMYK（0，0，100，0））-红色（颜色参考数值为 CMYK（0，100，100，0））3 色线性渐变填充，如图 6-8 所示，单击"确定"按钮，效果如图 6-9 所示。

9）将状态栏的渐变图标拖动到文字"运"上，如图 6-10 所示，从而使文字"运"的渐变填充与文字"奥"的相同，效果如图 6-11 所示。

10）添加背景。双击工具箱中的 □（矩形工具），从而创建一个与文档尺寸等大的矩形，然后左键单击默认 CMYK 调色板中的蓝色色块，从而将矩形填充为蓝色。接着执行菜单中的"对象 | 顺序 | 到页面后面"（快捷键〈Ctrl+End〉）命令，将矩形置于底层，最终效果如图 6-1 所示。

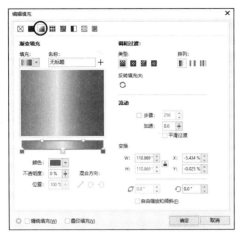

图 6-8　设置渐变填充参数

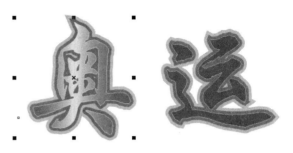

图 6-9　对文字"奥"进行渐变填充效果

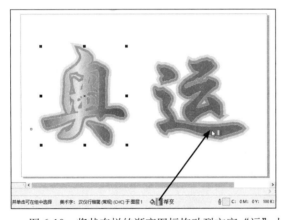

图 6-10　将状态栏的渐变图标拖动到文字"运"上

图 6-11　两个文字具有相同的渐变填充

6.2　彩色点状字母标志

 要点：

　　本例将制作一个彩色点状字母标志，如图 6-12 所示。字母仿佛是透明容器，其中装满彩色的半透明状的水泡——这样的标志容易令人展开视觉图形的联想。通过本例的学习，应掌握创建和拆分美术字，"转换为曲线"和"置于图文框内部"命令，重新整合图形中相关命令的综合应用。

图 6-12　彩色点状字母标志

操作步骤：

1）执行菜单中的"文件 | 新建"（快捷键〈Ctrl+N〉）命令，新建一个宽度为 105mm，高度为 105mm，分辨率为 300dpi，原色模式为 CMYK，名称为"彩色点状字母标志"的 CorelDRAW 文档。

2）输入文字。利用工具箱中的 **字**（文本工具），在绘图区中输入英文"doi"。然后在属性栏中将"字体"设为 Bauhaus93，"字体大小"设为 160pt，接着左键单击默认 CMYK 调色板中的黑色色块，将文字颜色设为黑色，效果如图 6-13 所示。

提示：Bauhaus93字体位于网盘中的"素材及结果\6.2 彩色点状字母标志"文件夹中，用户需将该字体复制后，粘贴到C:\Windows\Fonts文件夹后，才可以在CorelDRAW中使用该字体。

图 6-13　输入文字

3）在标志设计中，直接选用字库里的现有字体常常会缺乏个性，因此一般还需要进行后期修整。例如本例中的文字，还需要进行宽度比例和局部曲线形状等方面的调整。下面首先将字母转换为曲线。执行菜单中的"对象 | 拆分美术字"命令，将整体文字拆分为单个字母。然后利用工具箱中的 （选择工具）选中所有的字母，执行菜单中的"对象 | 转换为曲线"命令，从而将字母转换为曲线。

4）此时字母"d"曲线显得很生硬，下面利用工具箱中的 （形状工具）选中图 6-14 所示的节点，然后按〈Delete〉键进行删除。接着选中图 6-15 所示的节点，在属性栏中单击 （转换为曲线）按钮，再通过调整节点控制柄更改曲线的形状，使字母边缘的转折变得柔和，如图 6-16 所示。最后将其宽度适当缩短一些，效果如图 6-17 所示。

图 6-14　选中节点1　　　图 6-15　选中节点2　　　图 6-16　更改曲线的形状

5）同理，对字母"i"曲线图形进行处理，效果如图 6-18 所示。

图 6-17　将宽度适当缩短1　　　　图 6-18　对字母"i"曲线图形进行处理

6）此时字母"O"曲线线条显得有些粗，下面对其进行处理。利用工具箱中的 ▶（选择工具）选中字母"O"曲线图形，如图 6-19 所示。然后在属性栏中单击 ⇄（拆分）按钮，将其拆分为内外两个圆形。接着选中外面的大圆形，执行菜单中的"对象 | 顺序 | 向后一层"命令，将其置后，再选中里面的小圆形，对其进行适当放大，效果如图 6-20 所示。最后同时选择内外两个圆形，在属性栏中单击 ⬚（移除前面对象）按钮，从大圆形中移除小圆形，形成一个新的图形。再在水平方向上将其适当缩短一些，效果如图 6-21 所示。

提示：本例采用的是对字母"O"进行调整的方式来制作效果。读者也可以通过绘制两个大小不同的圆形，然后再使用"移除前面对象"的方法制作上面的效果；还可以通过绘制一个填充色为无色，轮廓色为黑色，轮廓宽度较大的椭圆形，然后执行菜单中的"对象|将轮廓转换为对象"命令来制作该效果。

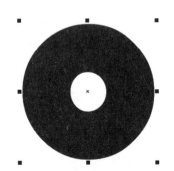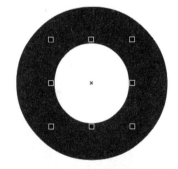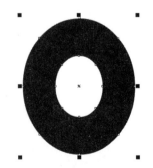

图 6-19　选中字母"O"曲线图形　　图 6-20　适当放大里面的小圆形　　图 6-21　将宽度适当缩短2

7）利用工具箱中的 ▶（选择工具）选中所有的字母图形，然后在属性栏中单击 ⬚（焊接）按钮，将其焊接成一个新的图形，效果如图 6-22 所示。

提示：此时将所有字母图形焊接为一个新的图形，是为了后面能够执行"置于图文框内部"命令。

图 6-22 焊接成一个新的图形

8）接下来绘制彩色圆点，彩色圆点其实就是许多大小、颜色、透明度各异的重叠的圆形，下面先摆放基本图形。方法：利用工具箱中的 ⬜（椭圆形工具），绘制许多大小不一的圆形，填充上不同的颜色。但要注意，这些圆形其实都是要被放置入字母内部的，因此最好沿字母形状和走向来排布，效果如图 6-23 所示。

9）调整彩色圆点的透明度。利用工具箱中的 ▦（透明度工具）单击相应的圆形，然后在属性栏中将 ▦（透明度）设为 50，此时色彩经过透叠形成了奇妙的效果，如图 6-24 所示。

10）利用工具箱中的 ▸（选择工具）框选所有的彩色圆点，然后执行菜单中的"对象 | 组合 | 组合"命令（或单击属性栏中的 ▣（组合对象）按钮），将它们组成一个整体。

提示：此时为了防止误选文字，可以在"对象"泊坞窗中暂时锁定焊接后的文字图形，然后将彩色圆点组合后再解锁文字图形。

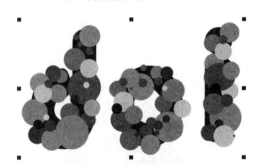

图 6-23 绘制许多个彩色圆点

图 6-24 经过透叠形成了奇妙的效果

11）将组合后的彩色圆点放置到文字中。利用工具箱中的 ▸（选择工具）选中组合后的彩色圆点，然后执行菜单中的"对象 |PowerClip（图框精确剪裁）| 置于图文框内部"命令，此时光标变为 ➤ 形状。再选中焊接后的文字图形，此时组合图形会自动被放置在文字图形中，并将多余的部分裁掉，效果如图 6-25 所示。

12）将文字图形填充色设为无色。单击左上角的 ▣（选择内容）按钮，然后选中文字图形，如图 6-26 所示，接着左键单击默认 CMYK 调色板中的 ⬜色块，将文字图形的填充色设为无色，效果如图 6-27 所示。

13）添加其余文字。利用工具箱中的 字（文本工具），在彩色点状文字下方输入两行英文，请读者自己选取两种笔画稍细一些的英文字体（参考颜色数值为 CMYK（0，0，0，70）），将它们放置于图形的下方，如图 6-28 所示。

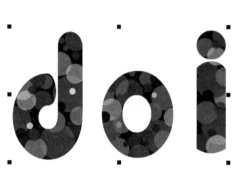

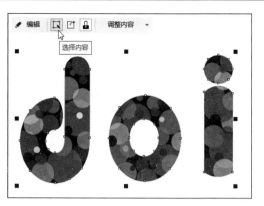

图 6-25　将彩色组合图形放置在文字图形中　　　　图 6-26　选中文字图形

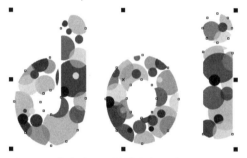

图 6-27　将文字图形的填充色设为无色的效果　　　图 6-28　输入其余文字

14）至此，这个由简单的彩点构成的标志基本制作完成了，最终效果如图 6-12 所示。

6.3　单页广告版式设计

 要点：

本例将设计一个杂志内页，如图 6-29 所示。通过本例的学习，应掌握利用辅助线进行版面布局、利用"置于图文框内部"命令将选定对象置入指定图形中、输入美术字和段落文字、在开放路径上排列文本和在闭合路径内排列文本的综合应用。

 操作步骤：

1. 利用辅助线进行版面布局

1）执行菜单中的"文件|新建"（快捷键〈Ctrl+N〉）命令，新建一个宽度为 210mm，高度为 285mm，分辨率为 300dpi 的 CorelDRAW 文档（该杂志页面为标准 16 开）。

图 6-29　杂志内页版式设计

2）整个广告版面在水平方向上可分为 3 栏，分别由水平线条进行视觉分割。下面先来定义这 3 栏的位置和距离页面上下边界 10mm 页边距的位置。方法：在"辅助线"泊坞窗中将辅助线类型设为 Horizontal（水平），然后在"y:"右侧输入 30mm，如图 6-30 所示，单击"添加"按钮，从而在页面垂直方向 30mm 处添加 1 条水平辅助线，如图 6-31 所示。同理，在页面垂直方向 220mm、275mm 和 10mm 处添加 3 条水平辅助线，此时"辅助线"泊坞窗如图 6-32 所示，页面显示效果如图 6-33 所示。

提示：其中10mm和275mm处的2条水平辅助线定义出距离页面上下边界10mm页边距的位置。

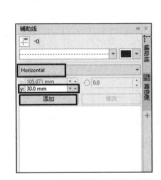

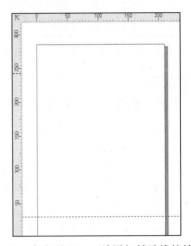

图 6-30　设置"辅助线"参数 1　　图 6-31　在水平 30mm 处添加辅助线的效果

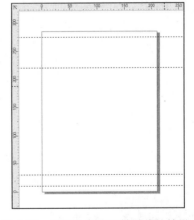

图 6-32　设置"辅助线"参数 2　　图 6-33　添加 3 条水平辅助线的效果

3）利用辅助线来定义距离页面左右边界 10mm 页边距的位置。方法：在"辅助线"泊坞窗中将辅助线类型设为 Vertical（垂直），然后在"x:"右侧输入 10mm，如图 6-34 所示，单击"添加"按钮，从而在页面水平方向 10mm 处添加 1 条垂直辅助线。同理，在页面水平方向 200mm 处添加 1 条垂直辅助线，此时"辅助线"泊坞窗如图 6-35 所示，页面显示效果如图 6-36 所示。

提示：距离页面四边10mm的4条辅助线内为页面版心范围。

  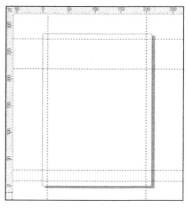

图 6-34　设置"辅助线"参数 3　图 6-35　添加 2 条垂直辅助线　图 6-36　添加 2 条垂直辅助线的效果

2. 制作中间栏版面

1）置入版面中的主要图片。执行菜单中的"文件 | 导入"命令，导入网盘中的"素材及结果 \6.3 单页广告版式设计 \ 广告版面素材 \ 饮料 .tif"图片，然后利用工具箱中的 ▶（选择工具）将其移动到中间版面右下方的位置，如图 6-37 所示。

2）目前，广告内主要图片的外形为矩形，这样的图片规范但无特色，本例要制作的是色彩明快的饮料与食品广告，因此版面中的趣味性（也就是形式美感）是非常重要的，要根据广告的整体风格来营造一种活泼的版面语言。下面先来修整图片的外形，使它形成类似杯子轮廓的优美曲线外形。方法：利用工具箱中的 ♠（钢笔工具），在绘图区中绘制类似酒杯上半部分的圆弧形外轮廓。在绘制完成后，还可用工具箱中的 ↖（形状工具）调节锚点及其手柄，以修改曲线形状，如图 6-38 所示。

图 6-37　置入图片　　　　　　　　图 6-38　绘制并修改圆弧形外轮廓

3）将饮料图片放置在圆弧形轮廓中。方法：选择利用工具箱中的 （选择工具）选择绘图区中的"饮料 .tif"图片，然后执行菜单中的"对象｜PowerClip（图框精确剪裁）｜置于图文框内部"命令，此时光标变为 形状。接着选中刚才绘制的圆弧形外轮廓，此时图片会自动被放置在圆弧形轮廓内，并将多余的部分裁掉，如图 6-39 所示。最后在属性栏中将圆弧形轮廓的 （轮廓宽度）设为无，效果如图 6-40 所示。

　　提示：如果要调整圆弧形轮廓中图片的位置，可以执行菜单中的"对象|PowerClip（图框精确剪裁）｜编辑PowerClip"命令，然后利用工具箱中的 （选择工具）调整图片的位置。调整完毕后单击左上角的 √ 完成 按钮，完成操作。

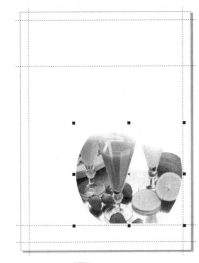

图 6-39　将图片放置在圆弧形轮廓内　图 6-40　将圆弧形轮廓的 （轮廓宽度）设为无的效果

4）为了与图形边缘的弧线取得和谐统一的风格，使文字排版不显得孤立，下面在主体图形左侧创建圆弧形状的区域文字。方法：利用工具箱中的 （钢笔工具），在绘图区中绘制圆弧形状的路径，如图 6-41 所示。然后打开网盘中的"素材及结果 \6.3 单页广告版式设计 \text.doc"文件，选择第 1 段文字，按快捷键〈Ctrl+C〉进行复制，接着回到当前文件中，选择工具箱中的 字（文本工具），放置到圆弧形状的路径上，当光标显示为 I状态时单击鼠标，进入区域文字输入状态，如图 6-42 所示。再按快捷键〈Ctrl+V〉，粘贴文字，最后在弹出的如图 6-43 所示的"导入 / 粘贴文本"对话框中单击"确定"按钮，效果如图 6-44 所示。

图 6-41　绘制圆弧形状的路径　　　　　　　图 6-42　进入区域文字输入状态

图 6-43　"导入/粘贴文本"对话框　　　　　　　图 6-44　粘贴文字效果

5）此时圆弧形状文本框的颜色为红色，表示存在溢流文本，下面通过编辑段落文本的属性来解决这个问题。方法：选择工具箱中的 字（文本工具），然后将其放置到在区域文本上方，此时光标变为 I 状态，再单击鼠标进入文字编辑状态。接着在属性栏中单击 ab（编辑文本）图标（或单击鼠标右键，从弹出的快捷菜单中选择"编辑文本"命令），再在弹出的"编辑文本"对话框中选择所有文字，将"字体"设为"Times New Roman"，"字体大小"设为 6pt，如图 6-45 所示，单击"确定"按钮。最后在"属性"泊坞窗中将 ≡（行间距）设为 6.9pt，此时圆弧形状文本框的颜色显示为黑色，如图 6-46 所示，表示溢流文本的错误已解决，文本能够完全显示出来了。

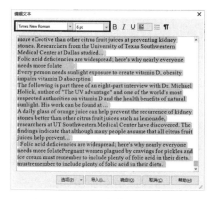

图 6-45　设置字体和字体大小　　　　　　图 6-46　将 ≡（行间距）设为 6.9pt

6）采用沿路径排版的方式来处理分散的小标题文字。方法：利用工具箱中的 ✏（钢笔工具）绘制一段开放曲线路径，如图 6-47 所示。然后选择工具箱中的 字（文本工具），将其放置到在路径上方，当光标变为 I↙状态时单击鼠标，进入路径文字输入状态。接着在属性栏中将"字体"设为"Arial"，"字体大小"设为 28pt，再输入路径文字"HELPS THE DIGESTIVE SYSTEM"，效果如图 6-48 所示。最后利用工具箱中的 ▶（选择工具）选择路径文字，右键单击默认 CMYK 调色板中的 ⊘ 色块，将轮廓色设为无色，效果如图 6-49所示。

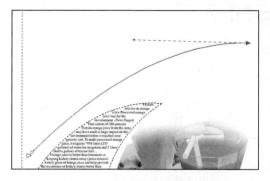

图 6-47 绘制一段开放曲线路径

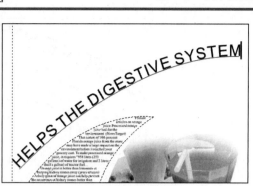

图 6-48 输入路径文字

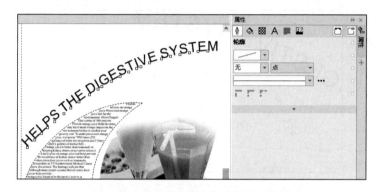

图 6-49 将路径轮廓色设为无色的效果 1

7）同理，利用工具箱中的 ⬧（钢笔工具）绘制出几条曲线路径，从而形成如图 6-50 所示的一种向外发散的线条轨迹。然后利用工具箱中的 字（文本工具）在这些路径上输入沿路径排版的小标题文字（小标题文字的文字属性请参照图 6-51 进行设置），再将这些路径的轮廓色设为无色，效果如图 6-52 所示。

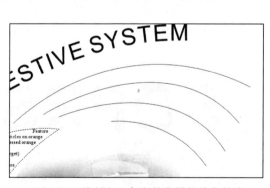

图 6-50 绘制出几条向外发散的线条轨迹

图 6-51 小标题文字的文字属性

8）为了使"线"的效果更加具有活泼性，下面利用工具箱中的 字（文字工具）将曲线路径上的局部文字涂黑选中。然后双击状态栏中 ◈（填充）后面的色块，在弹出的"编辑填充"对话框中将它们的填充色设为草绿色（颜色参考数值为 CMYK（50，0，100，0））或橙黄色（颜色参考数值为 CMYK（0，70，90，0）），如图 6-53 所示。

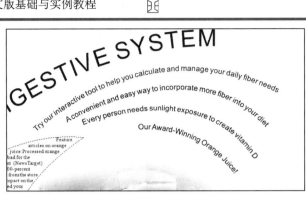

图 6-52　将路径轮廓色设为无色的效果 2

图 6-53　将局部文字填充为草绿色或橙黄色

9）刚才制作的都是小标题文字，现在来制作醒目的大标题。大标题也是以沿线的形式来排版的，但不同的是，每个字母的摆放角度不同，因此，必须将标题拆分成单个字母来进行艺术化处理。方法：利用工具箱中的 **字**（文字工具）在绘图区中单击输入美术字文本 "SOPRS"（虚拟的饮料品牌，如有雷同，纯属巧合），然后选择输入的文本 "SOPRS"，在属性栏中将 "字体" 设为 "Arial"，"字体大小" 设为 100pt，激活 **B**（粗体）选项，效果如图 6-54 所示。接着执行菜单中的 "对象｜拆分美术字" 命令，将整体文字拆分为单个字母，效果如图 6-55 所示。

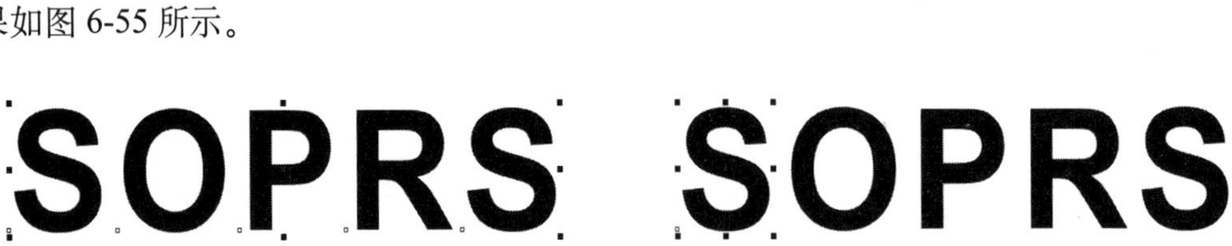

SOPRS　SOPRS

图 6-54　输入美术字文本 "SOPRS"　　　图 6-55　将整体文字拆分为单个字母

10）将字母 "O" 的颜色修改为浅黄色（颜色参考数值为 CMYK（10，50，100，0）），将字母 "R" 的颜色修改为橙黄色（颜色参考数值为 CMYK（10，70，100，0）），效果如图 6-56 所示。

11）将字母 "O" 和 "R" 宽度增加。方法：利用工具箱中的 回（轮廓图工具）单击字母 "O"，然后在属性栏中激活 回（外部轮廓），将 ⬈（轮廓图步长）设为 1，回（轮廓图偏移）设为 1.5mm，◈（填充色）设为与字母 "O" 一致的浅黄色（颜色参考数值为

CMYK（10，50，100，0）），如图 6-57 所示。同理，利用 ▣（轮廓图工具）对字母"R"进行处理，如图 6-58 所示。

图 6-56　修改字母"O"和"R"的颜色

图 6-57　对字母"O"进行轮廓图处理

图 6-58　对字母"R"进行轮廓图处理

12）利用工具箱中的 ▶（选择工具）分别选中每个字母，然后将它们各自旋转一定角度，放在前面制作好的沿线排版的小标题文字上面，如图 6-59 所示。

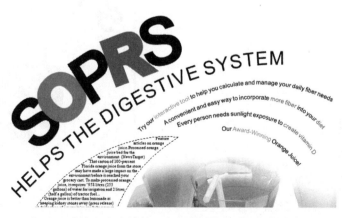

图 6-59　将字母各自旋转一定角度并放置到小标题文字上面

13）执行菜单中的"文件｜导入"命令，导入网盘中的"素材及效果 \6.3 单页广告版式设计 \ 广告版面素材 \ 小杯子 .tif"图片，然后将图片原稿缩小放置到如图 6-60 所示的位置。

提示：由于本例广告为白色背景，因此所有小图片都在Photoshop中事先做了去底的处理。

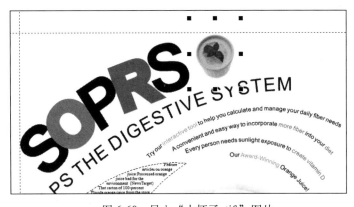

图 6-60　导入"小杯子 .tif"图片

14）现在版面右侧中部显得有点空，下面在此位置添加一行沿弧线排列的灰色文字（颜色参考数值为 CMYK（0，0，0，70）），并在属性栏中将"字体"设为"Times New Roman"，"字体大小"设为 9pt，如图 6-61 所示。

15）至此，版面中最大的一栏——中间栏制作完毕，版面整体效果如图 6-62 所示。

图 6-61　输入沿弧线排列的灰色文字　　　　图 6-62　中间栏版面整体效果

3. 制作上栏版面

1）最上面的一栏以文字为主体，且文字内穿插了 3 张食品饮料主题的图片。下面先来制作醒目的标题。方法：利用工具箱中的 **字**（文字工具）在上栏版面中输入美术字文本"Fresca Mesa"，并在属性栏中将"字体"设为"Arial"，"字体大小"设为 75pt，然后在水平方向上适当收缩文本的宽度，如图 6-63 所示。接着利用工具箱中的 □（矩形工具）在文本下方绘制出一个与文字等宽的矩形，将其填充色设为橙黄色（参考颜色数值为 CMYK（0，60，100，0）），轮廓色设为无色，效果如图 6-64 所示。最后在橙黄色矩形下方输入一排英文大写小字，并设置"字体"为"Arial"，"字体大小"为 7pt，文字颜色为黑色（参考颜色数值为 CMYK（0，0，0，100）），效果如图 6-65 所示。

图 6-63　在水平方向上适当收缩文本的宽度

图 6-64　绘制与文字等宽的橙黄色矩形

图 6-65　在橙黄色矩形下方输入一排英文大写小字

提示：如果输入的原文是英文小写字母，可以执行菜单中的"文字｜更改大小写"命令，在弹出的"更改大小写"对话框中单击"大写"选项，如图 6-66 所示，单击"确定"按钮，从而将其全部转为大写字母。

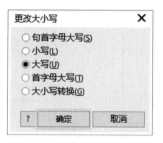

图 6-66　单击"大写"选项

2）利用工具箱中的 △（折线工具）在版面上栏和中间栏之间绘制一条"轮廓宽度"为 2pt、"填色"为灰色（参考颜色数值为 CMYK（0，0，0，50））的水平线条进行视觉分割。效果如图 6-67 所示。

图 6-67　绘制灰色水平线条进行视觉分割

3）利用工具箱中的（选择工具）同时选中上栏中的所有对象，然后在“对齐与分布”泊坞窗中单击（水平居中对齐）和（页面中心）按钮，如图 6-68 所示，将上栏中的所有对象水平居中对齐。

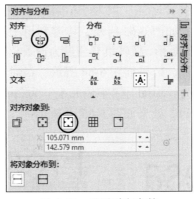

图 6-68　设置对齐参数

4）继续制作版面最上面一栏中的正文效果。这一栏内的正文纵向分为 4 部分，也就是 4 个小文本块，其中 3 个都用到了色块内嵌到文字的效果，这里可以通过修改文本块外形来实现。方法：利用工具箱中的（矩形工具）绘制一个矩形，如图 6-69 所示，再执行菜单中的“对象 | 转换为曲线”命令，将其转换为曲线路径。然后选择工具箱中的（文字工具），在属性栏中将“字体”设为“Times New Roman”，“字体大小”设为 5pt，再在转换为曲线路径的矩形中输入黑色文字，如图 6-70 所示。接着利用工具箱中的（形状工具）在矩形曲线路径左侧双击 4 次添加 4 个控制点，再调整位置如图 6-71 所示。最后在属性栏中将曲线路径的（轮廓宽度）设为无，效果如图 6-72 所示。

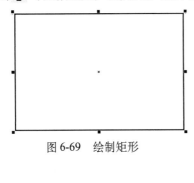

图 6-69　绘制矩形

图 6-70　输入区域文字

图 6-71　添加控制点并调整矩形曲线路径的形状

图 6-72　将曲线路径的（轮廓宽度）设为无的效果

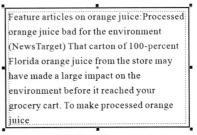

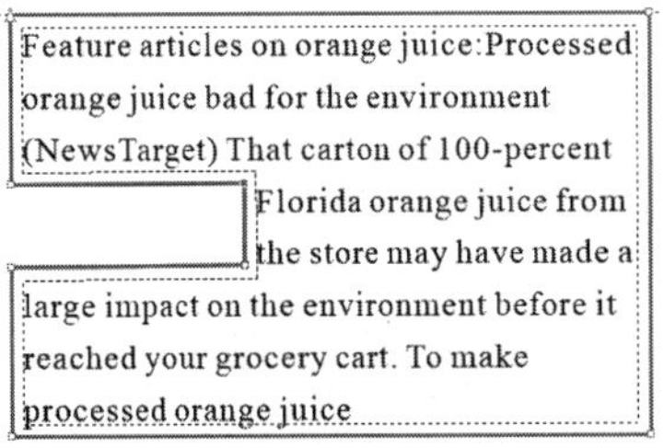

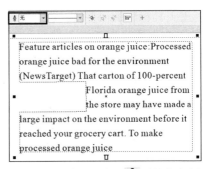

5）绘制一个填充色为红色（参考颜色数值为 CMYK（0，100，0，0）），轮廓色为无色的矩形，然后将其移至文本块左侧中间空出的位置，接着在上面添加白色文字“Feature”，并在属性栏中将“字体”设为“Times New Roman”，“字体大小”设为 7pt。最后将文字与红色矩形居中对齐，效果如图 6-73 所示。

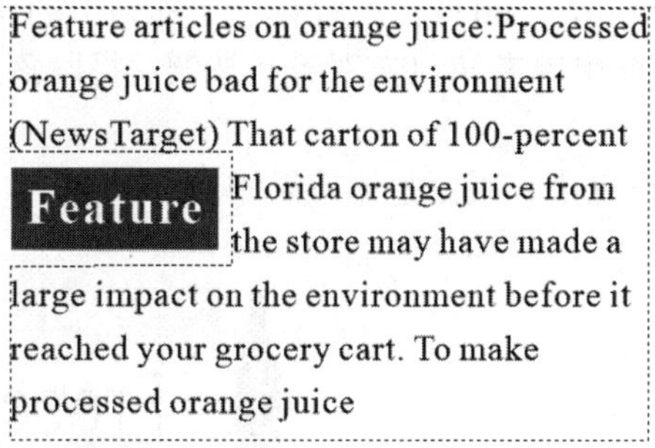

Feature articles on orange juice:Processed
orange juice bad for the environment
(NewsTarget) That carton of 100-percent
Feature
Florida orange juice from
the store may have made a
large impact on the environment before it
reached your grocery cart. To make
processed orange juice

图 6-73　将文字与红色矩形居中对齐

6）同理，制作出另外两个文本块，放置于版面顶部，然后同时选择 3 个文本块，在“对齐与分布”泊坞窗中单击（顶端对齐）和（水平分散排列间距）按钮，将它们顶端对齐且水平方向上等间距分散排列，效果如图 6-74 所示。

提示：3个文本块一定要位于页面版心范围内。

Feature articles on orange juice:Processed
orange juice bad for the environment
(NewsTarget) That carton of 100-percent
Feature
Florida orange juice from
the store may have made a
large impact on the environment before it
reached your grocery cart. To make
processed orange juice
(NewsTarget) A new study published in the
Oct. 26 Clinical Journal of the American
Society of Nephrology has found that orange
Research
juice is more effective than
other citrus fruit juices at
preventing kidney stones. Researchers from
the University of Texas Southwestern
Medical Center juice
Pregnant women plagued by cravings
for pickles and ice cream must
remember to include plenty of folic
Wowen
acid in their diets.
Shown to reduce the
risk of miscarriage and birth defects,
folic acid – found primarily in leafy
green vegetables

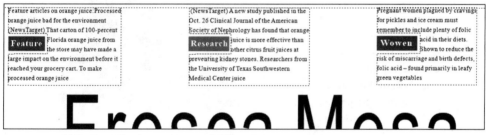

图 6-74　制作并对齐 3 个文本块

7）执行菜单中的“文件｜导入”命令，分别导入网盘中的“素材及效果\6.3 单页广告版式设计\广告版面素材\酒瓶 .tif”“水果 .tif”“点心−1.tif ”图片，然后将导入的图片原稿进行缩小，并分别放置到如图 6-75 所示的位置。

Feature
Research
Wowen
Fresca Mesa
2020 BEST OF FOOD AWARD IN THE JUICE CATEGORY! HERE'S THE REASON

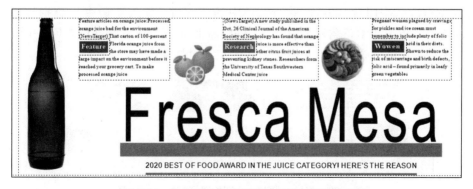

图 6-75　分别导入图片并缩放后放置到适当位置

8）制作上栏版面最右侧的右对齐的文本块。方法：利用工具箱中的 字（文本工具）在最上栏右侧拖拉出一个段落文本块，然后输入文字，并设置最上面 3 行文字的"字体"为"Arial"，"字体大小"为 7pt，文字颜色为品红色（参考颜色数值为 CMYK（0，95，30，0）），其余文字设置"字体"为"Times New Roman"，"字体大小"为 5pt，文字颜色为黑色（参考颜色数值为 CMYK（0，0，0，100））。最后利用工具箱中的 ↖（选择工具）选中整个段落文本块，在"属性"泊坞窗中单击 ≡（右对齐）按钮，将段落文本右对齐，效果如图 6-76 所示。

9）至此，上栏版面制作完毕，版面整体效果如图 6-77 所示。

图 6-76　上栏版面最右侧的右对齐文本块

图 6-77　上栏和中间栏版面整体效果

4. 制作下栏版面

1）在页面下栏版面中包括两张小图片、两个数字、一段文本和一条水平分割线。下面首先导入左右两张小图片。方法：执行菜单中的"文件｜导入"命令，分别导入网盘中的"素材及效果\6.3 单页广告版式设计\广告版面素材"下的"食物.tif""点心-1.tif"图片，然后将导入的图片分别放置到如图 6-78 所示的左右两侧位置。

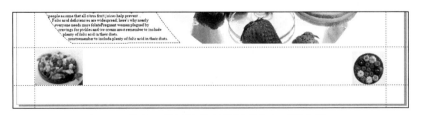

图 6-78　将导入的图片分别放置到左右两侧位置

2）在下栏版面中添加段落文本。方法：利用工具箱中的 ▣（文本工具）在下栏版面中拖拉出一个段落文本块，然后输入文字，并设置"字体"为"Times New Roman"，"字体大小"为 8pt，文字颜色为黑色（参考颜色数值为 CMYK（0，0，0，100））。接着在"属性"泊坞窗中将段落文本的 ▤（行间距）设为 13pt，再单击 ▤（左对齐）按钮，将段落文本左对齐。最后为了突出显示局部文字，可以选中局部文字，在属性栏中激活 ▣（粗体）按钮，将其进行加粗处理，并将这部分文字的颜色修改为橙黄色（颜色参考数值为 CMYK（15，80，100，0）），再在"对齐与分布"泊坞窗中单击 ▣（水平居中对齐）和 ▣（页面中心）按钮，将段落文本块水平居中对齐，效果如图 6-79 所示。

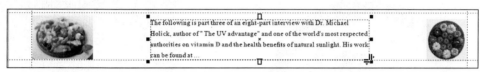

图 6-79　输入段落文本块水平居中对齐

3）利用工具箱中的 ▣（文本工具）在下栏版面中输入两个美术字"5"和"4"，并设置"字体"为"Arial Black"，"字体大小"为 72pt，将数字"5"的颜色设为淡绿色（参考颜色数值为 CMYK（40，0，35，0）），将数字"4"的颜色设为淡黄色（参考颜色数值为 CMYK（0，30，50，0））。接着将这两个美术字分别放置到段落文本两侧，并将下栏版面中的所有对象底端对齐，效果如图 6-80 所示。

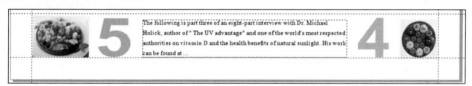

图 6-80　将下栏版面中的所有对象底端对齐

4）利用工具箱中的 ▣（折线工具）在版面下栏和中间栏之间绘制一条"轮廓宽度"为 2pt、"填色"为灰色（参考颜色数值为 CMYK（0，0，0，50））的水平线条进行视觉分割。效果如图 6-81 所示。

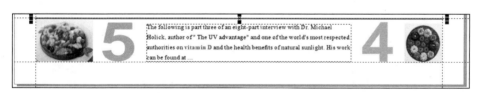

图 6-81　绘制水平线条进行视觉分割

5）至此，整个单页广告版式设计制作完毕，整体效果如图 6-29 所示。

6.4　课后练习

1. 制作如图 6-82 所示的印章效果，效果可参考网盘中的"课后练习\6.4 课后练习\练习 1\印章设计 .cdr"文件。

2. 制作如图 6-83 所示的名片效果，效果可参考网盘中的"课后练习 \6.4 课后练习 \ 练习 2\ 广告版面设计 .cdr"文件。

图 6-82　练习 1 效果

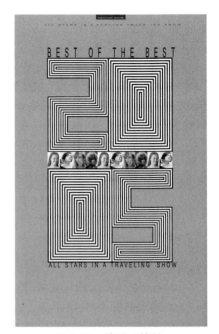

图 6-83　练习 2 效果

第7章　图形特殊效果的使用

CorelDRAW 2019 提供了多种特殊处理的工具和命令，通过应用这些工具和命令，可以制作出多样的图形特殊效果。通过本章内容的学习，读者应掌握图形特殊效果在实际中的具体应用。

7.1　蝴蝶结

 要点：

本例将制作如图 7-1 所示的各色蝴蝶结效果。通过本例的学习，读者应掌握"旋转""镜像"以及 （混合工具）和 （封套工具）的使用方法。

图 7-1　各色蝴蝶结效果

 操作步骤：

1）执行菜单中的"文件 | 新建"（快捷键〈Ctrl+N〉）命令，新建一个 CorelDRAW 文档。

2）利用工具箱中的 ◯（椭圆形工具）绘制一个椭圆。然后选择工具箱中的 ▨（封套工具），接着在属性栏中单击 ◻（直线模式）按钮，此时椭圆周围会出现一个矩形虚线框，如图 7-2 所示。最后将矩形虚线框右上角和右下角的控制点的位置通过移动的方式进行调换，效果如图 7-3 所示。

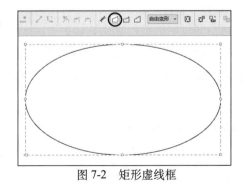

图 7-2　矩形虚线框

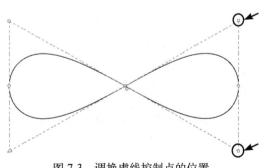

图 7-3　调换虚线控制点的位置

3）设置图形的填充和轮廓属性。左键单击默认 CMYK 调色板中的 ⊠ 色块，将填充色设为无色。然后在属性栏中将 ◐（轮廓宽度）设为 24pt，轮廓色设为 50% 黑色（参考颜色数值为 CMYK（0，0，0，50）），效果如图 7-4 所示。

4）按〈＋〉键，将该图形原位复制出一个，然后将其轮廓宽度设为 1pt，轮廓色设为白色，效果如图 7-5 所示。

图 7-4　设置图形的填充和轮廓　　　　　　图 7-5　复制图形并设置属性

5）制作混合效果。执行菜单中的"窗口 | 泊坞窗 | 效果 | 混合"命令，调出"混合"泊坞窗，如图 7-6 所示，然后利用工具箱中的 ▶（选择工具）框选绘图区中的两个图形后，单击"应用"按钮，效果如图 7-7 所示。

提示：同时选择两个图形，然后选择工具箱中的 ◙（混合工具），在属性栏左侧"预设列表"中选择"直接20步长减速"，也可以制作出该效果。

图 7-6　"混合"泊坞窗　　　　　　　　　图 7-7　混合效果

6）制作旋转效果。执行菜单中的"窗口 | 泊坞窗 | 变换"命令，调出"变换"泊坞窗，然后单击 ⟲（旋转）按钮，设置"角度"为 35°，"副本"为 0，如图 7-8 所示，单击"应用"按钮，效果如图 7-9 所示。

提示：此时如果将"副本"设为29，单击"应用"按钮，还可以得到图7-10所示的奇妙效果。

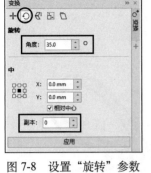

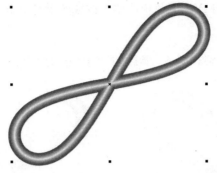

图 7-8　设置"旋转"参数　　　　图 7-9　旋转效果　　　　图 7-10　旋转复制效果

7）制作镜像效果。在"变换"泊坞窗中单击 📷 （缩放和镜像）按钮，然后激活 📷 按钮，将"副本"设为 1，如图 7-11 所示，单击"应用"按钮，效果如图 7-12 所示。

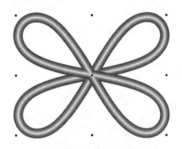

图 7-11　激活 📷 按钮　　　　　　图 7-12　镜像效果

8）利用工具箱中的 📷 （钢笔工具）绘制出如图 7-13 所示的 50% 黑色（参考颜色数值为 CMYK（0，0，0，50））的直线段。然后按快捷键〈F12〉，在弹出的"轮廓笔"对话框中设置如图 7-14 所示，单击"确定"按钮，效果如图 7-15 所示。

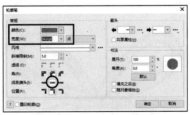

图 7-13　绘制直线段　　　图 7-14　设置"轮廓笔"参数　图 7-15　调整"轮廓笔"参数后的效果

9）按〈＋〉键，原位复制出一个直线段，然后将其轮廓宽度设为 1pt，轮廓色设为白色，效果如图 7-16 所示。接着创建两条直线段的混合效果，如图 7-17 所示。

10）同理，制作出蝴蝶结的飘带，效果如图 7-18 所示。

11）更改蝴蝶结的颜色。利用工具箱中的 📷 （选择工具）选中要更改颜色的混合图形，如图 7-19 所示，然后在属性栏中单击 📷 （起始和结束属性）按钮，从弹出的菜单中选择"显示起点"命令，如图 7-20 所示，此时会显示并同时选择混合图形中的起点图形，如图 7-21

所示。接着右键单击默认 CMYK 调色板中要更改成的颜色（此时选择的是紫红色），即可看到效果，如图 7-22 所示。

　　提示：也可以选择"显示终点"命令，然后更改终点图形的颜色。

图 7-16　复制并调整直线段参数后的效果

图 7-17　直线段的混合效果

图 7-18　制作出蝴蝶结的飘带

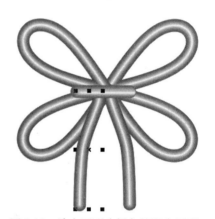

图 7-19　选中要更改颜色的混合图形

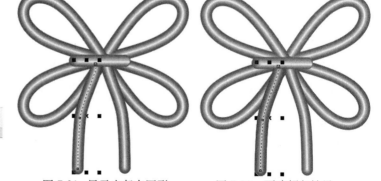

图 7-20　选择"显示起点"命令　　　图 7-21　显示出起点图形　　　图 7-22　更改颜色效果

　　12）同理，更改其他混合图形中起始图形的颜色，效果如图 7-23 所示。

　　13）同理，可以复制并制作出各种颜色的蝴蝶结，最终效果如图 7-1 所示。

图 7-23 更改其他混合图形中起始图形的颜色

7.2 名片设计

 要点：

本例将制作一张名片效果，如图 7-24 所示。通过本例的学习，应掌握"移除前面对象"命令、 （变形工具）、 （透明度工具）、 （文本工具）和"置于图文框内部"命令的综合应用。

图 7-24 名片效果

 操作步骤：

1）执行菜单中的"文件 | 新建"（快捷键〈Ctrl+N〉）命令，新建一个宽度为 90mm，高度为 54mm，分辨率为 300dpi，原色模式为 CMYK，名称为"名片设计"的 CorelDRAW 文档。

2）利用工具箱中的 （椭圆形工具），配合〈Ctrl〉键，绘制一个正圆形。然后利用工具箱中的 （矩形工具）绘制一个矩形，如图 7-25 所示。

3）利用工具箱中的 （选择工具）同时选择正圆形和矩形，然后在属性栏中单击 （移除前面对象）按钮，效果如图 7-26 所示。

4）变形图形。选中修剪后的半圆形，然后选择工具箱中的 （变形工具），在属性栏"预设"下拉列表中选择"扭曲"，再激活 （扭曲变形）和 （逆时针旋转）按钮，并设置 （完整旋转）为 1， （附加度数）为 50，效果如图 7-27 所示。

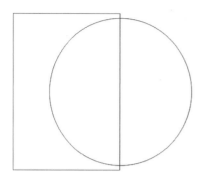

图 7-25　绘制正圆形和矩形

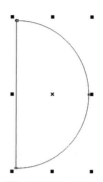

图 7-26　单击 ⬚（移除前面对象）的效果

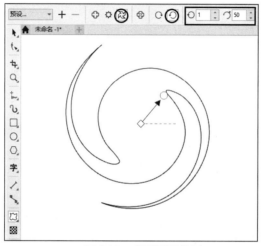

图 7-27　变形图形效果

　　5）左键单击默认 CMYK 调色板中的洋红色，从而将变形后的图形填充为洋红色。然后右键单击默认 CMYK 调色板中的 ☐ 色块，将轮廓色设为无色，效果如图 7-28 所示。

　　6）复制并旋转对象。选择复制后的图形，按〈+〉键，进行原地复制，然后在属性面板中将 ↻（旋转角度）设为 90°，接着将填充色改为 20% 黑色，效果如图 7-29 所示。最后同时选中两个变形后的图形,执行菜单中的"对象 | 组合 | 组合"命令,将它们组成一个整体。

图 7-28　设置变形图形的颜色

图 7-29　复制并旋转对象

7）双击工具箱中的□（矩形工具），从而创建一个与文档尺寸等大的矩形。然后将其填充为蓝色（参考颜色数值为 CMYK（100，100，0，0）），轮廓色设为无色，效果如图 7-30 所示。

图 7-30　绘制矩形并设置属性

8）调整图标透明度。将前面制作的组合图标移动到图 7-31 所示的位置。然后利用工具箱中的▨（透明度工具）单击该图标，接着在属性栏中选择◧（匀称透明度），将▨（透明度）设为 90，效果如图 7-32 所示。

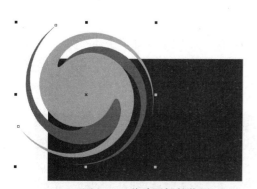

图 7-31　移动图标的位置

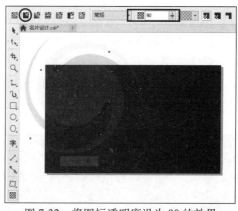

图 7-32　将图标透明度设为 90 的效果

9）将群组后的图标放置到矩形中。选中图标，然后执行菜单中的"对象|PowerClip（图框精确剪裁）|置于图文框内部"命令，此时光标变为▶形状，然后单击矩形，效果如图 7-33 所示。

图 7-33　将图标放置到矩形中

10）复制图形对象。执行菜单中的"对象 |PowerClip（图框精确剪裁）| 编辑 PowerClip"命令，然后选中群组后的图标，按〈+〉键，进行原地复制。接着将复制后的图形适当缩小，并将缩小后的灰色图形的颜色改为蓝色（参考颜色数值为 CMYK（100，100，0，0））。最后再复制一个灰色图形，放置在名片右下方，如图 7-34 所示。

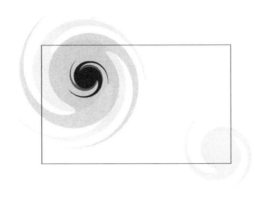

图 7-34　复制并缩小图形对象

11）执行菜单中的"对象 |PowerClip（图框精确剪裁）| 完成编辑 PowerClip"命令，将所有复制后的图形放置到矩形中，效果如图 7-35 所示。

12）输入文字。选择工具箱中的 字（文本工具），在属性栏中设置"字体"为"汉仪中黑简"，"字体大小"为 14pt，然后在图标下方输入文字"三维电视台"，并将文字颜色设为洋红色（参考颜色数值为 CMYK（0，100，0，0）），效果如图 7-36 所示。

图 7-35　结束编辑效果　　　　　　　　　　图 7-36　输入文字效果

7.3　绘制水晶昆虫效果

 要点：

本例将绘制水晶昆虫效果，如图 7-37 所示。通过本例的学习，应掌握 ○（椭圆形工具）、□（矩形工具）、 ╱（贝塞尔工具）、 ↺（转换为曲线）、 □（阴影工具）、 ▦（透明度工具）、"渐变填充"和"置于图文框内部"命令的综合应用。

图 7-37　水晶昆虫效果

 操作步骤：

1）执行菜单中的"文件 | 新建"（快捷键〈Ctrl+N〉）命令，新建一个宽度和高度均为 100mm，分辨率为 300dpi，原色模式为 CMYK，名称为"绘制水晶昆虫"的 CorelDRAW 文档。

2）绘制水晶昆虫身体的形状。选择工具箱中的 ⬜（椭圆形工具），在页面上绘制一个正圆形，然后在属性栏中将其宽度和高度均设为 44mm，如图 7-38 所示。接着单击属性栏中的 🔄（转换为曲线）按钮，将其转换为曲线。最后利用工具箱中的 🔧（形状工具）调整形状如图 7-39 所示。

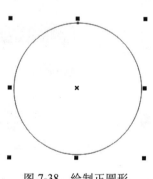

图 7-38　绘制正圆形　　　　　　　　　图 7-39　调整形状

3）填充图形。选中图形，按快捷键〈F11〉，在弹出的"编辑填充"对话框中设置黄绿色（参考颜色数值为 CMYK（50，30，100，0））–黄色（参考颜色数值为 CMYK（0，0，100，0））–白色（参考颜色数值为 CMYK（0，0，0，0））椭圆形渐变填充，如图 7-40 所示，单击"确定"按钮，效果如图 7-41 所示。

4）制作水晶昆虫身体上的花纹效果。利用工具箱中的 ⬜（矩形工具）绘制一个矩形，并在属性面板中将其宽度设为 47mm，高度设为 8mm。然后按〈+〉键 3 次，复制 3 个矩形。接着调整它们的位置，并利用"对象 | 对齐与分布 | 垂直居中对齐"命令，将它们垂直居中对齐，效果如图 7-42 所示。将上面两个矩形的填充色设为黑色，将下面两个矩形的颜色设为黑

色–30% 黑色–20% 黑色的椭圆形渐变填充，并将 4 个矩形的轮廓色设为无色，效果如图 7-43 所示。

5）将条纹指定到昆虫身体中去。框选 4 个矩形，在属性栏中单击 ⊞（组合对象）按钮，将它们进行群组。然后执行菜单中的"对象 |PowerClip（图框精确剪裁）| 置于图文框内部"命令，此时会出现一个 ➤ 图标，接着单击作为水晶昆虫身体的图形，效果如图 7-44 所示。

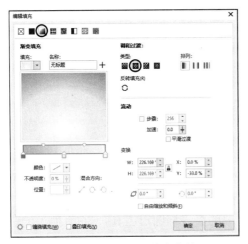

图 7-40　设置渐变填充参数 1

图 7-41　渐变填充效果

图 7-42　将矩形垂直居中对齐　图 7-43　设置矩形的填充色和轮廓色　图 7-44　将条纹指定到昆虫身体中去

6）绘制昆虫的头部。利用工具箱中的 ◯（椭圆形工具）绘制一个椭圆，然后在属性面板中将其宽度和高度均设为 25mm。接着按快捷键〈F11〉，在弹出的"编辑填充"对话框中设置其填充色为黑色–70% 黑色的椭圆形渐变填充，再将轮廓色设为无色。最后将其放置到图 7-45 所示的位置。

7）绘制昆虫的触角。利用工具箱中的 ✎（贝塞尔工具）绘制触角图形，如图 7-46 所示。然后按快捷键〈F12〉，在弹出的"轮廓笔"对话框中将"宽度"设为 20 像素，将"颜色"设为黑色。

8）制作触角的渐变色。按〈+〉键原地复制一个触角对象，并将其填充色改为白色。然后利用工具箱中的 ▨（透明度工具）选中复制后的触角，创建线性透明效果，效果如图 7-47 所示。

提示：如果选中白色的触角图形，执行菜单中的"对象|将轮廓转换为对象"命令，将其转换为对象后，可利用"编辑填充"对话框制作出同样的效果。

图 7-45　绘制昆虫的头部　　　　图 7-46　绘制触角图形　　　图 7-47　创建触角的线性透明效果

9）绘制触角顶端的小球。利用工具箱中的◯（椭圆形工具）绘制一个椭圆，然后在属性面板中将其宽度和高度均设为 4mm，接着按快捷键〈F11〉，在弹出的"编辑填充"对话框中设置填充色为黑−白椭圆形渐变填充，中心位移在"X："（水平方向）上为−30%，如图 7-48 所示，单击"确定"按钮。将轮廓色设为无色，并将其放置到图 7-49 所示的位置。

10）镜像复制整个触角。利用工具箱中的 ▶（挑选工具）选中触角和触角顶端的小球，然后在属性栏中单击 ▣（组合对象）按钮，将它们群组。接着单击左边中间的控制手柄，按住〈Ctrl〉键向右移动，再单击右键，从而镜像复制出另一侧的触角。最后执行菜单中的"对象 | 顺序 | 到页面背面"命令，将镜像复制后的触角置后，效果如图 7-50 所示。

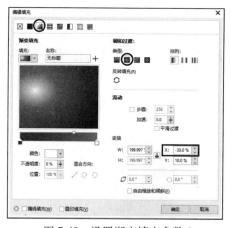

图 7-48　设置渐变填充参数 2　　　图 7-49　将触角放置到适当位置　　图 7-50　镜像复制触角

11）绘制出翅膀。利用工具箱中的 ✐（贝塞尔工具）绘制形状，如图 7-51 所示。然后设置填充色为 40% 黑色−白色的线性渐变，角度为 90°，接着设置轮廓色为 40% 黑色，效果如图 7-52 所示。

12）制作出内部翅膀的半透明效果。选中翅膀图形，按〈+〉键进行复制，然后对其适当等比例缩放后，将其填充为白色，轮廓色设为无色，效果如图 7-53 所示。接着利用工具箱中的 ▨（透明度工具）创建线性透明效果，效果如图 7-54 所示。

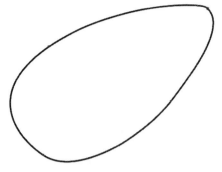

图 7-51　绘制出翅膀的形状

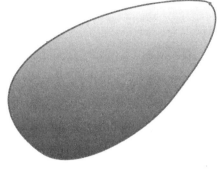

图 7-52　设置填充色和轮廓色的效果

图 7-53　将复制后的图形填充为白色

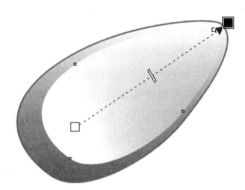

图 7-54　创建线性透明效果

13）制作出外部翅膀的半透明效果。利用▨（透明度工具）选中外部翅膀图形，然后在属性栏中单击🗐（复制透明度）按钮，此时会出现一个🢒图标，接着单击内部翅膀图形，最后同时选中内部和外部的翅膀，将其移动到适当位置，效果如图 7-55 所示。

14）利用工具箱中的🢒（选择工具）同时框选内外侧的翅膀图形，然后在属性栏中单击🗖（组合对象）按钮，将它们群组。接着单击左边中间的控制手柄，按住〈Ctrl〉键向右移动，再单击右键，从而镜像复制出翅膀，效果如图 7-56 所示。

图 7-55　将半透明翅膀移动到适当位置

图 7-56　镜像复制出另一侧的翅膀

15）制作出昆虫头部的高光效果。利用工具箱中的 ⬚（椭圆形工具）绘制一个椭圆，然后在属性面板中将其宽度设为 23mm，高度设为 21mm，并将其填充色设为白色，轮廓色设为无色，效果如图 7-57 所示。接着利用工具箱中的 ⬚（透明度工具）创建线性透明效果，效果如图 7-58 所示。

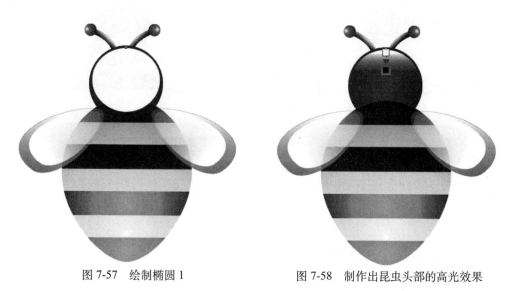

图 7-57　绘制椭圆 1　　　　　　　　图 7-58　制作出昆虫头部的高光效果

16）制作出昆虫身体上的高光效果。利用工具箱中的 ⬚（椭圆形工具）绘制一个椭圆，然后在属性面板中将其宽度设为 38mm，高度设为 33mm，并将其填充色设为白色，轮廓色设为无色，效果如图 7-59 所示。接着利用工具箱中的 ⬚（透明度工具）创建线性透明效果，效果如图 7-60 所示。

图 7-59　绘制椭圆 2　　　　　　　　图 7-60　制作出昆虫身体上的高光效果

17）此时昆虫身体上的透明效果有些死板，下面进一步刻画昆虫身体上的透明效果。选中昆虫身体图形，按〈+〉键进行复制。然后执行菜单中的"对象|PowerClip（图框精确剪裁）|提取内容"命令，从复制后的图形中提取出 4 个矩形，再按〈Delete〉键进行删除。接着利用工具箱中的 ⬚（透明度工具）创建线性透明效果，效果如图 7-61 所示。

18）利用工具箱中的▣（阴影工具）选中复制后的身体图形，然后制作投影效果如图7-62所示。

图7-61 进一步刻画透明效果

图7-62 制作投影效果

7.4 透视立体文字效果

 要点：

本例将制作一个透视立体文字效果，如图7-63所示。通过本例的学习，应掌握**字**（文本工具）、"添加透视"效果和▣（立体化工具）的综合应用。

图7-63 透视立体文字效果

 操作步骤：

1）执行菜单中的"文件 | 新建"（快捷键〈Ctrl+N〉）命令，新建一个宽度为290mm，高度为150mm，分辨率为300dpi，原色模式为CMYK，名称为"透视立体文字效果"的CorelDRAW文档。

2）选择工具箱中的**字**（文本工具），在页面中输入文本"Olympics"，然后在属性栏中设置"字体"为Arial Black，"字体大小"为130pt，效果如图7-64所示。

图 7-64　输入文字

3）将文字处理为透视效果。利用 选中文字，然后执行菜单中的"对象 | 添加透视"命令，此时文字上会显示出网格，如图 7-65 所示。接着调整网格四角控制点的位置，如图 7-66 所示。

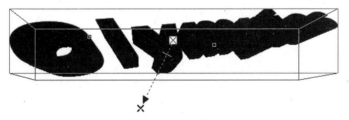

图 7-65　文字上显示出网格　　　　　　图 7-66　调整网格四角控制点的位置

4）给文字添加立体化效果。选择工具箱中的 ，然后在文字上按住左键并向下拖动到适当位置，如图 7-67 所示。

图 7-67　立体化效果

5）改变立体化效果的颜色。在属性栏中单击 按钮，然后从弹出的下拉面板中设置"从"的色板为青色（参考颜色数值为 CMYK (100, 0, 0, 0)），"到"的色板为浅绿色（参考颜色数值为 CMYK (30, 0, 60, 0)），如图 7-68 所示，效果如图 7-69 所示。

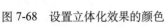

图 7-68　设置立体化效果的颜色　　　　图 7-69　改变立体化效果的颜色

6）改变立体化的类型。在属性栏的"立体化类型"下拉列表中选择 ![]，如图 7-70 所示，效果如图 7-71 所示。然后将鼠标放置到 × 控制柄上，按住鼠标左键向上拖动到适当位置，效果如图 7-72 所示。

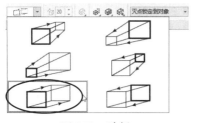

图 7-70　选择 ▭▾

图 7-71　拖动到适当位置

图 7-72　改变立体化的类型

7）为立体化添加修饰边。在属性栏中单击 ⊕（立体化倾斜）按钮，从弹出的下拉面板中设置参数如图 7-73 所示，效果如图 7-74 所示。

图 7-73　设置修饰边的参数　　　　　　　　图 7-74　修饰边的效果

8）改变修饰边的颜色。在属性面板中单击 ⊕（立体化颜色）按钮，然后在弹出的下拉面板中单击 ▣ 按钮，使其凸起，然后将修饰边颜色设为白色，如图 7-75 所示，效果如图 7-76所示。

图 7-75　设置修饰边的颜色　　　　　　　　图 7-76　将修饰边颜色设为白色的效果

9）改变立体化的光线效果。在属性栏中单击 （立体化照明）按钮，在弹出的下拉面板中勾选"1"复选框，然后将其移动到适当位置，并将"强度"设为 75，如图 7-77 所示，效果如图 7-78 所示。

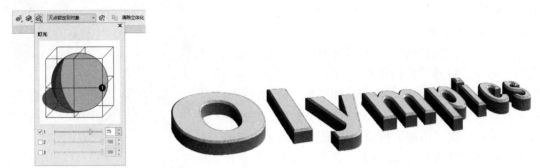

图 7-77　设置立体化照明的参数　　　　　　图 7-78　改变立体化的光线效果

10）给文字添加背景。双击工具箱中的 ▭ （矩形工具），从而创建一个与文档尺寸等大的矩形。然后按快捷键〈F11〉，在弹出的"编辑填充"对话框中设置参数，如图 7-79 所示，单击"确定"按钮。最后执行菜单中的"对象 | 顺序 | 到页面背面"（快捷键〈Ctrl+End〉）命令，将矩形放置到文字后面，最终效果如图 7-63 所示。

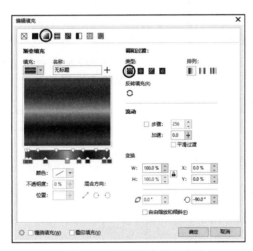

图 7-79　设置渐变填充参数

7.5　海报设计

要点：

本例将制作一幅很特别的海报，如图 7-80 所示。海报上没有任何图片，而是排列着 4 行由艺术化后的字母构成的图形，字母艺术化的处理手法包括立体化、线框化、填充图样等多种特效。通过本例的学习，应掌握 ▣ （立体化工具）、▣ （轮廓图工具）以及 ◙ （交互式填充工具）等功能的应用。

操作步骤：

1）执行菜单中的"文件｜新建"（快捷键〈Ctrl+N〉）命令，新建一个宽度为 216mm，高度为 303mm，分辨率为 300dpi，原色模式为 CMYK，名称为"海报设计"的 CorelDRAW 文档。

2）设置出血辅助线。执行菜单中的"布局｜文档选项"命令，打开"文档选项"对话框。然后在左侧选择"辅助线"，再进入"Horizontal（水平）"选项卡，在下方数值栏内依次输入 3、300 这两个数值，每次输入完后单击一次"添加"按钮，如图 7-81 所示。接着进入"Vertical（垂直）"选项卡，在下方数值栏内依次输入 3、213 这两个数值，每次输入完后单击一次"添加"按钮，如图 7-82 所示。最后，单击"确定"按钮，此时页面辅助线如图 7-83 所示。

> 提示：上下左右边缘的辅助线是出血线，各线距边3mm。
> 也可以用此方式为页面排版内容设置精确辅助线。

图 7-80　海报设计

3）双击工具箱中的 ☐（矩形工具），从而创建一个与文档尺寸等大的矩形。然后双击状态栏中 ◈（填充）后面的色块（或按快捷键〈F11〉），在弹出的"编辑填充"对话框中将矩形填充色设为淡青色（参考颜色数值为 CMYK（30，0，0，0）），效果如图 7-84 所示。接着右键单击默认 CMYK 调色板中的 ☐ 色块，将矩形的轮廓色设为无色。最后右击绘图区中矩形，从弹出菜单中选择"锁定对象"命令，将矩形锁定。

图 7-81　设置水平辅助线

图 7-82　设置垂直辅助线

4）现在开始制作第 1 行左起第 1 个字母"c"的立体特效。利用工具箱中的 字（文本工具）在绘图区中输入字母"c"，然后在属性栏中设置"字体"为 Arial Black，"字体大小"为 150pt，接着执行菜单中的"对象｜转换为曲线"（快捷键〈Ctrl+Q〉）命令，将文本转为曲线，并调整到合适大小（海报共需排列 4 行 5 列字母）后放置于页面左上角。最后将它的填充色设为与海报背景相同的蓝色（参考颜色数值为 CMYK (60, 0, 10, 0)），轮廓色设为深蓝色（参考颜色数值为 CMYK (100, 0, 20, 50)），🖊（轮廓宽度）设为 2pt，效果如图 7-85 所示。

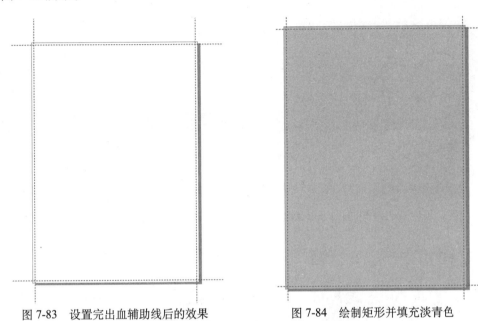

图 7-83　设置完出血辅助线后的效果　　　　图 7-84　绘制矩形并填充淡青色

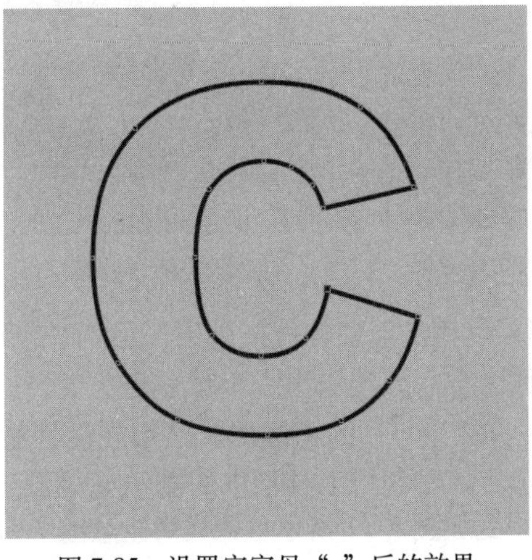

图 7-85　设置完字母"c"后的效果

5）接下来为平面的文字图形增加立体化效果。选择工具箱中的▣（立体化工具），选中字母"c"并向右下方任意拖动一段距离，效果如图 7-86 所示。然后在属性栏中单击 ⬚▾（立体化类型）按钮，如图 7-87 所示，在下拉选项中选中第 3 行第 1 个小图标，它表示立体结构没有透视变化，前后宽度一致。接着在绘图区中调整字母"c"的立体效果，如图 7-88 所示。

6）更改立体字的阴影颜色。在属性栏中单击 ⚙ （立体化颜色）按钮，然后在弹出的面板中单击 ▣ （使用纯色）按钮，接着单击 ■■■■ ▾ 按钮，设置一种蓝色（参考颜色数值为CMYK（100，0，20，50）），这种颜色与字母的轮廓线颜色相同，效果如图 7-89 所示。至此，第 1 个立体字母效果制作完成。

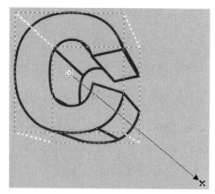

图 7-86　应用 ⚙ 工具选中字母并向右下方拖动

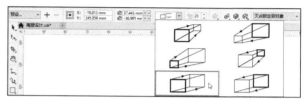

图 7-87　设置"立体化类型"

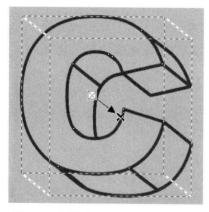

图 7-88　调整字母"c"的立体效果

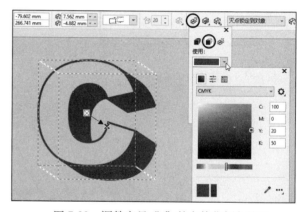

图 7-89　调整字母"c"的立体化颜色效果

7）第 2 个字母"o"是线状图的重复构成，采用一种简单的方法来制作。利用工具箱中的 ◯ （椭圆形工具）在工作区空白处绘制出一个填充色为无色、轮廓色为深蓝色（参考颜色数值为 CMYK（100，0，20，50））的正圆形。然后在属性栏中将 🖊 （轮廓宽度）设为0.5mm，效果如图 7-90 所示。接着利用工具箱中的 ▣ （轮廓图工具）单击该圆形，在属性栏中设置相应的参数，从而得到如图 7-91 所示效果（请注意图 7-91 属性栏中圈选出的参数），形成了一种有趣的重复式线状结构。

8）将制作好的字母"o"全部选中，移到海报中字母"c"的右侧，效果如图 7-92 所示。

9）接下来制作的第 3 个字母"r"也是立体文字，但不同的是它的阴影深度较长。首先利用工具箱中的 字 （文本工具）在工作区空白处输入字母"r"，然后在属性栏中设置"字体"为 Arial Black，"字体大小"为 200pt，接着按快捷键〈Ctrl+Q〉将文本转为曲线。最后将它的填充色设为与海报背景相同的蓝色（参考颜色数值为 CMYK（30，0，0，0）），轮廓色设为粉红色（参考颜色数值为 CMYK（0，60，30，0）），并在属性栏中将 🖋（轮廓宽度）设为 0.7mm，效果如图 7-93 所示。

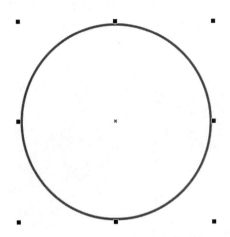

图 7-90　绘制正圆形并设置属性

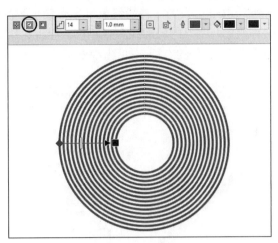

图 7-91　形成有趣的重复式线状结构

图 7-92　将制作好的字母"o"移到海报中字母"c"的右侧

10）为平面的文字图形增加立体化效果。选择工具箱中的 ⊡（立体化工具），选中字母"r"并向右下方拖动一段稍长的距离，然后选中 ⬚（立体化类型）按钮，在下拉选项中选中第 3 行第 1 个小图标，它表示立体结构没有透视变化，前后宽度一致。接着在绘图区中调整字母"r"的立体效果，如图 7-94 所示。

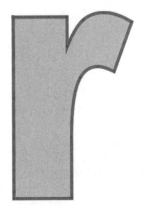

图 7-93　输入字母"r"并设置属性

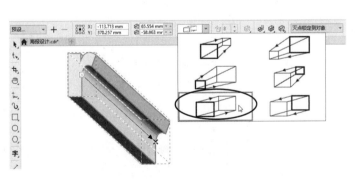

图 7-94　设置没有透视变化的立体阴影

11）将字母"r"的立体阴影颜色设为与前面的字母轮廓一致的粉红色。在属性栏中单击 ⚙（立体化颜色）按钮，然后在弹出的面板中单击 ▣（使用纯色）按钮，接着单击 ▬▬▬ 按钮，设为一种粉红色（参考颜色数值为 CMYK（0，60，30，0）），如图 7-95 所示，这种颜色与字母的轮廓线颜色相同。至此，第 3 个立体字母效果制作完成。下面将它移到海报中字母"o"的右侧，如图 7-96 所示。

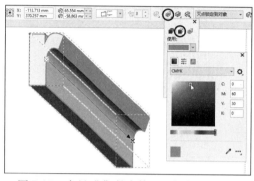

图 7-95　字母"r"的立体阴影颜色为粉红色

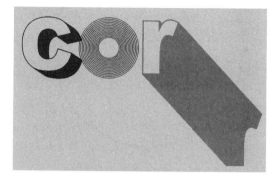

图 7-96　将制作好的字母"r"移到海报中
字母"o"的右侧

12）第 4 个字母"e"的特效也属于线状图的重复构成，但在生成重复线条结构之前，需要先对字母内部进行修整。利用工具箱中的 🄰（文本工具）在工作区空白处输入字母"e"，在属性栏中设置"字体"为 Arial Black，"字体大小"为 200pt，然后按快捷键〈Ctrl+Q〉将文本转为曲线。接着将它的填充色设为无色，轮廓色设为深蓝色（参考颜色数值为 CMYK（100，0，20，50）），在属性栏中将 ✒（轮廓宽度）设为 0.2mm，效果如图 7-97 所示。

13）下面需要将字母图形进行简化。使用工具箱中的 ⬚（形状工具）选中字母"e"中间小半圆形的节点，然后逐一按〈Delete〉键删除，得到如图 7-98 所示简洁的外形。接着利用工具箱中的 ▣（轮廓图工具）单击字母"e"，在属性栏中设置相应的参数，从而得到如图 7-99 所示效果（请注意图 7-99 属性栏中圈选出的参数）。

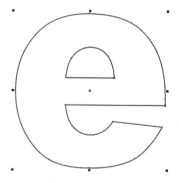

图 7-97　输入字母"e"并设置属性

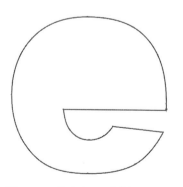

图 7-98　将字母图形进行简化

14）至此，第 4 个字母"e"的效果制作完成。下面将它移到海报中字母"r"的右侧，如图 7-100 所示。

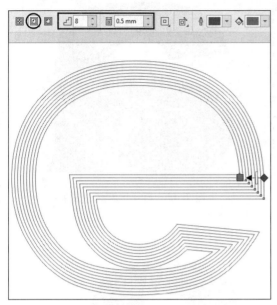

图 7-99　字母"e"的线框效果

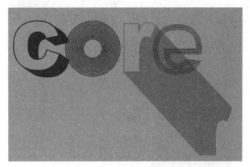

图 7-100　将制作好的字母"e"移到
海报中字母"r"的右侧

15）第 5 个字母"a"中填充了密集的斜条纹，仿佛织布纹理一般，应用"图样"来进行填充。先利用 字（文本工具）在工作区中输入字母"a"，在属性栏中设置"字体"为 Arial Black，"字体大小"为 200pt，然后单击属性栏中的 转（转换为曲线）按钮，将文本转为曲线。接着将它的轮廓色设为无色（填充色先暂定为黑色，因为后面要进行图样填充），最后使用工具箱中的 形状工具 选中字母"a"中间小图形的节点，再逐一按〈Delete〉键删除，效果如图 7-101 所示。

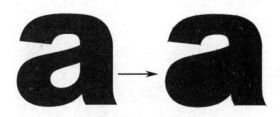

图 7-101　输入字母"a"并进行简化

16）利用工具箱中的 （交互式填充工具）单击字母"a"，然后在属性栏中单击 （双色图样填充），并在 （第一种填充色或图样）下拉列表框中选择 图样，再将 （前景颜色）设为藏青色（参考颜色数值为 CMYK（60，0，20，20）），将 （背景颜色）设为浅蓝色（参考颜色数值为 CMYK（100，0，30，50）），如图 7-102 所示，这种图样填充后默认状态的尺寸过大，如图 7-103 所示，下面在属性栏中单击 （编辑填充）按钮（或按快捷键〈F11〉），在弹出的"编辑填充"对话框中设置如图 7-104 所示，单击"确定"按钮，效果如图 7-105 所示。

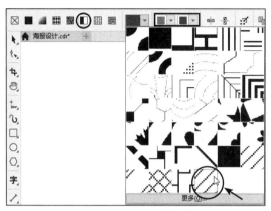

图 7-102　选择图样

图 7-103　默认图样填充效果

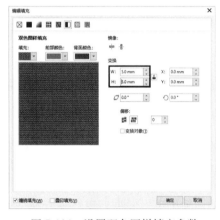

图 7-104　设置双色图样填充参数

图 7-105　字母 "a" 内部填充了非常密集的斜纹图样

17）至此，第 5 个字母 "a" 的效果制作完成。下面将它移到海报中字母 "e" 的右侧。此时，海报中第 1 行文字效果制作完成，效果如图 7-106 所示。

图 7-106　海报中第 1 行文字效果制作完成

18）第 2 行第 1 个字母是和第 1 排第 1 个字母相同的 "c"，因此只需进行复制，然后改变填充颜色为粉红色（参考颜色数值为 CMYK（0，60，30，0））即可，如图 7-107 所示。

19）第 2 行第 2 个字母 "h" 也是立体字，但不同的是该字母的阴影部分填充了图样。

下面先参照前面步骤制作立体字。方法：利用 字（文本工具）在绘图区第 2 行字母"c"右侧输入白色字母"h"，并在属性栏中设置"字体"为 Arial Black，"字体大小"为 180pt，然后利用工具箱中的 （立体化工具），选中字母"h"并向右下方拖动一段距离，再选中 （立体化类型）按钮，在下拉选项中选中第 3 行第 1 个小图标，它表示立体结构没有透视变化，前后宽度一致。接着在绘图区中调整字母"h"的立体效果，如图 7-108 所示。最后单击属性栏中的 （立体化颜色）按钮，然后在弹出的面板中单击 （使用纯色）按钮，暂时为字母"h"设置一种较深的阴影颜色，效果如图 7-109 所示。

图 7-107　复制字母"c"并改变填充色

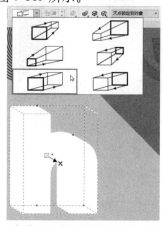

图 7-108　在绘图区中调整字母"h"的立体效果

20）在为立体字的阴影填充图样纹理之前，必须先进行拆分操作。执行菜单中的"对象｜拆分立体化群组"命令，对立体字进行拆分。

21）利用工具箱中的 （交互式填充工具）单击字母"h"的阴影部分，然后在属性栏中单击 （双色图样填充），并在 （第一种填充色或图样）下拉列表框中选择 图样，再将 （前景颜色）设为浅灰色（参考颜色数值为 CMYK（0，0，0，30））， （前景颜色）设为暗红色（参考颜色数值为 CMYK（60，100，80，20）），如图 7-110 所示。这种图样填充后默认状态的尺寸过大，如图 7-111 所示，下面在属性栏中单击 （编辑填充）按钮（或按快捷键〈F11〉），在弹出的"编辑填充"对话框中设置如图 7-112 所示，单击"确定"按钮，此时字母"h"阴影部分填充上了趣味的菱形图样，效果如图 7-113 所示。

图 7-109　为字母"h"设置一种较深的阴影颜色

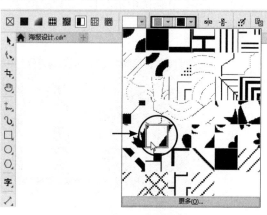

图 7-110　选择图样

图 7-111　默认图样填充效果

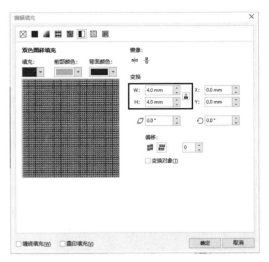

图 7-112　设置双色图样填充参数

图 7-113　字母"h"的图样填充效果

22）第 2 行第 3 个字母"i"只是一个填充了白色的图形，请读者自己制作。下面将第 2 行第 1 个字母"c"复制一份，放置于字母"i"右侧，然后执行菜单中的"对象｜拆分立体化群组"命令，单独选中拆分后字母"c"的文字部分，在属性栏将 🖋（轮廓宽度）设为 0.5mm，效果如图 7-114 所示。

图 7-114　第2行第1个字母"c"复制一份，放置于字母"i"右侧

23）下面要对字母"c"的阴影部分进行透叠的处理。利用工具箱中的 （透明度工具）单击字母"c"的阴影部分（为了防止后面操作出现多余的线条，可以先右键单击默认 CMYK 调色板中的 ⬚ 色块，将轮廓色设为无色），然后在属性栏的设置如图 7-115 所示，此时文字的阴影与背景中其他图形发生透叠，效果如图 7-116 所示。

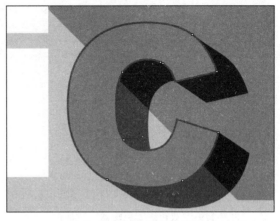

图 7-115　设置阴影部分的透明度参数　　　　图 7-116　对字母"c"阴影部分进行透叠的处理

24）同理，再制作出如图 7-117 所示的立体字"k"，但注意字母"k"与第 1 行字母"r"立体阴影的外边缘处于平行的状态，如图 7-118 所示，这样可以在独具个性的字母图形间建立巧妙的衔接关系。

图 7-117　制作立体字"k"　　　图 7-118　使字母"k"与第 1 行字母"r"立体阴影的外边缘平行

25）对立体字母"k"的文字部分进行自定义的图样填充。执行菜单中的"对象|拆分立体化群组"命令，将立体字母"k"进行拆分。然后利用工具箱中的 ◈（交互式填充工具）单击字母"k"的文字部分，在属性栏中单击 ▥（双色图样填充），此时默认双色图样中没有所需的图样，因此需要自己创建一个新图样。下面在 ▦▾（第一种填充色或图样）下拉列表框中单击"更多"按钮，弹出如图 7-119 所示的"双色图案编辑器"对话框，然后在右侧"位图尺寸"处选择 64×64，再直接用鼠标在左侧绘图区内绘制图案（右键单击画过的网格可将该网格恢复），绘制出如图 7-120 所示的大小相间的圆点图案，单击"确定"按钮。接着在属性栏中单击 ▦（编辑填充）按钮（或按快捷键〈F11〉），在弹出的"编辑填充"对

话框中将自定义图案的"W（宽度）"和"H（高度）"均设为 20.0mm，将 （前部颜色）设为棕色（参考颜色数值为 CMYK（65，95，90，30）），将 ▬▬▬（背面颜色）设为灰色（参考颜色数值为 CMYK（0，0，0，60）），如图 7-121 所示，单击"确定"按钮。此时字母"k"文字部分填充上了大小相间的圆点状图样，如图 7-122 所示。

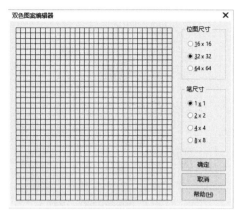

图 7-119 "双色图案编辑器"对话框

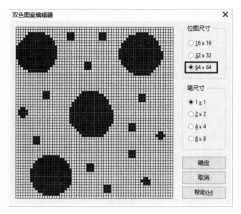

图 7-120 自定义单元图案形状

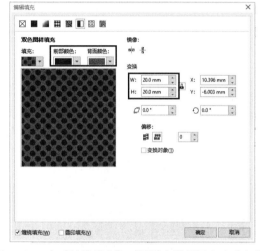

图 7-121 在"编辑填充"对话框中设置图案大小与颜色

图 7-122 字母"k"填充了图样后的效果

26）第 3 行第 1 个字母"c"的制作方法与前面字母"h"相同，请参照图 7-123 效果制作。

27）在工作区空白处绘制一大一小两个同心圆，然后分别将大圆形填充为粉红色（参考颜色数值为 CMYK（0，60，30，0）），小圆形填充为黑色（颜色参考数值为 CMYK（0，0，0，100）），轮廓色设为无色。接着利用工具箱中的 ▶（选择工具），按〈Shift〉键，同时选中两个圆形，单击属性栏的 ▣（移除前面对象）按钮，得到如图 7-124 所示的效果（大圆形中间变为镂空，图形代表字母"o"）。

28）字母"o"也要处理为立体化的效果，但它与前面的立体字稍有不同。利用工具箱中的 ▣（立体化工具），选中字母"o"并向左上方拖动一段距离，然后在属性栏中选中 ▭◩ ▾（立体化类型）按钮，在下拉选项中选中第 1 行第 1 个小图标（表示立体阴影具有向后逐渐变小的透视变化），接着在绘图区中调整字母"o"的立体效果，如图 7-125 所示。最后单击属性栏中的 （立体化颜色）按钮，在弹出的面板中单击 ⬛（使用纯色）按钮，为字母设置一种稍微深一些的紫色阴影颜色（颜色参考数值为 CMYK（40，80，0，0）），效果如图 7-126 所示。

图 7-123　第 3 行第 1 个字母"c"的效果

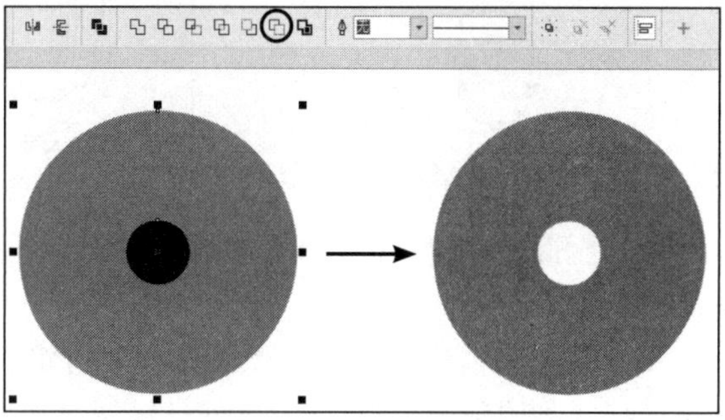

图 7-124　通过"后减前"将大圆形中间变为镂空

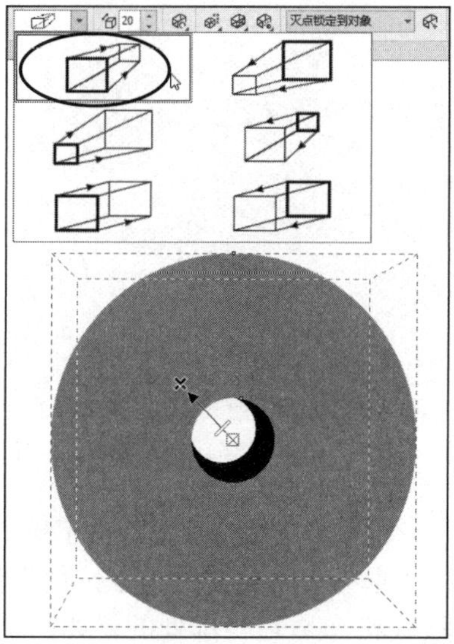

图 7-125　为字母"o"设置立体化效果

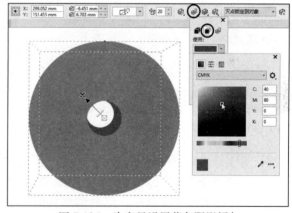

图 7-126　为字母设置紫色阴影颜色

29）在字母"o"的背后再添加一些环状的重复线条作为装饰图形。先绘制一个矩形，并设置轮廓色为蓝绿色（颜色参考数值为 CMYK（100，0，30，50）），填充色为 ▱（无色）。然后使用工具箱中的 ⬚（形状工具）在矩形的任一个角上拖动，可得到如图 7-127 所示的窄长的圆角矩形。

30）利用工具箱中的 ▣（轮廓图工具）单击该圆角矩形，然后在属性栏中设置相应的参数，从而得到如图 7-128 所示效果，形成了一种重复式线状结构。接着将这个线状图旋转 45°，移动到字母"o"的上面，参照图 7-129 进行对位，最后执行菜单中的"对象|顺序|向后一层"命令，使它移至字母"o"的后面一层。

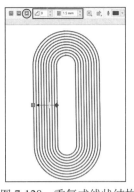

图 7-127　绘制一个窄长的圆角矩形　　图 7-128　重复式线状结构　　图 7-129　将线状图旋转 45°

31）至此，字母"o"的效果制作完成。下面将它移到海报中字母"c"的右侧，效果如图 7-130 所示。

32）接下来请读者自己参照图 7-131 制作字母"r"（立体字）的效果，并制作简化后的字母"e"（参照前面步骤 13）的做法）。

图 7-130　将字母"o"移至字母"c"的右侧　　图 7-131　制作字母"r"（立体字）和简化后的字母"e"

33）对字母"e"添加填充图样。利用工具箱中的 ◇（交互式填充工具）单击字母"e"，然后在属性栏中单击 ▣（双色图样填充），并在 ■■▾（第一种填充色或图样）下拉列表框中选择 ◪ 图样，如图 7-132 所示，这种圆点状图样填充后默认状态是倾斜排列的，如图 7-133 所示。而这时需要填充一种平行排列的圆点图案，下面在属性栏中单击 ▦（编辑填充）按钮（或按快捷键〈F11〉），接着在弹出的"编辑填充"对话框中设置如图 7-134 所示，单击"确定"按钮，此时字母"e"的填充图样效果如图 7-135 所示（应用同样的方法，制作字母"a"的图样填充效果）。

34）至此，3 行 5 列的字母效果制作完成，先来看一看目前的整体效果，如图 7-136 所示。

35）第 4 行的 5 个字母基本都是立体字类型，此处不再赘述，请读者自己制作，并在海报最下方添加两行英文，文字填充为深蓝色（参考颜色数值为 CMYK（100，0，20，50）），效果如图 7-137 所示。

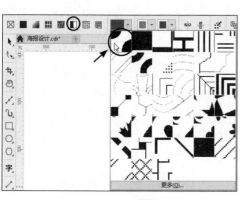

图 7-132　选择 图样

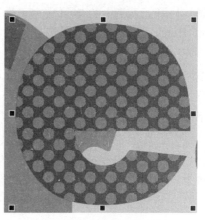

图 7-133　默认图样效果

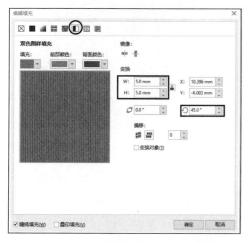

图 7-134　设置双色图样填充参数

图 7-135　字母 "e" 和字母 "a" 填充平行排列的圆点图案

图 7-136　海报中 3 行 5 列的字母效果

图 7-137　制作第 4 行文字效果并在海报最下方添加两行英文

36）利用工具箱中的 **字**（文本工具）在页面中输入两行段落文本，设置属性栏的"字体"为 Arial Black（读者可以自己选择适合的字体），然后拖动文本框右下角横向的小箭头向左移动，使字距减小，再向下拖动文本框右下角纵向的小箭头，使行距增大。接下来，为文字设置不同的填充色后，将它移到如图 7-138 所示位置。

37）最后，再做一些细节上的调整。例如第 3 行第 4 个字母"e"填充的图案效果与后面的字母"a"雷同，因此将"e"处理为与背景图透叠的效果，再添加上一些重复的小图形。方法：利用工具箱中的 ▨（透明度工具）单击字母"e"，然后在属性栏的设置如图 7-139 所示，注意在"合并模式"下拉列表中选择"减少"选项，并将 ▨（透明度）设为 0，使文字与背景中其他图形发生透叠，颜色整体变深。

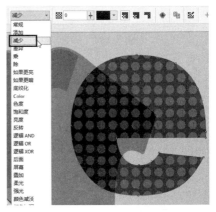

图 7-138　将文字移到第3、4行字母图形之间　　　　图 7-139　将"e"处理为与背景图透叠的效果

38）利用工具箱中的 ✐（贝塞尔工具）绘制出一个类似水滴的图形，填充为白色，然后复制出多个图形并按图 7-140 所示效果进行排列。至此，整个海报制作完成，最终效果如图 7-141 所示。

图 7-140　绘制出一个类似水滴的图形并进行复制　　　图 7-141　海报制作完成的最终效果

7.6　课后练习

　　1. 制作如图 7-142 所示的立体五角星效果，效果可参考网盘中的"课后练习 \7.6 课后练习 \ 练习 1\ 立体五角星 .cdr"文件。

　　2. 制作如图 7-143 所示的倒角立体字效果，效果可参考网盘中的"课后练习 \7.6 课后练习 \ 练习 2\ 倒角立体字效果 .cdr"文件。

图 7-142　练习 1 效果

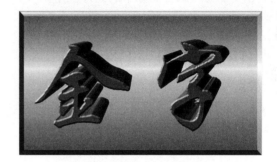

图 7-143　练习 2 效果

第8章 位图颜色调整与滤镜效果的使用

在CoreIDRAW 2019中可以对导入的位图进行色调以及颜色的亮度、强度和深度的调整，从而提高位图颜色的质量。此外，在CoreIDRAW 2019中还可以对位图添加多种位图处理滤镜，通过使用这些滤镜可以使图像产生多种特殊变化。通过本章的学习，读者应掌握位图颜色调整与滤镜效果在实际中的具体应用。

8.1 浮雕文字

 要点：

本例将制作浮雕文字效果，如图8-1所示。通过本例的学习，应掌握将矢量文字转换为位图、"高斯式模糊"滤镜和"浮雕"滤镜的综合应用。

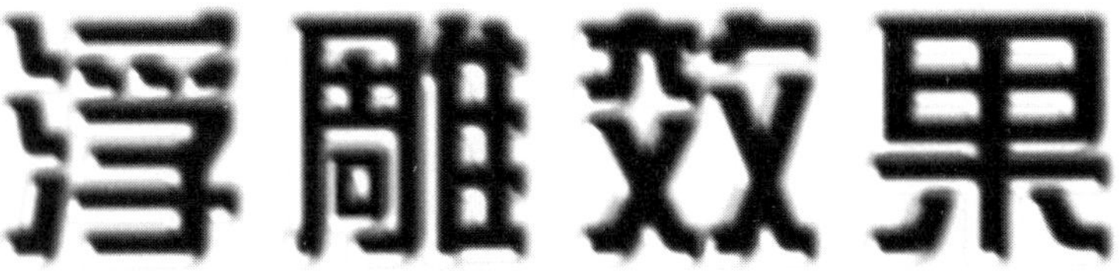

图 8-1　浮雕文字

 **操作步骤：**

1）执行菜单中的"文件｜新建"（快捷键〈Ctrl+N〉）命令，新建一个宽度为80mm，高度为40mm，分辨率为300dpi，原色模式为CMYK，名称为"浮雕文字"的CoreIDRAW文档。

2）选择工具箱中的 字 （文本工具），然后在属性栏中设置"字体"为"汉仪综艺体简"，"字体大小"为48pt，接着在绘图区中输入黑色文字"浮雕效果"，最后执行菜单中的"对象｜对齐与分布｜对页面居中"命令，将文字居中对齐，效果如图8-2所示。

图 8-2　输入文字并居中对齐

3）制作模糊效果。执行菜单中的"效果｜模糊｜高斯式模糊"命令，在弹出的"高斯式模糊"对话框中设置参数，如图8-3所示，单击"确定"按钮，效果如图8-4所示。

图 8-3　设置"高斯式模糊"参数　　　　　　图 8-4　高斯式模糊效果

4）制作浮雕效果。方法：执行菜单中的"效果 | 三维效果 | 浮雕"命令，然后在弹出的"浮雕"对话框中设置各项参数，如图 8-5 所示，单击"确定"按钮，效果如图 8-6 所示。

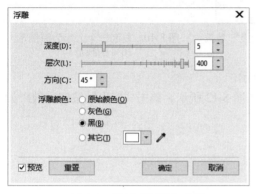

图 8-5　设置"浮雕"参数　　　　　　　　图 8-6　浮雕效果

8.2　光盘盘面设计

　要点：

本例将设计一个光盘盘面，如图 8-7 所示。通过本例的学习，应掌握"颜色"和"变换"泊坞窗、◯（椭圆形工具）、字（文本工具）和▱（阴影工具）以及"置于图文框内部"命令的综合应用。

　操作步骤：

1）执行菜单中的"文件 | 新建"（快捷键〈Ctrl+N〉）命令，新建一个宽度和高度均为 150mm，分辨率为 300dpi，原色模式为 CMYK，名称为"光盘盘面设计"的 CorelDRAW 文档。

2）利用工具箱中的◯（椭圆形工具），配

图 8-7　光盘盘面设计

合键盘上的〈Ctrl〉键，在绘图区中绘制一个正圆形。然后在属性栏中将圆形的直径设为 116.0mm，接着执行菜单中的"对象 | 对齐与分布 | 对页面居中"命令，将其居中对齐，效果如图 8-8 所示。

3）执行菜单中的"窗口 | 泊坞窗 | 变换"命令，调出"变换"泊坞窗，然后设置参数如图 8-9 所示，单击"应用"按钮，从而产生一个大小为原图形 30% 的圆形，如图 8-10 所示。

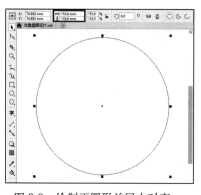

图 8-8　绘制正圆形并居中对齐

图 8-9　设置"变换"参数

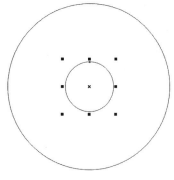

图 8-10　复制一个大小为原图形 30% 的圆形

4）再次单击"应用"按钮，效果如图 8-11 所示。

5）将"X:"和"Y:"比例数值均设为 240%，如图 8-12 所示。单击"应用"按钮，效果如图 8-13 所示。

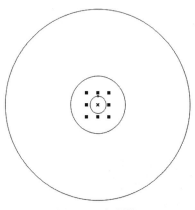

图 8-11　复制效果

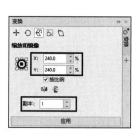

图 8-12　调整"变换"参数

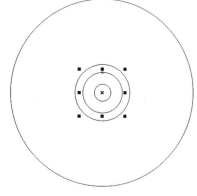

图 8-13　复制一个大小为原图形 240% 的圆形

6）将最小的圆的填充色设为白色，轮廓色设为无色。然后执行菜单中的"对象 | 顺序 | 向前一层"命令（快捷键〈Ctrl+PgUp〉），将其向前调整一层。

7）分别选中中间的两个圆，将它们的填充色分别设为浅灰色（颜色参考数值为 CMYK（0, 0, 0, 15））和青色（颜色参考数值为 CMYK（100, 0, 0, 0）），轮廓色设为无色，如图 8-14 所示。

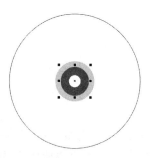

图 8-14　使用不同颜色填充圆

8）执行菜单中的"文件 | 导入"命令（或者单击工具栏中的 （导入）按钮），导入网盘中的"素材及结果 \8.2 光盘盘面设计 \ 鸟语花香 .jpg"图片。然后选中导入的图片，执行菜单中的"对象 |PowerClip（图框精确剪裁）| 置于图文框内部"命令，再将光标指向大圆形，如图 8-15 所示。接着单击鼠标，效果如图 8-16 所示。

提示：可以执行菜单中的"对象 |PowerClip（图框精确剪裁）| 编辑 PowerClip"命令（或在左上方单击 编辑 按钮），对放置在容器中的图片进行再次编辑。编辑后执行菜单中的"效果 |PowerClip（图框精确剪裁）| 完成编辑 PowerClip"命令（或在左上方单击 ✓ 完成 按钮），即可结束编辑。

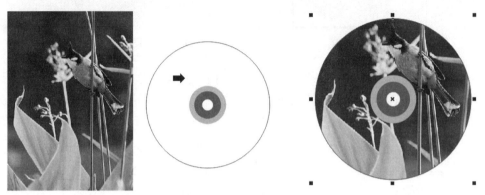

图 8-15　将光标指向大圆形　　　　　　　　图 8-16　图形效果

9）制作光盘的灰边效果。利用工具箱中的 （挑选工具）选中大圆形，然后将轮廓宽度设为 5pt，将轮廓色设为淡灰色（颜色参考数值为 CMYK（0，0，0，10）），效果如图 8-17 所示。

图 8-17　制作光盘的灰边效果

10）制作光盘的阴影效果。利用工具箱中的 （阴影工具）单击绘图区中的大圆形，然后在属性栏中设置参数如图 8-18 所示，接着在绘图区中调整阴影的位置，效果如图 8-19 所示。

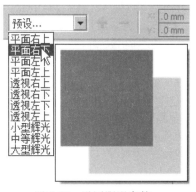

图 8-18　设置阴影参数

图 8-19　阴影效果

11）添加光盘盘面上的文字效果。选择工具箱中的 字 （文本工具），然后在属性栏中设置文字属性如图 8-20 所示，接着在绘图区中输入文字"自然图库"，并将文字颜色设为橘黄色（颜色参考数值为 CMYK（0，60，100，10）），最后将文字放置到如图 8-21 所示的位置。

图 8-20　设置文字属性

图 8-21　放置文本

8.3　半透明裁剪按钮设计

 要点：

本例将制作一个半透明裁剪按钮，如图 8-22 所示。通过本例的学习，应掌握 □（矩形工具）、◢（贝塞尔工具）、▒（透明度工具）、将矢量图形转换为位图和"高斯式模糊"位图滤镜的综合应用。

图 8-22　半透明裁剪按钮

操作步骤：

1）执行菜单中的"文件 | 新建"（快捷键〈Ctrl+N〉）命令，新建一个宽度和高度均为 200mm，分辨率为 300dpi，原色模式为 CMYK，名称为"半透明裁剪按钮设计"的 CorelDRAW 文档。

2）选择工具箱中的□（矩形工具），在页面中绘制一个矩形，然后在属性面板中设置矩形的宽度和高度均为 100mm，"圆角半径"为 15，参数设置及效果如图 8-23 所示。接着执行菜单中的"对象 | 对齐与分布 | 对页面居中"命令，将其居中对齐。

3）按快捷键〈F11〉，在弹出的"编辑填充"对话框中设置颜色为灰色（颜色参考数值为 CMYK（35，25，25，10）），单击"确定"按钮。然后右键单击默认 CMYK 调色板中的☑色块，将轮廓色设为无色，效果如图 8-24 所示。

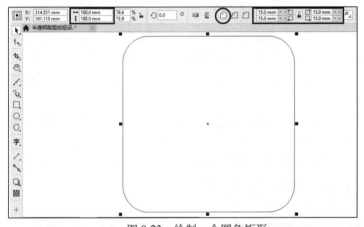

图 8-23　绘制一个圆角矩形

图 8-24　填充后的效果

4）执行菜单中的"效果 | 模糊 | 高斯式模糊"命令，在弹出的"高斯式模糊"对话框中设置如图 8-25 所示，单击"确定"按钮，效果如图 8-26 所示。

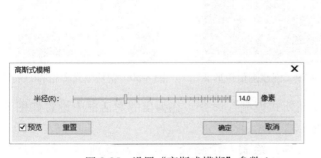

图 8-25　设置"高斯式模糊"参数 1

图 8-26　高斯式模糊效果 1

5）选择工具箱中的□（矩形工具），在页面中再绘制一个矩形，然后在属性栏中设置矩形的宽度和高度均为 93mm，"圆角半径"为 15。接着执行菜单中的"对象 | 对齐与分布 | 在页面居中"命令，将其在页面中居中对齐，效果如图 8-27 所示。

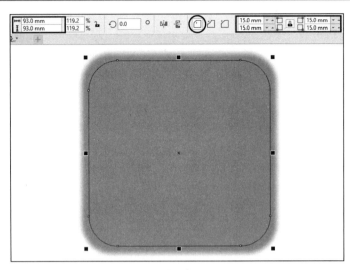

图 8-27　创建圆角矩形1

6）在属性栏中将 ⬠（轮廓宽度）设为 4mm，然后右键单击默认 CMYK 调色板中的 10% 黑色块，从而将轮廓色设为 10% 黑色。接着按快捷键〈F11〉，在弹出的"编辑填充"对话框中设置填充色为天蓝色（参考颜色数值为 CMYK（75，15，25，5）），单击"确定"按钮，效果如图 8-28 所示。

7）选择工具箱中的▢（矩形工具），在页面中再绘制一个矩形，然后在属性面板中设置矩形的宽度和高度均为 80mm，"圆角半径"为 15。接着执行菜单中的"对象|对齐和分布|对页面居中"命令，将其在页面中居中对齐，效果如图 8-29 所示。最后将其填充色设为 CMYK（55，0，15，0），轮廓色设为无色，效果如图 8-30 所示。

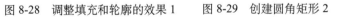

图 8-28　调整填充和轮廓的效果 1　　　图 8-29　创建圆角矩形 2　　　图 8-30　调整填充和轮廓的效果 2

8）执行菜单中的"效果|模糊|高斯式模糊"命令，在弹出的对话框中设置如图 8-31 所示。单击"确定"按钮，效果如图 8-32 所示。

9）利用工具箱中的 ✐（贝塞尔工具）绘制一个路径，如图 8-33 所示。然后按快捷键〈F12〉，在弹出的"轮廓笔"对话框中设置如图 8-34 所示。单击"确定"按钮，效果如图 8-35 所示。

10）执行菜单中的"效果|模糊|高斯式模糊"命令，在弹出的对话框中设置如图 8-36 所示。单击"确定"按钮，效果如图 8-37 所示。

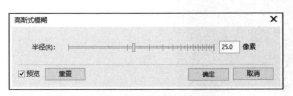

图 8-31　设置"高斯式模糊"参数 2

图 8-32　高斯式模糊效果2

图 8-33　绘制路径

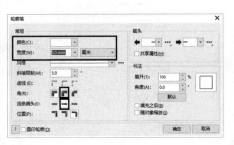

图 8-34　设置"轮廓笔"参数

图 8-35　调整参数后的效果

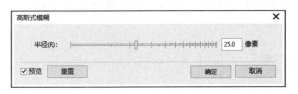

图 8-36　设置"高斯式模糊"参数 3

图 8-37　高斯式模糊效果 3

11）选择工具箱中的□（矩形工具），在页面中再绘制一个矩形，然后在属性栏中将矩形的宽度和高度均设为80mm，"圆角半径"为 15。接着执行菜单中的"对象|对齐与分布|对页面居中"命令，将其在页面中居中对齐，效果如图 8-38 所示。

12）添加节点。单击属性栏中的 ⟳（转换为曲线）按钮，将圆角矩形转换为曲线，如图 8-39 所示。然后选择工具箱中的 ⟨（形状工具），在曲线下面的边的中部单击右键，从弹出的快捷菜单中选择"添加"命令，如图 8-40 所示，从而添加一个节点，如图 8-41 所示。

提示：选择 ⟨（形状工具），在曲线下面的边的中部双击鼠标，也可以添加一个节点。

图 8-38　创建圆角矩形 3

图 8-39　将圆角矩形转换为曲线　　图 8-40　选择"添加"命令　　图 8-41　添加节点

13）调整形状。分别选择下方两个圆角处的两个节点进行删除，然后调整添加节点的位置，如图 8-42 所示。接着右键单击最下方的两个节点，从弹出的快捷菜单中选择"尖突"命令，如图 8-43 所示，再调整形状如图 8-44 所示。

图 8-42　调整添加节点的位置　　图 8-43　选择"尖突"命令　　图 8-44　调整形状

14）右键单击默认 CMYK 调色板中的▨色块，将轮廓色设为无色。然后左键单击默认 CMYK 调色板中的白色，将填充色设为白色，效果如图 8-45 所示。

15）调整透明度。利用工具箱中的▨（透明度工具）单击该图形，然后在属性栏中将 ▨（透明度）设为 70，效果如图 8-46 所示。

图 8-45　将图形填充为白色　　　　　　　图 8-46　调整透明度的效果

16）利用▨（贝塞尔工具）绘制剪刀的形状，并将其填充为暗青色（参考颜色数值为 CMYK（75，25，35，10）），如图 8-47 所示。然后利用工具箱中的▨（透明度工具）单击 剪刀图形，再在属性栏中将▨（透明度）设为 55，效果如图 8-48 所示。

图 8-47　绘制剪刀图形　　　　　　　　　图 8-48　调整剪刀图形的透明度

17）执行菜单中的"对象 | 顺序 | 向后一层"命令，将剪刀图形向后移动一层，最终效 果如图 8-22 所示。

8.4　请柬设计

 要点：

　　本例将制作一个印有类似版画套色效果的水果图形 的对折形式的请柬，效果如图 8-49 所示。通过本例的学 习，应掌握"描摹位图""颜色平衡"和"亮度 / 对比 度 / 强度"等校色功能的使用，对原始的摄影图片进行 大幅度的颜色处理，使图片颜色符合整体设计的需求。

图 8-49　请柬设计

操作步骤：

1）执行菜单中的"文件 | 新建"（快捷键〈Ctrl+N〉）命令，新建一个宽度为 150mm，高度为 100mm，分辨率为 300dpi，原色模式为 CMYK，名称为"请柬设计"的 CorelDRAW 文档。

2）利用工具箱中的 □ （矩形工具）在绘图区中绘制一个矩形，然后设置宽度为 85mm，高度为 60mm。接着设置其填充色为橘黄色（参考颜色数值为 CMYK（0，40，100，0））。再右键单击默认 CMYK 调色板中的 ☐ 色块，将轮廓色设为无色，效果如图 8-50 所示。

3）执行菜单中的"文件 | 导入"（快捷键〈Ctrl+I〉）命令，在弹出的如图 8-51 所示的"导入"对话框中选择网盘中的"素材及结果 \8.4 请柬设计 \apple.eps"文件（这张图片事先在 Photoshop 中将苹果外形制作为路径，并在"路径"面板中将路径存储为"剪切路径"，这样图片在置入 CorelDRAW 后会自动去除背景），单击"导入"按钮。然后在弹出的如图 8-52 所示的"导入 EPS"对话框中单击"曲线"单选按钮，然后单击"确定"按钮。此时光标变为置入图片的特殊状态，接着在页面中单击导入素材，如图 8-53 所示。

图 8-50　新建文件并绘制橘黄色矩形

图 8-51　"导入"对话框

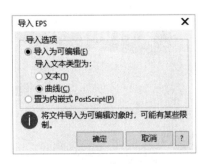

图 8-52　"导入 EPS"对话框

图 8-53　苹果图片导入页面并添加了控制节点

4）选择工具箱中的 ▶（选择工具）选中导入的苹果图片，拖动控制手柄将它缩小到矩形底色的范围内。此时图片仍然是点阵图，要进行更多的图形化编辑，必须先将它转化为矢量图形。下面执行菜单中的"位图 | 转换为位图"命令，然后执行菜单中的"位图 | 轮廓描摹 | 线条图"命令，在弹出的对话框中设置如图 8-54 所示，将"图像类型"设为"线条图"，并将"颜色数"缩减为 15，单击"确定"按钮，此时摄影图片被转换为由色块构成的矢量图形，效果如图 8-55 所示。

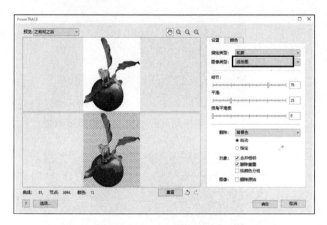

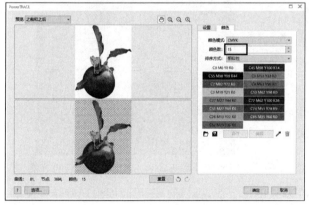

图 8-54　对图像进行描摹操作　　　　图 8-55　描摹处理后点阵图转换为矢量图形

5）进行颜色调整。为了使图片与底图更好地融合在一起，下面先对它的色相进行调整。利用工具箱中的 ▶（选择工具）选中苹果图形，然后执行菜单中的"效果 | 调整 | 颜色平衡"命令，在弹出的对话框中如图 8-56 所示设置参数，单击"确定"按钮，从而增加图像中品红色和黄色的成分，效果如图 8-57 所示。

6）色相改变之后，下面加强图形的明暗对比度。执行菜单中的"效果 | 调整 | 亮度 / 对比度 / 强度"命令，在弹出的对话框中如图 8-58 所示设置参数，先降低图像的亮度，再增加图像的对比度。然后单击"确定"按钮，效果如图 8-59 所示。

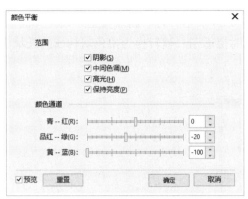

图 8-56 "颜色平衡"对话框

图 8-57 增加品红色和黄色后的图像效果

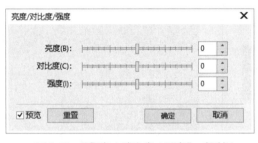

图 8-58 "亮度 / 对比度 / 强度"对话框

图 8-59 降低亮度、增加对比度后的效果

7）利用工具箱中的 ⬚（选择工具）在苹果图形上双击鼠标，图形四周出现旋转控制柄，拖动控制柄使图形顺时针方向旋转到如图 8-60 所示的状态。然后利用工具箱中的 ⬚（矩形工具）在绘图区中绘制出第 1 个矩形，并设置宽度为 70mm，高度为 11mm，填充为黑色。接着再绘制出第 2 个矩形，设置宽度为 42mm，高度为 5mm，填充色为白色，轮廓色为黑色，并在属性栏中将 ⬚（轮廓宽度）设为 0.35mm。最后将两个矩形按照图 8-61 所示的效果置于底图上端。

8）在黑白两个矩形内添加文字。利用工具箱中的 ⬚（文本工具）在绘图区中输入文本"A Fruity Festival"，并在属性栏中将"字体"设为 Arial Black。然后按〈Ctrl+F8〉组合键将文本转为段落文本，此时文字四周出现控制手柄，接着拖动控制手柄将文字拉大，并将它填充为白色，如图 8-62 所示。最后再在白色矩形上添加一行黑色小字。

9）至此，请柬封面制作完成，为了更好地体现它的立体展示效果，将它进行透视变形，使其形成立于桌面上的效果。先利用工具箱中的 ⬚（挑选工具）将所有图形都选中，按〈Ctrl+G〉组合键组成群组。然后执行菜单中的"对象 | 添加透视"命令，此时在请柬的

四周出现红色的矩形网格，接着利用工具箱中的 拖动 4 个角的控制柄来调整对象的透视效果，使请柬封面产生近大远小的透视变形，如图 8-63 所示。

图 8-60　将图形顺时针方向旋转

图 8-61　绘制两个矩形并置于底图上端

图 8-62　添加白色文字

图 8-63　使请柬封面产生近大远小的透视变形

10）添加请柬封底的透视效果。先利用 绘制出如图 8-64 所示的闭合路径，然后执行菜单中的"对象|顺序|向后一层"命令（或按〈Ctrl+PgDn〉组合键），使这个闭合路径移到封面的后面。接着利用工具箱中的 单击该路径，在属性栏中选择 ，渐变"类型"设为 ，再设置渐变色为黑色到浅灰色，效果如图 8-65 所示。

图 8-64　绘制出封底形状的路径

图 8-65　利用"交互式填充工具"设置渐变的效果

11）最后，再绘制出一个黑色的四边形，简单的请柬展示效果便完成了。最终效果如图 8-49 所示。

8.5 课后练习

1. 制作如图 8-66 所示的标志效果，效果可参考网盘中的"课后练习 \8.5 课后练习 \ 练习 1\ 盘封设计 .cdr"文件。

图 8-66 练习1效果

2. 制作如图 8-67 所示的标志效果，效果可参考网盘中的"课后练习 \8.5 课后练习 \ 练习 2\ 舞蹈宣传折页立体效果 .cdr"文件。

图 8-67 练习2效果

第3部分　综合实例演练

■ 第 9 章　综合实例

第9章 综 合 实 例

通过前面8章的学习，大家已经掌握了CorelDRAW 2019的一些基本操作。本章将通过手提纸袋设计、时尚卡通T恤衫设计和饮料包装设计3个综合实例来具体讲解Corel-DRAW 2019在实际设计工作中的具体应用，旨在帮助读者拓宽思路，提高综合运用Corel-DRAW 2019的能力。

9.1 手提纸袋设计

 要点：

本例设计的是一款手提纸袋的立体展示效果图，如图9-1所示。手提纸袋画面采用水果图形与文字的混合编排，整体风格简洁而又清新自然，属于在第一眼便可打动人的优秀设计。通过本例的学习，应掌握纸袋立体造型的绘制、文字外形的修改以及图像的色彩调整（"图像调整实验室"和"色度/饱和度/亮度"调节功能）等的综合应用。

 操作步骤：

1）执行菜单中的"文件|新建"（快捷键〈Ctrl+N〉）命令，新建一个宽度为125mm，高度为180mm，分辨率为300dpi，原色模式为CMYK，名称为"手提纸袋设计"的CorelDRAW文档。

> 提示：本例只制作手提纸袋的展示效果图，因此页面尺寸不代表成品尺寸。

图9-1 手提纸袋立体展示效果图

2）制作简单的背景环境。利用工具箱中的□（矩形工具）绘制一个与页面等宽的矩形。然后按快捷键〈F11〉，在弹出的"编辑填充"对话框中设置"黑色-白色"的线性渐变（从上至下），如图9-2所示。单击"确定"按钮，从而构成了画面中上部分的背景，效果如图9-3所示。接着右键单击默认CMYK调色板中的☑色块，将轮廓色设为无色。

3）利用工具箱中的□（矩形工具）绘制一个与页面等宽的矩形，然后将其填充色设为"深灰色-黑色"的线性渐变填充（从上至下），再右键单击默认CMYK调色板中的☑色块，将轮廓色设为无色，接着将两个矩形上下拼合在一起，放置在如图9-4所示的位置，从而形成简单的展示背景。

4）下面来制作带有立体感的手提纸袋造型。手提纸袋的结构很简单，可以利用3个几何形的块面来确定它的空间形态。利用工具箱中的☑（贝塞尔工具）先绘制如图9-5和图9-6所示的纸袋正面和侧面图形，然后将正面（向光面）图形填充为白色，侧面（背光面）图形填充为浅灰色（颜色参考数值为CMYK（0，0，0，40））。

提示：注意图形间拼接不能留有缝隙。

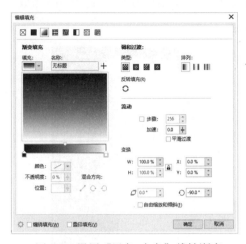

图 9-2　设置"黑色-白色"线性渐变　　　　　图 9-3　绘制矩形并填充渐变色

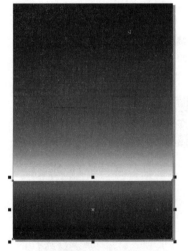

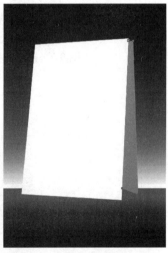

图 9-4　绘制一个矩形并拼合　　　图 9-5　绘制纸袋正面图形并填　　　图 9-6　绘制纸袋侧面图形并
　　　　　　　　　　　　　　　　　　　　　充白色　　　　　　　　　　　　　　填充浅灰色

　　5）为了使手提纸袋侧面结构生动立体，接下来利用 ⌗（网状填充工具）进行光影效果的处理。利用工具箱中的 ⌗（网状填充工具）单击侧面图形，此时图形内部自动添加上了纵横交错的网格线。然后通过添加和拖动节点来调节曲线形状和点的分布。最后，选中一个要上色的网格点（按住〈Shift〉键可以选中多个网格点），如图 9-7 所示，再在默认 CMYK 调色板中选择相应的一种灰色。通过这种上色的方式可以形成非常自然的色彩过渡。

　　提示：如果对一次调整的效果不满意，可以单击工具属性栏中的 清除网状 按钮，可将图形内的网格线和
　　　　　填充一同清除，仅剩下对象的边框。

6）网格调整完成后，侧面图形形成了微妙变化的灰色效果，如图 9-8 所示，同时也暗示了纸袋侧面的折叠感觉。接下来，再绘制一个位于侧面下部的小三角形，填充色设为"深灰色–浅灰色"的线性渐变，效果如图 9-9 所示。至此，纸袋的简单造型已绘制完成，整体效果如图 9-10 所示。

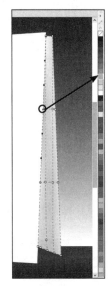

图 9-7　选中网格点进行上色

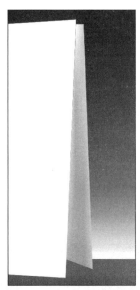

图 9-8　侧面网格调整完成后的效果

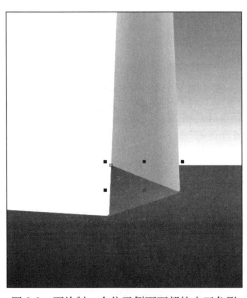

图 9-9　再绘制一个位于侧面下部的小三角形

图 9-10　纸袋造型完成后的效果

7）手提纸袋正面的设计中有一个非常醒目的字母"t"，这是一个图形化了的文字形态。

先从字库中寻找一个好看的字体，然后通过对其进行修整来完成。利用工具箱中的**字**（文本工具）在页面中输入字母"t"，并设置属性栏的"字体"为 BookmanOld Style（读者可以自己选择适合的字体），然后按快捷键〈Ctrl+Q〉将文本转换为曲线，此时字符图形化后周围出现控制节点，如图 9-11 所示。接着利用工具箱中的（形状工具）拖动节点修改文字外形，如图 9-12 所示。

图 9-11　将文字转换为曲线　　　　图 9-12　拖动节点修改文字外形

8）将外形修整完成后的文字图形填充为明亮的绿色（颜色参考数值为 CMYK（40，0，95，0）），如图 9-13 所示。然后再逐个输入其他字母（"字体"为 Arno Pro Smbd），接着按快捷键〈Ctrl+Q〉将文本转换为曲线，再经过适当缩放与旋转，将它们零散地排列于核心字母"t"的周围，从而形成一种散而不乱、疏密有致的效果，如图 9-14 所示。

图 9-13　将文字图形填充为明亮的绿色　　　　图 9-14　字母形成疏密有致的效果

9）再制作一些白色的字母图形，将它们如图 9-15 所示排列于绿色的字母"t"上面。另外，在字母"t"的右侧添加一行文本"Made from lemons"，并将"字体"设为 Arial Narrow，填充为同样的绿色，效果如图 9-16 所示。

图 9-15　再制作一些白色的字母图形

图 9-16　添加文本"Made from lemons"

10）将上一步制作的绿色文本"Made from lemons"复制一份，然后将"字体"更改为 Arial，填充色设为稍微深一些的绿色（颜色参考数值为 CMYK（40，0，95，30）），接着将它移动到如图 9-17 所示的手提纸袋侧面位置，再顺时针旋转一定角度，作为侧面印刷的文字。为了使文字的透视角度更加适合于手提纸袋侧面折叠的效果，下面利用 ![选择工具] （选择工具）选中文字，多次执行"对象｜顺序｜向后一层"命令，将它移至手提纸袋正面图形的后面一层，效果如图 9-18 所示。

图 9-17　复制文字并旋转一定角度

图 9-18　将文字移至手提纸袋正面图形的后面一层

11）这个纸袋属于没有附加提手的一类，因此在纸袋上端要设计出一个内部开口的位置。利用 ![矩形工具]（矩形工具）绘制出一个窄长的矩形，然后利用 ![形状工具]（形状工具）在矩形的任意一个角上进行拖动，从而得到如图 9-19 所示的圆角矩形。

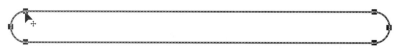

图 9-19　绘制一个圆角矩形

12）在圆角矩形内填充一种灰色调的多色渐变。按快捷键〈F11〉，在弹出的"编辑填充"对话框中设置灰白多色线性渐变填充，如图 9-20 所示。单击"确定"按钮，此时矩形被填充上了渐变色。接着右键单击默认 CMYK 调色板中的☑色块，将轮廓色设为无色，再将圆角矩形移至手提纸袋上端并旋转一定角度，如图 9-21 所示。最后缩小全图，整体效果如图 9-22 所示。

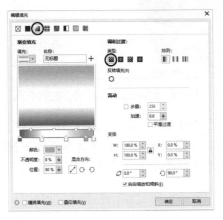

图 9-20　在"编辑填充"对话框中设置多色线性渐变填充

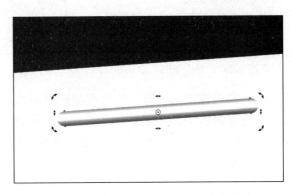

图 9-21　将圆角矩形移至手提纸袋上端并旋转一定角度

13）下面在手提纸袋正面加上柠檬的图像，柠檬图像为图库中的点阵图，首先要将它置入页面。按快捷键〈Ctrl+I〉，在打开的"导入"对话框中选择网盘中的"素材及结果 \9.1 手提纸袋设计 \ 柠檬 .eps"文件，如图 9-23 所示，单击"导入"按钮。然后在弹出的"导入 EPS"对话框中选中"曲线"单选按钮，如图 9-24 所示，单击"确定"按钮。此时光标变为置入图片的特殊状态。接着在页面中单击导入素材，效果如图 9-25 所示。

提示："柠檬 .eps"图片是通过在 Photoshop 中将柠檬外形转换为路径，并在"路径"面板中将路径存储为"剪切路径"来制作完成的，这样图片在置入 CorelDRAW 后会自动去除背景。

图 9-22　手提纸袋整体效果

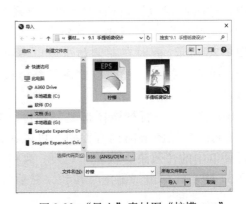

图 9-23　"导入"素材图"柠檬 .eps"

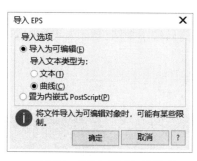

图 9-24 "导入 EPS"对话框

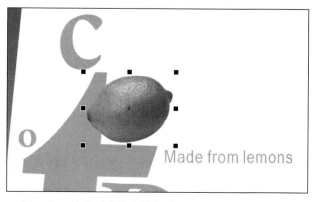

图 9-25 柠檬图片轮廓被自动添加上了许多控制节点

14）对柠檬图形进行一次垂直翻转的操作，改变它的光线照射方向。打开"变换"泊坞窗，设置如图 9-26 所示，单击"应用"按钮，此时柠檬图形进行了垂直方向上的翻转，现在光线变成从下往上投射的效果了。然后将柠檬图形缩小后放置于字母"t"右上方的位置，如图 9-27 所示。

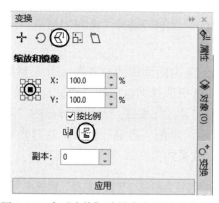

图 9-26 在"变换"泊坞窗中设置垂直翻转

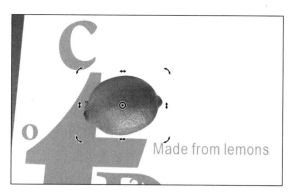

图 9-27 将柠檬图形放置于字母"t"右上方的位置

15）目前柠檬图像颜色稍重，下面对其进行明暗度的调节。利用 ![] (选择工具) 选中柠檬图像，然后执行菜单中的"效果｜调整｜图像调整实验室"命令，在弹出的"图像调整实验室"对话框中分别将"亮度""突出显示""中间色调"的数值均设为 30，如图 9-28 所示。此时在左侧预览窗口中可以直观地看到参数改变的效果。设置完成后，单击"确定"按钮，此时柠檬图像整体被调亮，产生了颜色偏淡的柠檬黄，如图 9-29 所示。

16）接下来，将柠檬图形复制两份，如图 9-30 所示摆放在纸袋上部位置。为了让 3 个相同的柠檬图形间稍有差别，可以让位于后面的一个柠檬在色相上稍微偏点橙色。执行菜单中的"效果｜调整｜色度/饱和度/亮度"命令，在弹出的对话框中的设置如图 9-31 所示，单击"确定"按钮，然后缩小显示。此时完成的手提纸袋效果如图 9-32 所示。

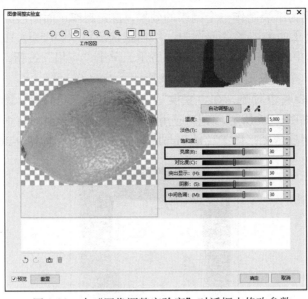

图 9-28 在"图像调整实验室"对话框中修改参数

图 9-29 柠檬图像整体被调亮

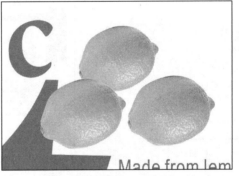

图 9-30 将柠檬图形复制两份

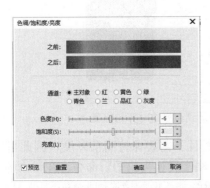

图 9-31 在"色度/饱和度/亮度"对话框中调整颜色

图 9-32 手提纸袋制作完成的效果

17）下一步，还需为纸袋制作一个倒影的效果，首先制作正面图形的倒影。利用▶（选择工具），将构成纸袋正面的图形全部选中，然后按快捷键〈Ctrl+G〉组成群组。接着打开"变换"泊坞窗，在其中的参数设置如图 9-33 所示，单击"应用"按钮，此时纸袋正面图形在垂直方向上生成了一个镜像图形，如图 9-34 所示。

18）使倒影与纸袋底边对齐。在"变换"泊坞窗中单击"倾斜"图标（第 1 行第 5 个图标），在其中的设置如图 9-35 所示，单击"应用"按钮。此时倒影图形在垂直方向上倾斜 -7°，并与底边平行。然后将倒影图形向上移动到与底边对齐的位置，如图 9-36 所示。

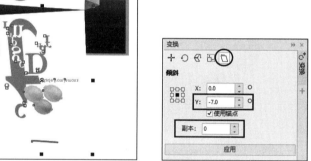

图 9-33　设置参数　　　　图 9-34　垂直镜像效果　　　　图 9-35　设置倾斜参数

图 9-36　将倒影图形向上移动到与底边对齐的位置

19）由于投影需要整体进行淡出的操作，而且不需要保持高清晰度，因此可将它转换为位图图像。选中倒影图形，执行菜单中的"位图｜转换为位图"命令，在弹出的对话框中的设置如图 9-37 所示。单击"确定"按钮，此时纸袋正面的镜像图形被转为位图。

20）选择工具箱中的▨（透明度工具），然后在属性栏中选择▨（线性渐变透明度），接着如图9-38所示从上至下拖拉一条直线。请注意，直线的两端会有两个正方形控制柄，它们分别控制透明度的起点与终点。下面先选中位于下面的控制柄，在属性栏内将"透明中心点"设为100，再选中位于上面的控制柄，在属性栏内将"透明中心点"设为30，从而得到从上至下逐渐淡出到背景中去的效果。

图9-37 "转换为位图"对话框　　　　图9-38 制作逐渐淡出到背景中去的倒影效果

21）利用工具箱中的✐（贝塞尔工具）绘制出如图9-39所示的图形，作为纸袋侧面的投影图形，然后将它填充为深灰色（参考颜色数值为CMYK（0，0，0，80）），接着同样利用▨（透明度工具）设置透明度。

图9-39 制作纸袋侧面的投影图形

22）利用工具箱中的✄（裁剪工具）画出一个矩形框，然后在框内双击鼠标。从而将裁剪框外多余的部分裁掉。

23）至此，柠檬手提纸袋的立体展示效果图制作完成，最终效果如图 9-1 所示。

9.2 时尚卡通T恤衫设计

  要点：

本例制作的是具有青春时尚风格的夏季 T 恤衫，包括短袖衫和无袖衫两种类型，如图 9-40 所示。本例在设计上包括外形设计、领子设计、袖子设计和装饰设计等部分，主要强调的是 T 恤衫的装饰设计，因为这一部分设计空间最为广阔，并且最能体现出强烈的个性和时尚风格。本例选取的 T 恤装饰图形为简洁的卡通风格，因此不涉及复杂的制作技巧。通过本例的学习，读者应掌握利用绘图工具绘制卡通图形、为卡通图形上色、文字沿开放曲线或闭合形状表面排列的技巧的综合应用。

图 9-40   时尚卡通T恤衫设计

  操作步骤：

1. 短袖衫设计

1）执行菜单中的"文件 | 新建"（快捷键〈Ctrl+N〉）命令，新建一个宽度为 260mm，高度为 185mm，分辨率为 300dpi，原色模式为 CMYK，名称为"短袖 T 恤衫"的 CorelDRAW 文档。

2）双击工具箱中的□（矩形工具），从而生成一个与页面同样大小的矩形。然后左键单击默认 CMYK 调色板中的黑色色块，将填充色设为黑色（衬托白色 T 恤衫的效果）。接着右键单击默认 CMYK 调色板中的▢色块，将轮廓色设为无色。最后右键单击矩形色块，在弹出的菜单中选择"锁定对象"命令，将矩形锁定。

3）绘制短袖 T 恤衫的外形图。T 恤衫按外形可分为宽松式、紧身式和收腰式 3 种类型，这里选取的是宽松式。运用尽量简洁概括的线条来勾勒外形，首先绘制背面外形图。利用工具箱中的✎（贝塞尔工具）绘制出如图 9-41 所示的 T 恤衫外形图（闭合路径），然后利用工具箱中的

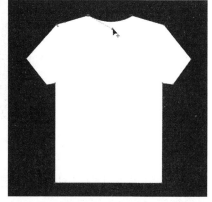

图 9-41   绘制短袖 T 恤衫的背面外形图

（形状工具）拖动领口外的节点，使它弯曲成流畅圆润的曲线，并设置填充色为白色。

4）在外形图上绘制领口和分割图形（也可以是分割线）。利用工具箱中的（贝塞尔工具）在领口、袖子处绘制出弧形的闭合路径或弧线来表示领口、袖子等部分的位置和分割形状，如图 9-42 所示。这件 T 恤衫的下摆属于直下摆，因此只需要绘制一条直线即可定义下摆。完整的 T 恤衫背面外形图如图 9-43 所示。

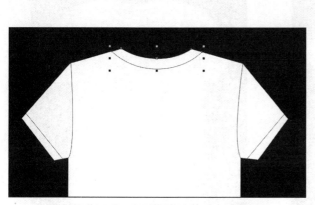 

图 9-42　在外形图上绘制领口和分割图形　　　　图 9-43　完整的 T 恤衫背面外形图

5）将刚才绘制好的 T 恤衫背面外形图选中，然后复制一份放置在页面左侧，再将它修改为 T 恤衫正面外形图。正、背外形上的差异主要在领口处，下面利用工具箱中的（贝塞尔工具）在领口处绘制如图 9-44 所示的圆弧形闭合路径，注意要将弧线调节得左右对称。然后将 T 恤衫正、背外形图并列放置，效果如图 9-45 所示。

图 9-44　绘制 T 恤衫正面外形图的领口部分

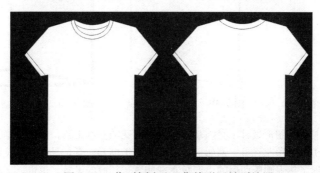

图 9-45　将 T 恤衫正、背外形图并列放置

6）为了突出显示 T 恤衫正面的效果（因为主要的装饰图形印在正面），下面在正面外形图内增加一定的衣纹褶皱。利用工具箱内的 <img_1>（贝塞尔工具）绘制出如图 9-46 所示的褶皱形状（这个形状可以是一个完整的闭合图形，也可以是几个分离的闭合图形），然后将填充色设为浅灰色（参考颜色数值为 CMYK（0，0，0，10）），轮廓色设为无色，得到如图 9-47 所示的浅浅的衣褶起伏效果。

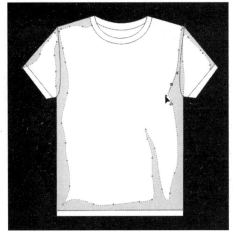

图 9-46　绘制出褶皱形状并填充为浅灰色　　　　图 9-47　浅浅的衣褶起伏效果

7）下面进行 T 恤衫的装饰设计，关于 T 恤衫面料上的加网印花，图案设计不能完全随心所欲，必须与后期 T 恤衫印花的工艺水准相符；否则，设计会无法实施。这里选择的是简单的卡通图案（一个小机器人的可爱造型），它是由一些几何形状拼接而成的。利用工具箱中的 □（矩形工具）绘制出一个矩形，如图 9-48 所示，然后单击属性栏中的 ↻（转换为曲线）按钮，将矩形图形转换为普通路径。接着利用工具箱中的 ⟲（形状工具）对其进行调整，效果如图 9-49 所示，再在属性栏中将 ⬙（轮廓宽度）设为 0.5mm，轮廓色设为黑色。最后绘制两个矩形并进行修整，从而得到卡通机器人头部的简单造型，如图 9-50 所示。

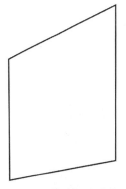
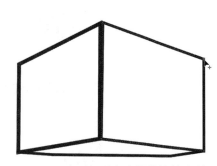

图 9-48　绘制出一个矩形　　　图 9-49　修改矩形节点　　　图 9-50　卡通机器人头部的简单造型

提示：进行 T 恤衫装饰图形设计，必须掌握 T 恤衫印花的基本工艺，还要了解生产者的印花技术水平及所用的 T 恤衫印花设备。例如，彩色面料的 T 恤衫一直是采用水性胶浆涂料印花的，但如果生产者掌握了热固塑胶印墨的生产技术并购置了相应的设备，也可以采用热固墨对彩色面料 T

恤衫进行印花和加工。胶浆印花与热固墨印花对图案的设计有不同的要求，胶浆只能进行简单的色块图案印花；热固墨则可以采用加网过渡阶调印花，不仅可以在白色 T 恤衫上进行原色加网印花，还可以在深色 T 恤衫上进行专色加网印花。如果设计人员设计的图案与生产者所掌握的技术工艺不相符，则印刷出来的图案达不到设计者的原创意图和效果，甚至根本无法施印。因此，T 恤衫设计师必须十分关注最新 T 恤衫印料和印花设备的发展状况及技术特点。

8）同理，再绘制出构成卡通机器人身体部分的组件，这些部分基本上全是由规则的矩形修改拼接而成的，绘制过程中要注意物体的透视关系，使其成为几个可以相互拼接的立方体，如图 9-51 所示。

9）在主体结构上添加机器人造型的附属部分，如耳朵、手、身体上的图案等。利用工具箱中的 ✎（贝塞尔工具）绘制出如图 9-52 所示的耳朵和手的形状（注意后面要填色，因此这些局部也都要画成闭合路径）。然后为了使机器人卡通化和拟人化，开始添加鼻子造型。选择工具箱中的 ✎（贝塞尔工具）绘制出一段直线，然后在属性栏"线条样式"中选择一种虚线类型，如图 9-53 所示，接着绘制一个小小的嘴巴图形，从而得到如图 9-54 所示的效果。

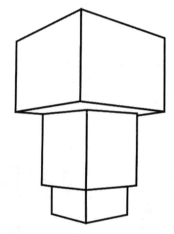

图 9-51　构成机器人身体部分

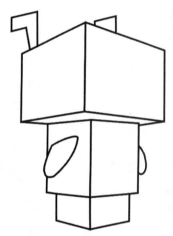

图 9-52　绘制出耳朵和手的形状

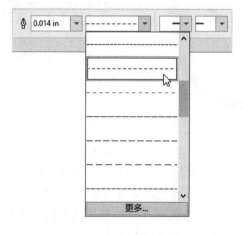

图 9-53　选择一种虚线类型

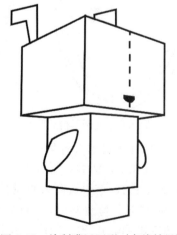

图 9-54　绘制嘴巴图形（虚线效果）

10）请读者参照图 9-55 和图 9-56 绘制出机器人身体前面的装饰图案（填充为浅灰色（参考颜色数值为 CMYK（0，0，0，10）））和俏皮的舌头图形（填充为红色（参考颜色数值为CMYK（0，100，100，0））），因为都是简单的几何形状和线条的绘制，方法不再赘述。

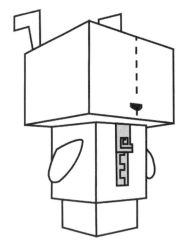 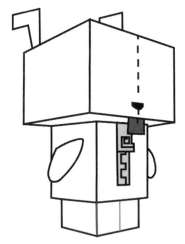

图 9-55　绘制出机器人身体前面的装饰图案　　　　图 9-56　添加俏皮的舌头图形

11）绘制机器人的大眼睛。利用 ⬭（椭圆形工具）绘制出 4 个椭圆形，如图 9-57 所示，然后将它们参照图 9-58 分别填充为白色、黑色和浅灰色，从而构成简单的眼睛图形。接着利用 ▶（选择工具）同时选中 4 个椭圆形，按快捷键〈Ctrl+G〉组成群组。最后将眼睛图形复制一份，放置到机器人脸部，如图 9-59 所示。

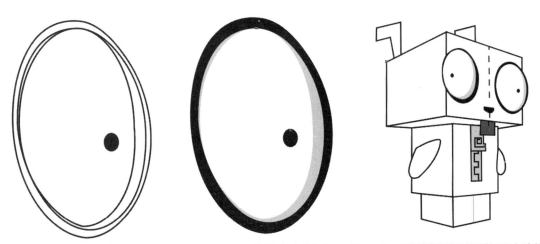

图 9-57　绘制出 4 个椭圆形构成眼睛　　　图 9-58　给眼睛图形上色　　　图 9-59　复制眼睛并放置到机器人脸部

12）现在小机器人外形已绘制完成，下面进入上色阶段。利用 ▶（选择工具）依次选中各个局部图形，然后在"颜色"泊坞窗中设置不同的颜色（读者可根据自己的喜好来给卡通机器人上色），这里机器人被设计为草绿色调，参考颜色数值为 CMYK（25，0，80，0），如图 9-60 所示。接着利用 ⬭（椭圆形工具）绘制一个椭圆形，填充为浅灰色（参考颜色数值为 CMYK（0，0，0，20）），再多次执行"对象｜顺序｜向后一层"命令，使它移至机器人图形后面，从而形成机器人在地面上的投影效果，如图 9-61 所示。

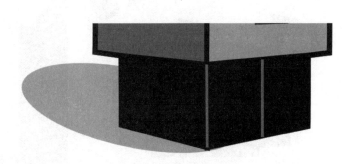

图 9-60 机器人被设计为草绿色调　　　图 9-61 绘制一个浅灰色椭圆形成机器人在地面上的投影效果

13）利用 ▲（选择工具）选中所有构成机器人的图形，然后按快捷键〈Ctrl+G〉组成群组，并移动到 T 恤衫正面中心位置，如图 9-62 所示。

图 9-62 将机器人移动到T恤衫正面中心位置

14）添加一行沿曲线排列的文字。利用 ✐（贝塞尔工具）绘制出一条曲线，然后利用 字（文本工具）在曲线开端的部分单击鼠标，此时在曲线上会出现一个顺着曲线走向的闪标，接着输入文本 "DOG DAYS"（英文含义为 "7、8 月三伏天"），并在属性栏中设置 "字体" 为 "Cooper Std Black"，"字体大小" 为 16pt，如图 9-63 所示。最后将文字的填充色设为橘黄色（参考颜色数值为 CMYK（0，60，100，0））-草绿色（参考颜色数值为 CMYK（40，0，100，0））线性渐变填充，再将文字移动到 T 恤衫正面机器人图形的上方，效果如图 9-64 所示。

15）同理，在 T 恤衫背面领口处也添加一行沿曲线排列的文字 "DOG DAYS"，请读者自己制作，效果如图 9-65 所示。至此，短袖 T 恤衫正、背面款式设计全部完成，最后的效果如图 9-66 所示。

图 9-63　添加一行沿曲线排列的文字　　　图 9-64　将填充为渐变色的文字移动到 T 恤衫上

图 9-65　在T恤衫背面也添加一行沿曲线排列的文字

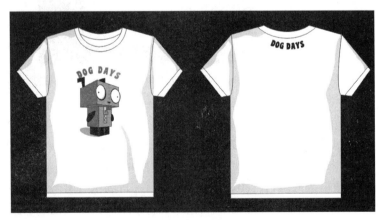

图 9-66　短袖T恤衫正、背面款式设计效果

2. 无袖T恤衫设计

1）执行菜单中的"文件 | 新建"（快捷键〈Ctrl+N〉）命令，新建一个宽度为 260mm，高度为 185mm，分辨率为 300dpi，原色模式为 CMYK，名称为"无袖 T 恤衫"的 CorelDRAW 文档。

2）双击工具箱中的□（矩形工具），从而生成一个与页面同样大小的矩形。然后左键单击默认 CMYK 调色板中的黑色色块，将填充色设为黑色（衬托白色 T 恤衫的效果）。接着右键单击默认 CMYK 调色板中的☑色块，将轮廓色设为无色。最后右键单击矩形色块，在弹出的菜单中选择"锁定对象"命令，将矩形锁定。

3）绘制无袖 T 恤衫的外形图。这里选取的是一款收腰式无袖 T 恤衫（女式），下摆属于弧形下摆，可以运用尽量简洁概括的线条来勾勒 T 恤衫背面外形。利用工具箱中的☑（贝塞尔工具）绘制出如图 9-67 所示的 T 恤衫外形图（闭合路径），并设置填充色为白色。

4）在外形图上绘制领口和分割图形（也可以是分割线）。 利用工具箱中的☑（贝塞尔工具）在领口、袖口处绘制出弧形的闭合路径或弧线，从而得到无袖 T 恤衫背面的外形图。然后将 T 恤衫背面外形图复制一份放置在页面左侧，将它修改为 T 恤衫正面外形图。正、背外形图的差异主要在领口处。下面利用工具箱中的☑（贝塞尔工具）在领口处绘制如图 9-68 所示的圆弧形闭合路径。注意，要将弧线调节得左右对称。接着将 T 恤衫正、背外形图并列放置，效果如图 9-69 所示。

图 9-67 绘制出 T 恤衫背面外形图

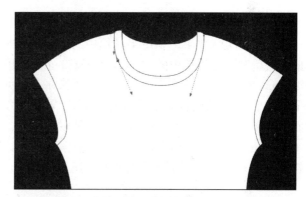
图 9-68 绘制 T 恤衫背面外形图的领口部分

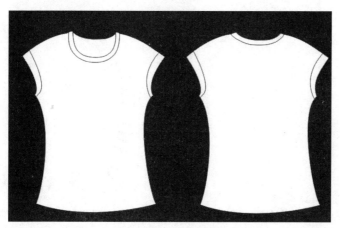
图 9-69 T 恤衫正、背外形图并列放置

5）为了强调 T 恤衫的布面材质和追求一种生动的效果，下面在正、背外形图内增加一定的衣纹褶皱。利用工具箱内的☑（贝塞尔工具）绘制出如图 9-70 所示的褶皱形状（该形

状可以是一个完整的闭合图形，也可以是几个分离的闭合图形），并设置填充色为浅灰色（参考颜色数值为 CMYK（0，0，0，10））。

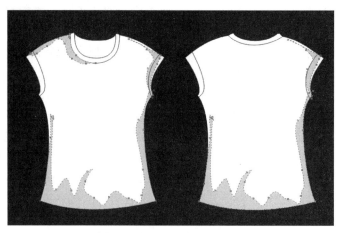

图 9-70　绘制出 T 恤衫正、背面上简单的褶皱形状

6）现在进行装饰部分的设计，也就是绘制 T 恤衫上要印的图案，这种款式体现的是一种巧妙的文图组合效果。利用工具箱中的 ⬭（椭圆形工具），按住〈Ctrl〉键绘制出一个正圆形，然后利用工具箱中的 字（文本工具）在绘制的圆形上单击，此时会出现一个顺着曲线走向的闪标，如图 9-71 所示，接着输入文字"Your future depends on your dreams."，并调整字号大小，尽量使这段文字排满整个圆圈。再在沿线排版的文字上按住鼠标并顺时针拖动，从而调整文字在圆弧上的排列形式，如图 9-72 所示。最后选中文字，在属性栏设置"字体"为 Typodermic（也可自由选择任意喜欢的字体），右键单击默认 CMYK 调色板中的 ⬚ 色块，将轮廓色设为无色，从而得到如图 9-73 所示的效果。

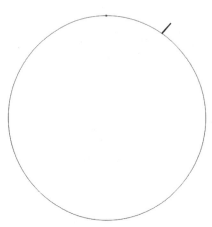

图 9-71　在正圆形边缘上插入光标

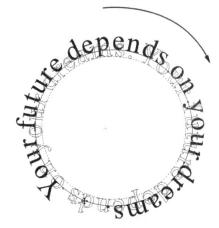

按住鼠标旋转调整文字位置

图 9-72　调整文字在圆弧上的排列形式

7）利用 ▶（选择工具）选中沿线排版的文字，然后执行菜单中的"对象 | 拆分美术字"命令，接着按快捷键〈F11〉，在弹出的"编辑填充"对话框中设置黑色（参考颜色数值为 CMYK（0,0,0,100））–青色（参考颜色数值为 CMYK（100,0,0,0））线性渐变，单击"确

定”按钮，此时文字与圆形中都填充上了如图 9-74 所示的渐变色。

图 9-73　取消圆形的轮廓线后的文字效果

图 9-74　文字与圆形中都填充上了渐变色

8）利用（选择工具）选中中间的圆形，然后打开“变换”泊坞窗，在其中设置参数如图 9-75 所示，单击“应用”按钮，从而复制出一个缩小的、中心对称的正圆形。接着在这个圆形内填充青色（参考颜色数值为 CMYK（100，0，0，0））–黑色（参考颜色数值为 CMYK（0，0，0，100））线性渐变，得到如图 9-76 所示的效果。最后再复制出一个缩小的、中心对称的正圆形，并填充为白色，如图 9-77 所示。

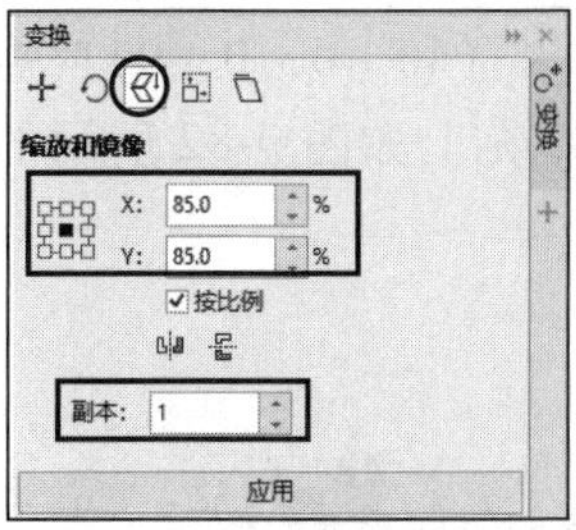

图 9-75　“变换”泊坞窗

图 9-76　复制一个正圆形并填充渐变色

图 9-77　复制一个正圆形并填充为白色

9）在白色圆形内部要绘制一系列水珠和水滴的图案，从而形成一种仿佛水从圆形内溢出的效果。利用（贝塞尔工具）在圆形内绘制几个连续的如同正在下坠的水滴形状，填充色设为粉蓝色（参考颜色数值为 CMYK（20，20，0，0）），并在每个水滴下端添加很小的白色闭合图形，从而形成水滴上的高光效果，如图 9-78 所示。

图 9-78　绘制下坠的水滴形状，形成高光效果

10）制作一个透明的小水泡单元图形。利用（椭圆形工具）绘制一个椭圆形，颜色填充为粉蓝色（参考颜色数值为 CMYK（20，20，0，0）），然后选择工具箱中的（透明

度工具），在属性栏中设置相应参数，将圆形中间部分变为透明，效果如图 9-79 所示。

11）将小水泡的单元图形复制许多份，并缩放为不同大小，如图 9-80 所示散放在白色圆形中下部。

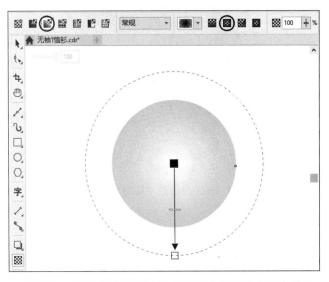

图 9-79　利用"透明度工具"将圆形中间部分处理为透明　　　图 9-80　将小水泡的单元图形散放在白色圆形中下部

12）使文字环绕的图形呈现出立体凸起的效果。利用 （选择工具）选中白色的圆形，然后按快捷键〈F11〉，在弹出的"编辑填充"对话框中设置蓝紫色（参考颜色数值为 CMYK（100，100，0，0））-浅蓝色（参考颜色数值为 CMYK（40，0，0，0））矩形渐变填充，如图 9-81 所示，单击"确定"按钮，此时圆形被填充上如图 9-82 所示的矩形渐变效果。

图 9-81　在"编辑填充"对话框中设置矩形渐变填充　　　图 9-82　圆形被填充上矩形渐变效果

13) 利用 ▶ （选择工具）将所有构成装饰图案的文字与图形都选中，按快捷键〈Ctrl+G〉组成群组，然后将它移动到 T 恤衫正面外形图上。接着将装饰图案中的局部图形复制一份，缩小后放置到 T 恤衫背面靠近领口处，如图 9-83 所示。

14) 至此，这件女式无袖 T 恤衫正、背面款式设计全部完成，最终效果如图 9-84 所示。

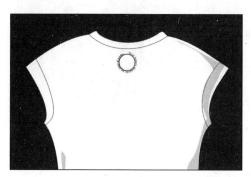

图 9-83　将装饰图案复制缩小后置于 T 恤衫背面靠近领口处

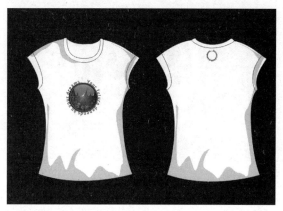

图 9-84　女式无袖 T 恤衫正、背面款式设计效果图

9.3　饮料包装设计

 要点：

本例的饮料包装包括饮料包装的平面展开效果和金属拉罐包装的立体展示效果两部分，最终效果如图 9-85 所示。

包装平面展开效果是一个非常典型的包含大量矢量设计概念的作品，这种设计风格在现代流行要归功于图形类软件的发展在一定程度上对设计师思维的影响。食品包装采用矢量风格常常会获得更加亮丽、清晰和醒目的效果。通过第 1 部分制作饮料包装的平面展开效果的学习，应掌握图形旋转复制技巧，利用"置于图文框内部"命令将选定对象置入指定图形中，利用"高斯模糊"效果制作虚化投影的技巧，利用"刻刀工具"裁剪图形，文字的修饰与扩边效果，通过自定义"符号"来制作散点与星光效果，利用"图层"来组织和编辑对象等知识的综合应用。

在制作第 2 部分金属拉罐包装的立体展示效果时，要求对包装成品有一定的三维想象力。拉罐一般采用的是金属材质，造型简洁流畅，在制作时要注意保持金属表面所特有的反光效果，颜色过渡的细腻、自然与流畅是至关重要的，因此需要应用"网格填充"功能来形成拉罐表面的金属外壳。另外，拉罐上图形与文字的曲面变形需要自然且贴切。通过第 2 部分的学习，应掌握利用"网格填充"形成自然的颜色过渡，利用"封套工具"对图形进行扭曲变形，利用"置于图文框内部"命令将选定对象置入指定图形中，制作高光与阴影来强调金属感和体积感，利用"高斯模糊"效果制作微妙的金属反光等知识的综合应用。

a)

b)

图 9-85　饮料包装设计

a) 饮料包装的平面展开效果　b) 金属拉罐包装的立体展示效果

 操作步骤:

1. 制作饮料包装的平面展开效果

（1）创建黄－绿渐变色背景

1）执行菜单中的"文件 | 新建"（快捷键〈Ctrl+N〉）命令，新建一个宽度为170mm，高度为120mm，分辨率为300dpi，原色模式为 CMYK，名称为"饮料包装平面图"的 CorelDRAW 文档。

2）本例制作的是微酸的橙子＋柠檬口味的饮料包装。人的视觉器官在观察物体时，最初的20秒内，色彩感觉占80%，而其造型只占20%；两分钟后，色彩占60%，造型占40%；五分钟后，各占一半。随后，色彩的印象在人的视觉记忆中继续保持。因此，好的商品包装的主色调会格外引人注目。此外，在饮料包装上，色彩还有引起特殊味感的作用，例如绿色会让人感到酸味，红色、黄色、白色会让人感到甜味。下面来设置饮料包装的渐变背景，以确定主色调。方法：双击工具箱中的□（矩形工具），从而创建一个与文档尺寸等大的矩形。

3）对作为背景的矩形进行渐变填充。方法：按快捷键〈F11〉，在弹出的"编辑填充"对话框中选择▨（渐变填充），渐变"类型"为▨（线性渐变填充），渐变色为浅绿色（颜色参考数值为 CMYK（60，0，100，0））－黄色（颜色参考数值为 CMYK（0，15，95，0）），○（旋转）为 -40.0°，如图 9-86 所示，单击"确定"按钮。然后右键单击默认 CMYK 调色板中的☑色块，将轮廓色设为无色，效果如图 9-87 所示。

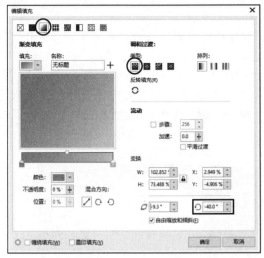 

图 9-86 设置矩形渐变色 图 9-87 对矩形进行线性渐变填充的效果

4）为了便于管理，下面重命名背景层。方法：执行菜单中的"窗口 | 泊坞窗 | 对象"命令，调出"对象"泊坞窗，如图 9-88 所示。然后双击"图层 1"，将"图层 1"重命名为"背景"，如图 9-89 所示。

图 9-88 "对象"泊坞窗 图 9-89 将"图层 1"重命名为"背景"

5）为了避免后面操作中误选作为背景的渐变色矩形，下面锁定背景图层。方法：单击"背景"图层后面的 🔓 图标，如图 9-90 所示，此时图标显示为 🔒 状态，如图 9-91 所示，表示已经锁定该层。

图 9-90 单击 🔓 图标 图 9-91 锁定"背景"图层

（2）创建上层图案

1）在"对象"泊坞窗中单击 ![图标]（新建图层）按钮，新建"上层图案"图层，如图 9-92 所示。

2）利用工具箱中的 ![图标]（椭圆形工具）在绘图区中绘制一个 90mm×90mm 的正圆形，然后按快捷键〈F11〉，在弹出的"编辑填充"对话框中将填充色设为白色（颜色参考数值为 CMYK（0，0，0，0）），单击"确定"按钮。接着右键单击默认 CMYK 调色板中的 ![图标]色块，将轮廓色设为无色，效果如图 9-93 所示。

图 9-92 新建"上层图案"图层

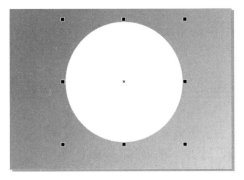

图 9-93 绘制白色正圆形

3）制作白色圆形的投影图形。方法：利用工具箱中的 ![图标]（块阴影）工具单击绘图区中的白色矩形，然后在属性栏中将 ![图标]（深度）设为 2.0mm，![图标]（定向）设为 180.0°，再单击白色圆形中的块阴影颜色色块，将块阴影颜色设为墨绿色（颜色参考数值为 CMYK（80，50，100，0）），效果如图 9-94 所示。

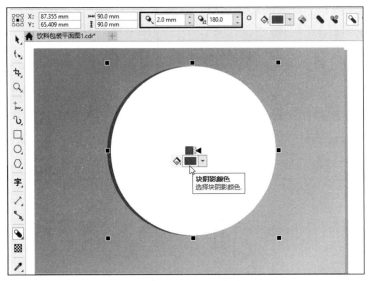

图 9-94 制作白色圆形的块阴影

4）对块阴影图形进行模糊处理。方法：执行菜单中的"对象|拆分块阴影"命令，将块阴影拆分出来。然后执行菜单中的"效果|模糊|高斯模糊"命令，在弹出的"高斯模糊"对话框中将"半径"设为 20.0 像素，如图 9-95 所示，单击"确定"按钮，效果如图 9-96 所示。

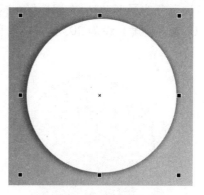

图 9-95　设置"高斯模糊"参数　　　　　　　　图 9-96　"高斯模糊"效果

5）此时块阴影图形的模糊效果过于明显，下面通过降低其透明度来解决这个问题。方法：利用工具箱中的▦（透明度）工具单击绘图区中高斯模糊后的块阴影图形，然后在属性栏中选择▦（匀称透明度），将▦（透明度）设为 50，效果如图 9-97 所示。

6）利用工具箱中的◯（椭圆形工具）绘制一个 80mm×80mm 的正圆形，然后双击状态栏中◇（填充）后面的色块，在弹出的"编辑填充"对话框中将填充色设为黄绿色（颜色参考数值为 CMYK（30，0，100，0）），单击"确定"按钮。然后右键单击默认 CMYK 调色板中的◿色块，将轮廓色设为无色。接着同时选择白色和黄绿色两个正圆形，在"对齐"泊坞窗中单击 ╪（水平居中对齐）和 ╫（垂直居中对齐）按钮，将两者居中对齐，效果如图 9-98 所示。

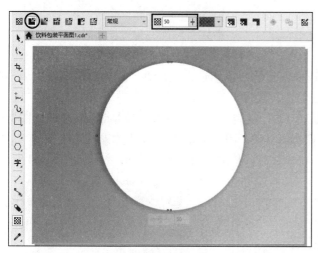

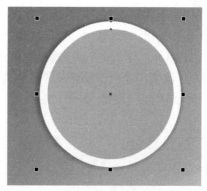

图 9-97　降低高斯模糊后的块阴影图形的透明度　　　图 9-98　绘制黄绿色正圆形

7）制作黄绿色正圆形的块阴影效果。方法：选择黄绿色正圆形，然后按〈+〉键两次，从而复制两个黄绿色正圆形，再调整两个复制图形的位置关系（为了便于观看效果，此时可以将两个复制的正圆形移动到空白区域并更改其颜色），如图 9-99 所示，接着在属性栏中单击▣（移除前面对象）按钮，效果如图 9-100 所示。最后将移除前面对象后的图形填充色改为深绿色（颜色参考数值为 CMYK（60，20，100，0）），再将其移动到如图 9-101 所示的位置。

8）绘制星形。方法：利用工具箱中的☆（星形工具），在绘图区中创建一个填充色为白色，轮廓色为无色的星形，然后在属性栏中将其"宽度"和"高度"设为38mm，☆（点数或边数）设为16，▲（锐度）设为20，接着将其移动到白色圆形的右上角位置，效果如图9-102所示。

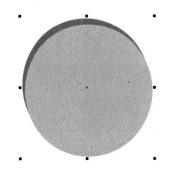

图9-99　两个复制图形的位置关系

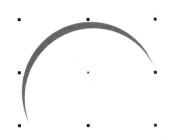

图9-100　移除前面对象后的效果

图9-101　移动位置后的效果

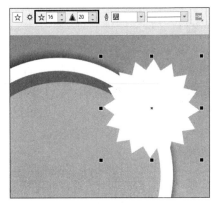

图9-102　绘制星形

9）制作星形的投影图形。方法：选择创建的白色星形，然后在"变换"泊坞窗中单击↻（旋转）按钮，将旋转中心点定位在中心位置，"角度"设为100.0°，"副本"设为1，单击"应用"按钮，从而以星形中心点为旋转中心旋转100°复制出的一个星形。接着将旋转复制的图形的填充色设为深绿色（颜色参考数值为CMYK（60，20，100，0）），效果如图9-103所示。最后执行菜单中的"对象|顺序|向后一层"命令，将其移动到白色星形后面，效果如图9-104所示。

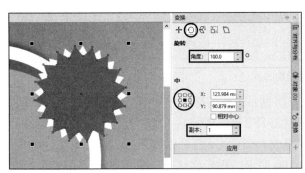

图9-103　绘制星形并设置填充色

图9-104　将作为投影的星形移动到
白色星形后面

10）对星形阴影图形进行模糊处理。方法：执行菜单中的"效果 | 模糊 | 高斯模糊"命令，在弹出的"高斯模糊"对话框中将"半径"设为 8.0 像素，单击"确定"按钮，效果如图 9-105 所示。

11）在星形中制作一个类似太阳的放射状抽象图形。首先绘制橙色圆形。方法：利用工具箱中的 ◯（椭圆形工具）绘制一个 28mm×28mm 的正圆形，然后将其填充色设为橙色（颜色参考数值为 CMYK（0，55，100，0）），轮廓色设为无色，接着同时选择白色星形和橙色正圆形，在"对齐"泊坞窗中单击 ⊟（水平居中对齐）和 ∄（垂直居中对齐）按钮，将两者居中对齐，效果如图 9-106 所示。

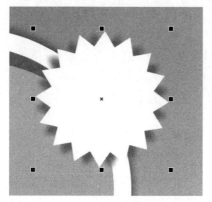

图 9-105 "高斯模糊"效果　　　　　　　图 9-106 绘制橙色正圆形

12）利用工具箱中的 ✎（钢笔工具）以橙色正圆形中心点为轴心，绘制出两个封闭的三角形，并将它们的填充色分别设为浅黄色（颜色参考数值为 CMYK（7，0，100，0））和黄色（颜色参考数值为 CMYK（0，30，100，0）），轮廓色设为无色。然后同时选择这两个封闭三角形，执行菜单中的"对象 | 组合 | 组合"命令（或单击属性栏中的 ⊡（组合对象）按钮），将它们组成一个整体，效果如图 9-107 所示。接着在"变换"泊坞窗中单击 ◯（旋转）按钮，将旋转中心点定位在右下角，"角度"设为 45.0°，"副本"设为 7，单击"应用"按钮，从而以群组后的三角形右下角为旋转中心，每旋转 45° 复制一个图形，总共复制出 7 个图形，效果如图 9-108 所示。

提示：绘制的封闭三角形要大于橙色正圆形的边界，以便后面利用"PowerClip（图框精确剪裁）"命令将其置入到橙色正圆形中。

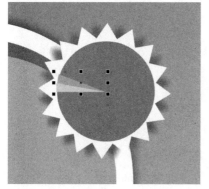

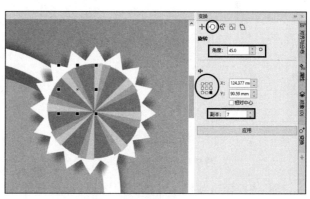

图 9-107 将两个封闭三角形组成一个整体　　　　图 9-108 旋转复制效果

13）同时选择所有的三角形，在属性栏中单击 🔳（组合对象）按钮，将它们组成一个整体，然后执行菜单中的"对象 |PowerClip（图框精确剪裁）| 置于图文框内部"命令，此时光标变为 ◆ 形状。接着选中前面绘制的橙色正圆形，此时群组图形会自动被放置在橙色正圆形中，并将多余的部分裁掉，如图 9-109 所示。此时整体画面效果如图 9-110 所示。

图 9-109　将群组图形放置在橙色正圆形中　　　　图 9-110　整体画面效果

14）制作一种柠檬（或橙子）的风格切面图形。方法：利用工具箱中的 🔘（椭圆形工具）绘制一个 36mm×36mm 的正圆形，然后将其填充色设为白色（颜色参考数值为 CMYK（0，0，0，0）），轮廓色设为浅黄色（颜色参考数值为 CMYK（0，20，100，0）），轮廓宽度设为 6pt，效果如图 9-111 所示。然后利用工具箱中的 🖊（钢笔工具）以正圆形中心点为轴心绘制出水滴状图形，并将其填充色设为橙色（颜色参考数值为 CMYK（0，75，100，0））–黄色（颜色参考数值为 CMYK（0，15，95，0））的椭圆形渐变填充，轮廓色设为无色，效果如图 9-112 所示。接着在"变换"泊坞窗中单击 ↻（旋转）按钮，将旋转中心点定位在下方中间位置，"角度"设为 40.0°，"副本"设为 8，单击"应用"按钮，从而制作出沿中心旋转的花瓣状图形（模拟橙子的切面结构），效果如图 9-113 所示。

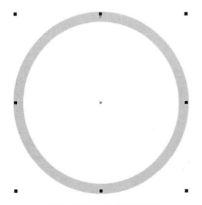
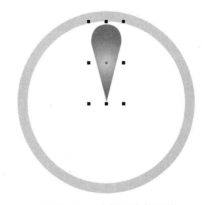

图 9-111　绘制正圆形　　　　　　　　图 9-112　绘制水滴状图形

15）将柠檬（或橙子）的切面图形裁掉一半，只保留半个水果的效果。方法：利用工具箱中的 ✂（刻刀工具），拖出一条倾斜的直线段（贯穿整个水果图形），如图 9-114 所示。

裁完后利用工具箱中的 选中被裁断的下半部图形，按〈Delete〉键将其一一
删除，从而只保留如图 9-115 所示的上半部分。

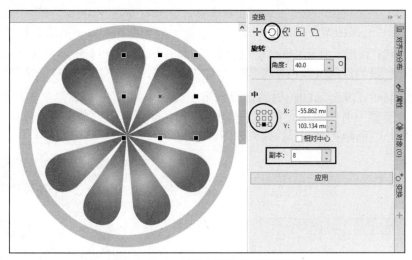

图 9-113　旋转复制出花瓣状图形

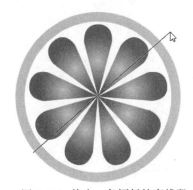

图 9-114　拖出一条倾斜的直线段

图 9-115　保留上半部分

16）选择剩余的柠檬（或橙子）切面图形，单击属性栏中的 ![](组合对象）按钮，将
它们组成一个整体，然后将其移动到图 9-116 所示的位置。

17）至此，上层图案的图形制作完毕，下面锁定"上层图案"图层，如图 9-117 所示。

图 9-116　将柠檬（或橙子）切面图形移动到适当位置

图 9-117　锁定"上层图案"图层

（3）创建底层图案

1）在"对象"泊坞窗中单击 ✦ （新建图层）按钮，新建"底层图案"图层，如图 9-118 所示。

2）前面在"上层图案"图层中绘制了一种橙子的切面图形，下面绘制另外一种橙子的切面图形。方法：利用工具箱中的 ◯ （椭圆形工具）绘制一个 11.5mm×11.5mm 的正圆形，然后将其填充色设为红色（颜色参考数值为 CMYK（0，100，100，0）），轮廓色设为无色，再将其放置到图 9-119 所示的位置。接着利用工具箱中的 ▣ （轮廓图工具）单击正圆形，在属性栏中激活 ▣ （外部轮廓），将 ⏡ （轮廓图步长）设为 4，⬜ （轮廓图偏移）设为 2.1mm，从而在正圆形外围创建 4 圈圆形，效果如图 9-120 所示。

图 9-118　新建"底层图案"图层

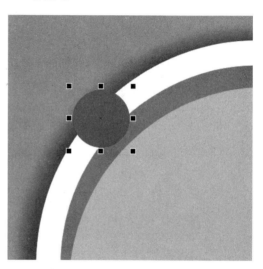

图 9-119　绘制正圆形并放置

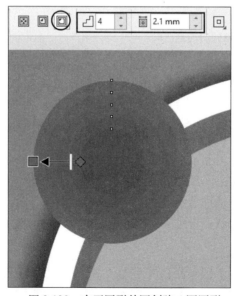

图 9-120　在正圆形外围创建 4 圈圆形

3）分别对 4 圈圆形进行上色。方法：执行菜单中的"对象 | 拆分轮廓图"命令，拆分轮廓图。然后选择工具箱中的 ，在属性栏中单击 命令，将 4 圈圆形解组为单个的圆形。接着从外往内分别选择 4 个圆形，将其填充色设为不同的黄色（颜色参考数值依次为 CMYK（0，65，100，0）、CMYK（10，80，100，0）、CMYK（0，75，100，0）、CMYK（0，10，60，0）），效果如图 9-121 所示。最后选择最外圈的正圆形，将其轮廓色设为白色（颜色参考数值为 CMYK（0，0，0，0）），轮廓宽度设为 3pt，效果如图 9-122 所示。

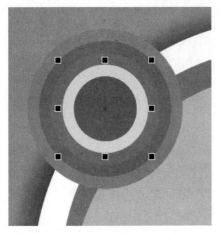

图 9-121 对 4 圈圆形进行上色

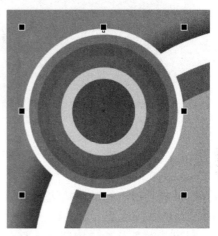

图 9-122 对最外圈的正圆形进行描边

4）制作星形放射状效果。首先制作组成星形放射状效果的单个三角形复制单元。方法：利用工具箱中的 ![](钢笔工具）以正圆形中心点为轴心绘制一个封闭的三角形，然后按快捷键〈F11〉，在弹出的"编辑填充"对话框中选择 ![](渐变填充），渐变"类型"为 ![](线性渐变填充），渐变色设为橘黄色（颜色参考数值为 CMYK（0，75，100，0））- 浅黄色（颜色参考数值为 CMYK（0，15，95，0））- 暗红色（颜色参考数值为 CMYK（0，100，100，40）），![](旋转）为 -135.0°，如图 9-123 所示，单击"确定"按钮。接着右键单击默认 CMYK 调色板中的 ![](色块，将轮廓色设为无色，效果如图 9-124 所示。

图 9-123 设置三角形的渐变色

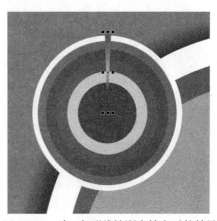

图 9-124 对三角形线性渐变填充后的效果

5）利用旋转复制的功能制作放射状效果。方法：在"变换"泊坞窗中单击⟳（旋转）按钮，将旋转中心点定位在下方中间位置，"角度"设为 12.0°，"副本"设为 29，单击"应用"按钮，从而制作出沿中心旋转的放射状效果，效果如图 9-125 所示。

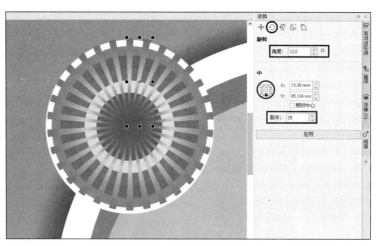

图 9-125　沿中心旋转的放射状效果

6）选择最外层进行白色描边的正圆形，按〈+〉键一次，从而复制出一个副本。然后左键单击默认 CMYK 调色板中的▱色块，将其填充色设为无色。

7）利用"对象"泊坞窗同时选择放射状效果中所有的三角形，然后在属性栏中单击▣（组合对象）按钮，将它们组成一个整体。接着执行菜单中的"对象|PowerClip（图框精确剪裁）|置于图文框内部"命令，此时光标变为➡形状。再选中刚才复制的只有白色描边而没有填充色的正圆形，此时组合图形会自动被放置在该正圆形中，并将多余的部分裁掉，如图 9-126 所示。

8）此时由于图层顺序的原因，看不到放射状效果，下面在属性栏中单击▧（到图层前面）按钮，将该图层置于上层，效果如图 9-127 所示。然后选择组成放射状效果的所有图形，在属性栏中单击▣（组合对象）按钮，将它们组成一个整体。此时整体画面效果如图 9-128 所示。

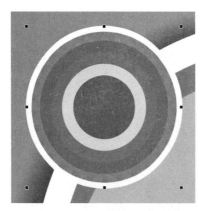

图 9-126　将群组图形放置在正圆形中

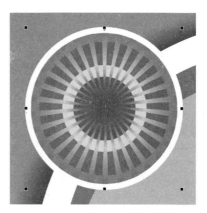

图 9-127　调整图层顺序后的效果

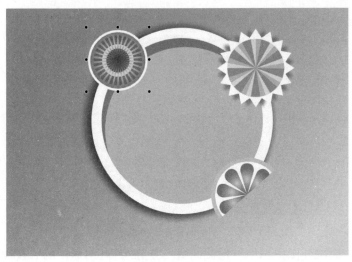

图 9-128　整体画面效果 1

9）为了丰富画面，下面选择群组后的放射状图形，按〈+〉键一次，从而复制出一个副本。然后将其适当放大后，放置到图 9-129 所示的位置。

10）利用工具箱中的 图（钢笔工具）绘制出一些曲线闭合图形，从而模拟出流动的液体或四溅的水滴形状，然后将它们的填充色设为橙色（颜色参考数值为 CMYK（0，70，100，0））–黄色（颜色参考数值为 CMYK（0，0，85，0））椭圆形渐变，轮廓色设为无色。这里要注意的是每个水滴的高光位置不同，因此需要在"编辑填充"对话框中利用拖动鼠标的方法更改每一个小图形的渐变方向与色彩分布。最后，在周围添加一些活泼的散点，以构成生动的想象图形，效果如图 9-130 所示。

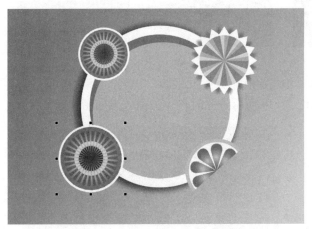

图 9-129　复制副本并放大后的效果

图 9-130　绘制四溅的水滴形状

11）将绘制的水滴形状的图形复制到画面的左上方并进行适当旋转和缩放，效果如图 9-131 所示。

图 9-131　制作画面左上方的水滴形状

12）在饮料平面展开图中添加柠檬截面图。方法：打开网盘中的"素材及结果 \9.3 柠檬饮料包装设计 \ 饮料包装素材 \ 柠檬素材图 .cdr"文件，其包含几种形态与角度的柠檬图形，如图 9-132 所示。下面选中位于最左上角和右下角的图形，将其复制到包装背景中，并适当调整大小，放置位置如图 9-133 所示。至此，底层图案的图形制作完毕。

图 9-132　"柠檬素材图 .cdr"文件

图 9-133　将柠檬图形复制到包装背景中

13）调整图层顺序。方法：在"对象"泊坞窗中解锁"上层图案"图层，然后将"底层图案"图层移动到"上层图案"图层下方，如图 9-134 所示。此时整体画面效果如图 9-135 所示。

图 9-134　调整图层顺序

图 9-135　整体画面效果 2

（4）创建饮料包装中的标题文字

1）在"对象"泊坞窗中锁定"上层图案"和"底层图案"图层，然后单击 （新建图层）按钮，新建"文字"图层，如图 9-136 所示。

2）包装的正面有非常醒目的标题文字，由于是夏季的饮料，应尽量采用轻松活泼的文字风格，并且应用不规则编排的方式。方法：选择工具箱中的 字 （文字工具），输入美术字 "SOUR"，然后在属性栏中设置"字体"为 Plastictomato。再双击状态栏中的 ◇（填充）后面的色块（或按快捷键〈F11〉），在弹出的"编辑填充"对话框中将文字颜色设为深蓝色（颜色参考数值为 CMYK（100, 85, 0, 20）），效果如图 9-137 所示。接着执行菜单中的"对象｜拆分美术字"命令，将整体文字拆分为单个字母，效果如图 9-138 所示。

提示：Plastictomato 字体位于网盘中的"素材及结果\9.3 柠檬饮料包装设计\饮料包装素材"文件夹中，用户需将该字体复制后，粘贴到 C:\Windows\Fonts 文件夹后，才可以在 CorelDRAW 中使用该字体。

图 9-136　新建"文字"图层　　　图 9-137　输入深蓝色文字　　　图 9-138　将整体文字拆分为单个字母

3）利用工具箱中的 ▶（选择工具）对每一个字母进行缩放和旋转，从而得到图 9-139 所示的效果。

图 9-139　对每一个字母进行缩放和旋转

4）对文字"SOUR"进行描边处理。方法：利用工具箱中的 ▶（选择工具）选中所有字母，然后执行菜单中的"对象｜组合｜组合"命令，将其组成一个整体。再利用工具箱中的 ▣（轮廓图工具）单击组合后的文字，在属性栏中激活 ▣（外部轮廓），将 ▫（轮廓图步长）设为 1，▫（轮廓图偏移）设为 1.2mm，并将外轮廓的填充色设为白色，效果如图 9-140 所示。接着执行菜单中的"对象｜拆分轮廓图"命令，拆分轮廓图。最后利用工具箱中的 ▶（选择工具）选中拆分后的白色外轮廓图形，将其轮廓色设为天蓝色（颜色参考数值为 CMYK（60, 0, 0, 0）），轮廓宽度设为 0.567pt，效果如图 9-141 所示。

图 9-140 对文字"SOUR"进行轮廓图处理

图 9-141 对文字"SOUR"的描边效果

5）为了增强文字的趣味性，下面利用工具箱中的 ✐（钢笔工具）在文字"SOUR"上绘制出一些小的白色闭合图形，效果如图 9-142 所示。

6）同理，利用工具箱中的 字（文字工具），在文字"SOUR"下方输入美术字"LEMONADE"（颜色暂定为黑色），再在属性栏中设置"字体"为 Plastictomato。然后执行菜单中的"对象 | 拆分美术字"命令，将整体文字拆分为单个字母。接着利用工具箱中的 ▸（选择工具）对每一个字母进行缩放和旋转。最后利用工具箱中的 ▸（选择工具）选中所有字母，执行菜单中的"对象 | 组合 | 组合"命令，将其组成一个整体，效果如图 9-143 所示。

图 9-142 绘制出一些小的白色闭合图形

图 9-143 将缩放和旋转后的字母组成一个整体

7）对文字"LEMONADE"进行线性渐变填充。方法：按快捷键〈F11〉，在弹出的"编辑填充"对话框中选择 ▦（渐变填充），渐变"类型"为 ▨（线性渐变填充），渐变色为深蓝色（颜色参考数值为 CMYK（100，100，20，0））–浅蓝色（颜色参考数值为 CMYK（60，0，0，0）），↻（旋转）为 270.0°，单击"确定"按钮，效果如图 9-144 所示。

图 9-144 对文字"LEMONADE"进行线性渐变填充

8）对文字"LEMONADE"添加白色描边。方法：利用工具箱中的 ▣（轮廓图工具）单击文字"LEMONADE"，在属性栏中激活 ▣（外部轮廓），将 ⅃（轮廓图步长）设为 1，▤（轮廓图偏移）设为 0.8mm，并将外轮廓的填充色设为白色，效果如图 9-145 所示。至此，饮料包装上的两组标题文字制作完毕，整体画面效果如图 9-146 所示。

图 9-145　对文字"LEMONADE"添加白色描边

图 9-146　整体画面效果 3

（5）创建饮料包装中的散点和星光效果

1）在"对象"泊坞窗中锁定"文字"图层，然后单击 （新建图层）按钮，新建"散点和星光"图层，如图 9-147 所示。

图 9-147　新建"散点和星光"图层

2）散点和星光图形是设计中常用的点缀，可以应用"符号"功能来快速实现，"符号"是在文档中可重复使用的图形对象，使用符号可节省时间并显著减小文件大小，下面利用简单"符号"来设置散点。方法：首先绘制一个白色小正圆形，然后在"符号"泊坞窗中单击 ＋（新建符号），接着在弹出的"创建新符号"对话框中输入"散点"，如图 9-148 所示，单击"确定"按钮，此时圆点会自动保存为符号单元。接着在画面中不断复制圆形的"散点"符号并调整大小和位置，效果如图 9-149 所示。

图 9-148　新建"散点"符号

图 9-149　在画面中不断复制圆形的"散点"符号并调整大小和位置

3）制作一个简单的星光图形，用于点缀在柠檬片和散点之中。方法：选择工具箱中的 ⬚（矩形工具），配合键盘上的〈Ctrl〉键，绘制出一个白色正方形，如图 9-150 所示。然后选择工具箱中的 ⬚（变形工具），在属性栏"预设列表"中选择"拉角"，类型选择 ⊕（推拉变形），如图 9-151 所示，效果如图 9-152 所示。

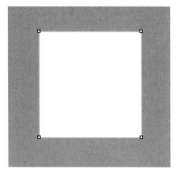

图 9-150 绘制白色正方形

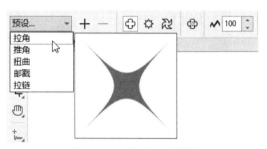

图 9-151 设置变形类型

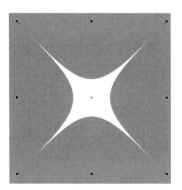

图 9-152 推拉变形效果

提示：本例制作的是四角星光图形。如果要制作五角星光图形，可以首先利用工具箱中的 ⬚（多边形工具）绘制出五边形，如图 9-153 所示。然后利用工具箱中的 ⬚（形状工具）选择多余的节点，按〈Delete〉键进行删除，效果如图 9-154 所示。接着选择工具箱中的 ⬚（变形工具），在属性栏中选择 ⊕（推拉变形），将 ⋀（推拉振幅）设为 80，即可制作出五角星光图形，如图 9-155 所示。

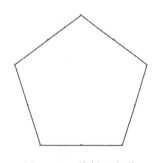

图 9-153 绘制五边形

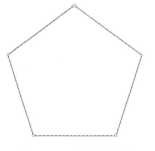

图 9-154 删除多余节点

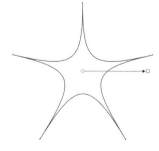

图 9-155 五角星光图形

4）在"符号"泊坞窗中单击 ➕（新建符号），新建"星光"符号，如图 9-156 所示。然后在画面中不断复制"星光"符号并调整大小和位置，效果如图 9-157 所示。

图 9-156 新建"星光"符号   图 9-157 不断复制"星光"符号并调整大小和位置

5）至此，饮料包装的平面展开图制作完成。

2. 制作金属拉罐包装的立体展示效果

（1）创建拉罐基本图形

1）执行菜单中的"文件 | 新建"（快捷键〈Ctrl+N〉）命令，新建一个宽度为 200mm，高度为 200mm，分辨率为 300dpi，原色模式为 CMYK，名称为"饮料拉罐"的 CorelDRAW 文档。

2）利用工具箱中的 ⬭（椭圆形工具）和 ✒（钢笔工具）绘制出拉罐的大致外形，如图 9-158 所示。

3）由于饮料拉罐的材质为金属，在制作时要注意保持金属表面所特有的反光效果。该效果可以利用 CorelDRAW 的强大功能——"网格填充"来实现。方法：利用工具箱中的 ⊞（网状填充工具）单击拉罐柱体图形，然后，在属性栏中将"选取模式"设为"矩形"，"网格大小"设为 6×4，如图 9-159 所示。接着在画面中调整节点的位置，效果如图 9-160 所示。

图 9-158 绘制拉罐大致外形   图 9-159 设置网格填充的参数   图 9-160 网格填充效果

4）利用工具箱中的 ⊞（网状填充工具）选中罐身柱体上相应的节点，然后左键单击默认 CMYK 调色板中的相应色块进行上色，从而形成拉罐柱体的立体感和光影变化，效果如图 9-161 所示。

5）对拉罐顶部图形进行渐变处理。方法：利用工具箱中的 ▶（选择工具）选中拉罐顶部基本图形，按快捷键〈F11〉，在弹出的"编辑填充"对话框中选择 ▣（渐变填充），渐变"类型"为 ▩（线性渐变填充），渐变色为浅灰（颜色参考数值为 CMYK（0，0，0，15））- 深灰（颜色参考数值为 CMYK（0，0，0，60）），↻（旋转）为 50.0°，单击"确定"按钮，效果如图 9-162 所示。

图 9-161　对拉罐柱体图形进行上色

图 9-162　对拉罐顶部图形进行上色

（2）制作拉罐柱体上的装饰图案

1）在"对象"泊坞窗中将"图层 1"重命名为"拉罐基本图形"，然后锁定该图层。接着新建"装饰图案"图层，如图 9-163 所示。

2）从刚才制作完成的"饮料包装平面图 .cdr"中逐步将图形与文字元素复制过来，之所以不使用全部成组进行一次复制，而采用分局部进行粘贴的方式，是考虑到拉罐柱体的三维形态（某些图形在正面视角看不到）和曲面的微妙变形，此外，虽然设计元素相同，但编排方式上稍有差异。下面先将"饮料包装平面图 .cdr"中央的圆形复制到拉罐的中间位置，如图 9-164 所示，然后将标题文字粘贴过来，并稍微放大一些置于如图 9-165 所示的位置。

3）对文字进行曲面变形。方法：利用工具箱中的 ▨（封套工具）单击标题文字，然后在属性栏"预设列表"中选择"直线型"，类型选择 ✎（非强制模式），再对文字进行处理，效果如图 9-166 所示。

4）同理，将"饮料包装平面图 .cdr"中其他设计元素粘贴到当前文件，然后将它们摆放在拉罐上相应的位置，如图 9-167 所示。

图 9-163 新建"装饰图案"图层　　　图 9-164 复制圆形　　　图 9-165 复制标题文字

5）去除超出拉罐柱体的多余图形。方法：在"对象"泊坞窗中解锁"拉罐基本图形"图层，然后选择"拉罐柱体"图形，如图 9-168 所示，按快捷键〈Ctrl+C〉进行复制，再重新锁定"拉罐基本图形"图层。然后选择"装饰图案"图层，按快捷键〈Ctrl+V〉进行原位粘贴，效果如图 9-169 所示。接着在属性栏中单击 清除网状 按钮，清除"拉罐柱体"图形的网状填充效果，效果如图 9-170 所示。再选择超出拉罐柱体的所有图形，在属性栏中单击 （组合对象）按钮，将它们组成一个整体。最后执行菜单中的"对象|PowerClip（图框精确剪裁）|置于图文框内部"命令，此时光标变为 形状。再选中刚才清除网状的"拉罐柱体"图形，此时群组图形会自动被放置在"拉罐柱体"图形中，并将多余的部分裁掉，效果如图 9-171 所示。

提示：　"置于图文框内部"命令不能应用在网状填充的图形上，所以在应用该命令之前一定要清除"拉罐柱体"图形的网状填充效果。

图 9-166 利用 （封套工具）　　图 9-167 置入其他图形　　图 9-168 选择"拉罐柱体"图形
　　　　处理文字

图 9-169　粘贴"拉罐柱体"图形　图 9-170　清除"拉罐柱体"图　图 9-171　将超出柱体的多余
　　　　　　　　　　　　　　　　　　　　　形的网状填充效果　　　　　　　　　部分裁掉

6）同理，将"饮料包装平面图 .cdr"中相应图形粘贴到拉罐柱体右上角，如图 9-172
所示。

7）在步骤 5）中通过使用"置于图文框内部"命令去除超出拉罐柱体的多余图形，为
了帮助读者灵活使用 CorelDRAW 的各种工具，这次使用 ✎（刻刀工具）去除超出拉罐柱
体的多余图形。方法：选择工具箱中的 ✎（刻刀工具），沿拉罐柱体左侧边缘拉出一条垂
直线，从而对图形进行切割。然后利用工具箱中的 ▶（选择工具）选中超出拉罐柱体的多
余图形进行删除，效果如图 9-173 所示。此时整体效果如图 9-174 所示。

图 9-172　将图形粘贴到拉罐柱体右上角　　图 9-173　去除超出拉罐柱体　　　图 9-174　整体效果 1
　　　　　　　　　　　　　　　　　　　　　　　　　　　多余图形的效果

8）为了使图形与拉罐更好地融合，下面调整图形的透明度。方法：利用工具箱中的 ▶（选择工具）选择拉罐主体右上角的图形，然后选择工具箱中的 ▦（透明度工具），在属性栏中激活 ▥（匀称透明度），再将 ▦（透明度）设为 30，效果如图 9-175 所示。此时整体效果如图 9-176 所示。

图 9-175　调整透明度的效果

图 9-176　整体效果 2

9）制作拉罐左下角的一行沿曲线排列的文字。方法：利用工具箱中的 ✒（钢笔工具）绘制出如图 9-177 所示的曲线路径，然后利用工具箱中的 字（文本工具）在路径上输入文本 "GREAT LEMON TASTE"，并在属性栏中设置文本方向为 ABC ，"字体" 为 "Arial"，"字体大小" 为 11pt，激活 B（加粗）选项，接着将文字颜色设为深蓝色（参考颜色数值为 CMYK（100，90，0，0）），效果如图 9-178 所示。最后右键单击默认 CMYK 调色板中的 ☑ 色块，将路径设为无色，效果如图 9-179 所示。

10）至此，拉罐柱体上的装饰图案制作完毕，此时整体效果如图 9-180 所示。

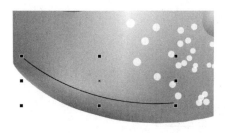

图 9-177　绘制曲线路径

图 9-178　输入路径文字

图 9-179　将路径设为无色的效果　　　　　　　图 9-180　整体效果 3

（3）制作拉罐柱体上的暗部和高光效果

1）在"对象"泊坞窗中锁定"装饰图案"图层。然后新建"拉罐柱体上的暗部与高光"图层，如图 9-181 所示。

2）制作拉罐柱体左侧的暗部效果。方法：利用工具箱中的 ▨（钢笔工具）绘制暗部图形，并将其填充色设为灰色（参考颜色数值为 CMYK（30，20，20，0））-白色（参考颜色数值为 CMYK（0，0，0，0））线性渐变填充，轮廓色设为无色，效果如图 9-182 所示。然后选择工具箱中的 ▨（透明度工具），在属性栏中将"合并模式"设为"乘"，效果如图 9-183 所示。

图 9-181　新建"拉罐柱体上的暗部与高光"图层

图 9-182　绘制暗部图形　　　　　　图 9-183　将"合并模式"设为"乘"的效果

3）制作拉罐柱体上的高光效果。方法：利用工具箱中的 🖊（钢笔工具）绘制作为高光的图形，并将其填充色设为白色（参考颜色数值为 CMYK（0，0，0，0）），轮廓色设为无色，效果如图 9-184 所示。然后利用工具箱中的 ▦（透明度工具）单击该图形，在属性栏中将"透明度"设为 30。接着执行菜单中的"效果|模糊|高斯式模糊"命令，在弹出的"高斯式模糊"对话框中将"半径"设为 20.0 像素，如图 9-185 所示，单击"确定"按钮，效果如图 9-186 所示。

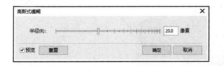

图 9-184　绘制高光图形 1　　　图 9-185　将"半径"设为 20.0 像素　　　图 9-186　"高斯式模糊"效果 1

4）同理，利用工具箱中的 🖊（钢笔工具）绘制另一个作为高光的图形，并将其填充色设为白色（参考颜色数值为 CMYK（0，0，0，0）），轮廓色设为无色，效果如图 9-187 所示。

然后利用工具箱中的  （透明度工具）单击该图形，在属性栏中将"透明度"设为 20。接着执行菜单中的"效果 | 模糊 | 高斯式模糊"命令，将"半径"设为 20.0 像素，效果如图 9-188 所示。

5）至此，拉罐柱体上的暗部和高光效果制作完毕，此时整体效果如图 9-189 所示。

图 9-187　绘制高光图形 2

图 9-188　"高斯式模糊"效果 2

图 9-189　整体效果 4

（4）制作拉罐顶部的金属效果

1）在"对象"泊坞窗中锁定"拉罐柱体上的暗部与高光"图层。然后新建"拉罐顶部"图层，如图 9-190 所示。

2）制作拉罐顶部略微向内凹陷的金属盖。方法：利用 （钢笔工具）绘制一个向下弯曲的金属边，并在其中填充不同深浅灰色的多色线性渐变，如图 9-191 所示。

图 9-190　新建"拉罐顶部"图层

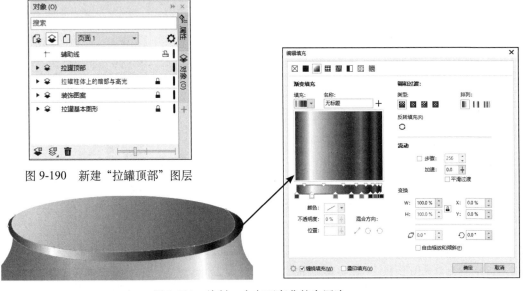

图 9-191　绘制一个向下弯曲的金属边

3）为了丰富拉罐边缘的细节和增强金属感，下面再来添加一圈细细的金属边。方法：利用工具箱中的 ⬭（椭圆形工具）在刚才绘制的渐变图形上绘制一个椭圆形，并将其填充色设为无色，轮廓色暂时为黑色，描边"轮廓宽度"设为 3pt，效果如图 9-192 所示。然后执行菜单中的"对象 | 将轮廓转换为对象"命令，此时黑色边线自动转换为闭合路径。

4）参照图 9-193，在这圈很窄的圆环状闭合路径内填充不同深浅灰色的多色线性渐变。

提示：循环排列的灰色渐变很容易形成微妙的金属反光，该方法经常用来制作银色的金属边或金属面。

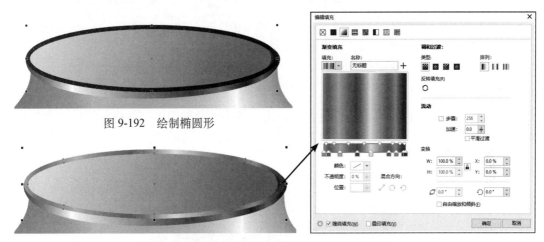

图 9-192　绘制椭圆形

图 9-193　对转换对象的轮廓进行线性渐变填充

5）填充完成后观察一下，会发现上半部分和下半部分填充的渐变颜色是完全对称的，这样会显得有些机械，下面通过将其裁成上下两部分，并修改下半部分圆环的填充渐变色来解决这个问题。方法：先利用 ▶（选择工具）选中圆环状闭合路径，然后利用工具箱中的 ✐（刻刀工具）按住〈Shift〉键将它水平裁断。接着利用工具箱中的 ⬍（形状工具）选中下半部分圆环，再修改它的左侧边缘形状，最后修改它的线性渐变填充色，效果如图 9-194 所示。

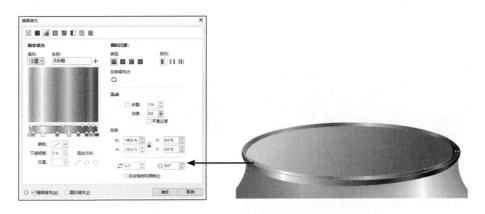

图 9-194　修改下半部分圆环的形状和填充色

6）制作出拉罐顶部的厚度感。方法：利用工具箱中的 ✒（钢笔工具）绘制图形，并将其填充色设为多色线性渐变填充，轮廓色设为无色，效果如图 9-195 所示。

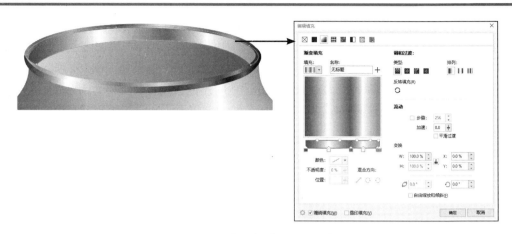

图 9-195　制作出拉罐顶部的厚度感

7）利用工具箱中的 （钢笔工具）绘制出一些小的曲线图形，并将它们填充为渐变或单色，如图 9-196 所示，从而构成拉罐顶部开口处金属拉手的形状。

图 9-196　制作出拉罐顶部的金属拉手

8）制作拉罐顶部在罐身上的阴影。方法：利用工具箱中的 　（钢笔工具）在拉罐顶部下方绘制曲线图形，并将其填充色设为黑色（参考颜色数值为 CMYK（0，0，0，100）），轮廓色设为无色，效果如图 9-197 所示。接着利用工具箱中的 　（透明度工具）单击该图形，在属性栏中将"透明度"设为 40。最后执行菜单中的"效果 | 模糊 | 高斯式模糊"命令，在弹出的"高斯式模糊"对话框中将"半径"设为 10.0 像素，单击"确定"按钮，效果如图 9-198所示。

图 9-197　绘制曲线图形

图 9-198　拉罐顶部的阴影效果

9）至此，拉罐顶端金属盖制作完成，整体效果如图 9-199 所示。

（5）制作拉罐底部的金属效果

底部的金属边与顶部相比要简单些，下面新建"拉罐底部"图层，然后参照图 9-200 制作拉罐底部的金属边缘。最后将"拉罐底部"图层移动到所有图层的下方。

图 9-199　整体效果 5　　　　　　　图 9-200　制作拉罐底部的金属边缘

（6）制作拉罐在地面上的投影效果

1）新建"拉罐投影"图层，然后利用工具箱中的 ![钢笔工具]（钢笔工具）绘制出投影的形状，并将其填充为白色（参考颜色数值为 CMYK（0，0，0，0））-浅灰（参考颜色数值为 CMYK（70，60，60，10））线性渐变，接着将该图层移动到所有图层的下方，效果如图 9-201 所示。接着执行菜单中的"效果 | 模糊 | 高斯式模糊"命令，在弹出的"高斯式模糊"对话框中将"半径"设为 40.0 像素，单击"确定"按钮，效果如图 9-202 所示。

图 9-201　绘制出投影的形状并填充渐变色　　　　图 9-202　"高斯式模糊"效果 3

2）至此，饮料金属拉罐的立体展示效果图已制作完成，此时图层分布如图 9-203 所示，最终效果如图 9-204 所示。通过这个案例，读者可以体会到金属材质的特殊光影变化与物体体积感的表现思路，由此可以举一反三，制作出在不同背景环境与光线条件下的立体展示效果。

图 9-203　图层分布

图 9-204　最终效果

9.4　课后练习

　　1. 制作如图 9-205 所示的标志效果，效果可参考网盘中的"课后练习 \9.4 课后练习 \ 练习 1\ 运动风格的标志 .cdr"文件。

　　2. 制作如图 9-206 所示的化妆瓶效果，效果可参考网盘中的"课后练习 \9.4 课后练习 \ 练习 2\ 化妆瓶设计 .cdr"文件。

图 9-205　练习 1 效果

图 9-206　练习 2 效果